模 型 检 测

Model Checking

Edmund M. Clarke, Jr.
[美] Orna Grumberg 著
Doron A. Peled

吴尽昭 何安平 高新岩 译

電子工業出版社
Publishing House of Electronics Industry
北京 · BEIJING

内 容 简 介

模型检测是一种用于自动验证有限状态并发系统的技术，与基于模拟、测试和演绎推理的传统技术相比，具有许多方面的优势。本书共分 18 章，涵盖的主要内容包括模型检测的基本知识、系统建模、时序逻辑、符号模型检测技术、SMV 模型检测器、模型检测与自动机理论、偏序约简、抽象解释、有限状态系统的无限簇、实时系统验证等。

本书既适合从事计算机科学、电子科学、电气工程、工业制造等复杂系统研究的科研人员阅读，也适合系统管理、测试部门的企事业单位人员作为参考用书。

版权贸易合同登记号 图字：01-2015-6642

图书在版编目（CIP）数据

模型检测 /（美）埃德蒙 • M. 克拉克等著；吴尽昭等译. — 北京：电子工业出版社，2018.11

书名原文：Model Checking

ISBN 978-7-121-35274-4

I. ①模… II. ①埃… ②吴… III. ①自动检测系统 IV. ①TP274

中国版本图书馆 CIP 数据核字（2018）第 243225 号

策划编辑：冯小贝
责任编辑：冯小贝　　　　特约编辑：李秦华
印　　刷：三河市鑫金马印装有限公司
装　　订：三河市鑫金马印装有限公司
出版发行：电子工业出版社
　　　　　北京市海淀区万寿路 173 信箱　　邮编：100036
开　　本：787×980　1/16　印张：15　字数：346 千字
版　　次：2018 年 11 月第 1 版
印　　次：2018 年 11 月第 1 次印刷
定　　价：69.00 元

译者序

作为一部有关模型检测原理与实践方法的权威性专著，*Model Checking* 一书自面世以来即受到国内外相关领域研究人士的广泛关注，被认为是第一次对模型检测理论到工业实践的一系列研究成果进行了全面整理与汇总。Amir Pnueli 教授在本书序言中已经指出，对“模型检测技术从一个纯理论的学科转变为实际可行的技术”所进行的研究给学界带来了巨大的冲击。回溯这一时期的研究不难发现，对于持续多年的并发系统形式验证技术，特别是模型检测技术的研发和实践应用的探索过程，其实更能准确地描述出当时相关领域的研究趋势与动向。事实上，在过去的几十年间，大量坚韧而敏锐的研究者和探索者对于计算机复杂系统正确运行的实际有效性验证方法的探知与重新发现，带动并促进了新的技术手段与研究方法的产生，重新调整与塑造了研究的议程，转变了历史研究的重点和方向。在计算机系统验证技术的研究领域中，这些变化使解决实际技术问题取得了重要的进展。而在诸多令人欣喜的研究成果中，模型检测技术以其高效的全自动化验证优势、遍布全局空间的完备性验证特性和缺陷轨迹复原的技术独创资本，成为引人瞩目的理论重构与研究新领域。同时，这项技术的实际价值也由学界辐射到产业界，被广泛而成功地应用于计算机硬件、通信协议、时序电路、控制系统、安全认证协议等方面真实的工业设计与分析验证中，推动了形式化验证领域的根本性改变。

Edmund M. Clarke, Jr.教授联袂 Orna Grumberg 和 Doron A. Peled 两位世界知名专家共同撰写的这本书，对并发系统自动化验证的研究具有开创性意义，可以说是第一本全面介绍模型检测的理论与实践的专著，也是关于模型检测的更为全面的参考资料之一，它涵盖了大多数用于模型检测的主要技术和实际方法。2007 年 ACM 图灵奖得主之一的 Clarke 教授在计算机软/硬件验证、自动定理证明、形式方法等方面享有崇高的国际声誉。他为并发系统自动化校验开辟了一条新的路径，成为近三十年来计算机科学基础研究的重要热点之一。在这部著作的撰写过程中，Clarke 教授与他的研究团队对于计算机系统自动化验证的基本思想有着非常独特的构思和研究路径。书中除了翔实可据的模型检测基本知识和实际验证方法，还介绍了 SMV 和 SPIN 两种流行的模型检测器，并由此引申出新的理论架构和极富创新的观点，从而在很大程度上解构了基于仿真、测试和演绎推理的传统方法，因而获得了一种不同于既有观念的认知，揭示出模型检测在复杂系统状态空间下的技术属性与研发价值。尽管这部著作写于十余年前，因而并没有也无法包含一些本领域更新的研究进展，但毫无疑问的是，这部著作对于计算机系统自动化验证技术与工业实践研发的深入研究，为当下的研究者和从业者提供了基础性的重要参考与研究构建。该书出版之后，有界模型检测等新的验证技术的不断涌现，也印证了这部著作的写作意义和时代影响力。这也是我们在时隔十余年之后，承蒙多方襄助之力，将这部著名的学界力作予以翻译并付梓，且与学界同仁共分享的主要初衷。

本书的出版惠蒙学界同仁的鼓励、支持与有关机构的资助，于此一并致谢。鉴于本书广博深入的研究精髓，是以译者不揣浅陋，勉力译成，书中难免存遗、疏、漏之处，尚祈读者不吝指正，也继续恭候学界的使用与更深入的发现。

吴尽昭

2018 年 9 月 26 日谨识于广西南宁

序　言

目前，大家广泛认为有某种原因阻碍了实践“帮助计算机就会帮助人类更多”的理念，这使得我们更易于将复杂、敏感的系统丢给其他人去实现。这既不是机器的计算速度引起的，也不是计算能力造成的，而是工程师普遍缺乏设计并实现在所有环境中都会正确运行的复杂系统的自信。

这种设计有效性，即尽可能早地保证设计的正确性，是任何系统开发过程中都会遇到的挑战；而且关于这一问题的解决过程，在整个开发周期的成本和时间预算中所占的比例不断增加。

目前，保证设计有效性的方法依旧是持续了多年的模拟和测试技术。工程师已经在这两种技术领域积累了丰富的经验。在调试的早期阶段，这两种技术非常有效，但是经过它们检测后，系统设计仍然可能包含大量错误。随着系统设计越来越精确，这两种方法的工作效率急剧降低，每发现一个小错误都需要花费大量时间。此外，这两种方法还会导致一系列的问题：没有人知道这种技术的查错极限，更没有人能预测出经检测后设计中还剩余多少错误。随着设计复杂度的急剧增加，比如从大约五十万门的芯片设计提高到五百万门的芯片设计，一些有远见的项目经理已经预见到这些传统方法将要崩溃，并且它们将无力再扩充或提升。

形式化验证技术是一个非常具有吸引力的验证方法，可以用于替代模拟与测试，这种方法是本书的主旨。模拟与测试能够检测系统的部分可能行为与情况，但是不能确定系统是否还含有致命错误，而形式化验证却能对系统的全部行为进行彻底的检测。因此当系统设计被形式化验证方法证明为正确时，就蕴含了所有的行为已被检测通过，并且再也不用考虑是否达到足够的覆盖率或者是否含有行为缺失这样的问题。

这些年已经提出了多种形式化验证技术。本书集中介绍的模型检测方法，通过对给定反应系统(模型)中所有可达状态与行为进行(显式的或隐式的)彻底的检测，来验证系统规约的行为特性。

与其他方法相比，模型检测方法有两个显著的优势：

- 自动进行，并且不要求使用者具有专业的数学知识(如定理证明)和经验。对于任何具有模拟检测经验的人，完全能够使用模型检测进行验证。同当前的验证方法相比，模型检测可以被视为一个更高级的模拟工具。
- 如果模型检测得出设计未能满足某些期望的性质，那么将产生一个反例来说明系统违反性质的具体行为。这种缺陷轨迹有助于理解检测失败的真实原因，同时也提供了修复此问题的重要线索。

这两个重要的优势，再加上可以对天文数字般的状态进行彻底的隐式枚举的符号模型检测方法，引起了形式化验证领域的根本变革，将模型检测技术从一个纯理论的学科转变为实际可行的技术。模型检测技术可以融入许多工业开发流程中，已经成为一种确保设计有效性的有价值的方法。

工业界普遍认同模型检测具有巨大的实力和潜力，大量的研究人员也在致力于模型检测技术的开发，所开发的产品已经应用于大型先进半导体电路和处理器公司的研发过程中。

非常幸运能够发现这本关于模型检测的原理与方法的权威性著作，这本书的作者从模型检测思想着手，全面介绍了模型检测中各种令人惊讶的技术，并最终构建出一个成功的技术体系。

我对这本出色的参考书非常有信心。这本书将有助于读者(包括学生与从业人员)理解形式化验证特别是模型检测技术的原理与实现。

Amir Pnueli

前　　言[①]

计算机科学中的多个领域都涉及有限状态并发系统，特别是数字电路与通信协议与这种系统关系紧密。这些系统研发过程中出现的逻辑错误对于电路设计者和程序员而言，都是一个非常棘手的问题，可能会推迟新产品的上市时间，也可能导致一些投入使用的重要设备发生故障。目前广泛使用的验证技术是测试和模拟，但当电路或协议的状态规模巨大时，这些技术无疑会遗漏重要的错误。虽然定理证明器、项重写系统和证明检测器都经过了长期和大量的研究，但是这些技术不但耗时，还常常需要许多人工干预。在 20 世纪 80 年代，一个被称为时序逻辑模型检测的验证技术由美国的 Clarke 与 Emerson[61]以及法国的 Quielle 与 Sifakis[219]分别独立提出。这种方法使用命题时序逻辑来表示性质规约，电路与协议被建模为状态变迁系统，并且提出一个用于确定规约是否在变迁系统上为真的高效查找过程，即检测变迁系统是否是性质规约的模型。

同机械化的定理证明或证明检测相比，模型检测在验证电路与通信协议方面有着多个重要的优势，其中最重要的优势是检测过程的全自动化，使用者只需提供被检测的模型与性质规约的高阶描述。模型检测算法要么以结果为真终止，此时模型满足规约；要么给出一个反例指出性质违反规约的原因。在复杂变迁系统中，这种反例非常有益于发现和修正细微错误。模型检测过程相当快，通常大约几秒钟产生一个结果。在检测过程中，由于可以部分地检测规约，所以在获得有用信息之前不必构建完整的系统模型。当性质规约不能满足时，可以通过精心构建与当前规约不同的公式，来检测并定位错误的源头。除此之外，描述性质规约的逻辑能直接表示许多并发系统推理所需的性质。

模型检测的主要缺点是状态爆炸，这种情况发生在由许多系统组件并发演化构成的系统中。在这种情况下，整个系统状态的数目将按组件数量呈指数级增长。由于这个问题，许多形式验证的研究者预言模型检测对于大型系统绝对是不实用的。但是，在 20 世纪 80 年代后期，模型检测技术所能检测的变迁系统的规模显著地增大了。

这种增长归因于高效表示布尔函数的二叉判定图结构的应用，它不但简洁地表示了变迁系统，也提升了布尔运算的速度。符号模型检测方法对同步电路特别有用。在验证异步协议时，可通过偏序约简技术来减少状态空间的规模。偏序约简的基础是，不同顺序事件对应的计算无法被性质规约区分，可以认为是等价的，因此只需为等价类保留一个典型的计算，检测这种约简空间即可。

基于以上这些技术，以及稍后在本书中介绍的其他一些技术，现在模型检测已经作为一种实用的验证技术在工业界中得到了广泛使用。实际上，几家公司正开始把模型检测工具推向市场。

---

① 中文翻译版的一些图示、符号、正斜体沿用了本书英文原版的写作风格，特此说明。

我们认为这本书既可作为模型检测的简介，也可作为研究者的参考。我们试图包含尽可能多的内容而使其完整，但是这个领域的研究进展如此之快，以至于勉强跟上令人兴奋的新研究成果都不可能。这本书的若干部分与其他部分相比更加专业，在第一次阅读时可以跳过它们，这些部分在书中已经标出，它们主要针对从业者与研究者。我们真诚地希望这本书能够激励读者在模型检测领域做出更好的研究。

最后，作者要感谢那些帮助创作这本书的人。首先想要对 David Long 表示我们的谢意，他的努力使这本书顺利出版。我们也想要感谢那些审阅初稿的人们，他们是：Eric Allen、Ilan Beer、Armin Biere、Sergey Berezin、Sergio Campos、Ching-Tsun Chou、Allen Emerson、Kousha Etessami、Nissim Francez、Masahiro Fujita、Yair Harel、Wolfgang Heinle、Hiromi Hiraishi、Neil Immerman、Somesh Jha、Irit Katriel、Shmuel Katz、Bob Kurshan、Kim G. Larsen、Yuan Lu、Jan Maluszynski、Will Marrero、Marius Minea、Bud Mishra、Ulf Nilsson、Wojciech Penczek、Amir Pnueli、Toshio Sekiguchi、Subash Shankar、Zeev Shtadler、Prasad Sistla、Frank Stomp、Wolfgang Thomas、Moshe Vardi、Dong Wang、Pierre Wolper、Bwolen Yang、Husnu Yenigün、Yunshan Zhu。如果遗漏了对这本书有所帮助的人们，我们在此表示歉意。Edmund Clarke 感谢 Michael Shostak 在写书的过程中所给予的鼓励。Doron Peled 感谢 Marta Habermann 于 1998 年在 CMU 的春季学期中提供了一个舒适安逸的居所。

目　　录

第1章 绪　论

模型检测是一种针对有限状态并发系统的自动验证技术，相比于基于模拟、测试和演绎推理的传统技术，它有许多优势。这种方法已经应用于验证复杂的时序电路设计和通信协议，并取得了成功。模型检测的最大困难来自状态空间爆炸。在验证具有大量交互组件的系统或者大规模数据系统[如数据通路电路(DataPath)]时，全局状态集合具有巨大的数量级，引起了状态空间爆炸问题。在过去十年中，人们已经找到了多种方法来减缓状态空间爆炸。在本章，将从硬件和软件设计两个方面来比较模型检测与其他形式化的验证方法；同时将介绍使用模型检测来验证复杂系统的设计流程；此外，也将回顾各种模型检测算法的发展历程，并讨论若干缓解状态爆炸的有效手段。

1.1　形式化方法的需求

现今，硬件和软件广泛应用于各类故障敏感系统，如电子商务、电话交换网、高速公路和航线控制系统、医疗器械等，也常常听到由微小的硬件或软件缺陷引起故障并最终造成事故的例子。有代表性的一个事故发生在 1996 年 6 月 4 日，Ariane 5 火箭在发射升空不到 40 秒爆炸解体，事故调查委员会最终发现此事故的原因是火箭姿态计算机中的软件错误：在发射过程中，当 64 位长的浮点数转换成 16 位有符号整数时，发生了一个例外，但例外处理代码没有覆盖到这个转换过程，导致该计算机死机，同样的失误也导致备份计算机死机。最终，错误的飞行姿态数据传送到火箭的主计算机，导致了这场灾难。调查出此故障的小组建议了若干避免类似事故的策略，其中就包含对 Ariane 5 火箭的软件进行验证。

很明显，对硬件与软件系统可靠性的需求是急迫的。随着我们对这种系统的依赖与日俱增，确保其正确运行的工作也越来越重要。遗憾的是，现在我们更加依赖连续运转的系统，为了重获安全性而简单关闭故障子系统的方案已不再可行，在一些场合中，关闭设备可能产生更危险的问题。即使故障不会造成生命威胁，替换重要代码或电路以保证系统正确运行，在经济上也可能行不通。

由于在汽车、飞机与其他安全攸关系统中因特网与嵌入式系统的成功应用，未来我们极有可能更加依赖于计算机设备的正确运行。而从目前来看，这种依赖的节奏正在加快。对应于技术的快速提升，增强我们对系统设计正确性的信心的方法，变得更加重要。

1.2　硬件与软件验证

复杂系统的基本验证方法是模拟、测试、演绎验证和模型检测。模拟和测试[202]都是在系统实际使用之前做实验验证，不同的是模拟对系统的抽象或模型进行验证，而测试是对实际产品进行验证。虽然模拟验证的是电路设计，测实验证电路本身，但是这两种方法的大体流程都是在验证时，对系统的某些点注入信号并在另外的一些点观察生成信号是否符合要求。对于软件验证，模拟和测试的基本方法是为软件提供一些输入而后观察对应的输出。所以对于可能具有大量错误的系统设计而言，这两种方法的费效比可能比较高，而且它们几乎不可能检测所有交互故障和潜在缺陷。

演绎验证指使用公理和证明规则来证明系统正确性。在早期的演绎验证研究中，焦点主要集中在证明重大系统的正确性上。可以设想，这种系统的功能正确性如此重要，以至于开发人员或验证专家(通常是数学家或是逻辑学家)将不计成本和时间去验证此系统。在演绎验证的发展初期，所有证明过程都靠人工构造；后来研究者才意识到可以开发软件工具来实现公理和推理的证明过程。使用这些工具也能系统地对从某证明状态开始的不同证明路径进行研究。

计算机科学家广泛认可了演绎验证的重要性，演绎验证也深远地影响了软件发展的各个领域(如不变量的概念始于演绎验证的研究)。但演绎验证是一个耗时的过程，即使单个协议或电路的证明过程也可能持续若干天或多个月，而且这种方法的使用者也局限于一些在逻辑推理方面受过培训并具有相当经验的专家。因此演绎验证的使用机会相当少。它主要应用于高敏感系统(如安全协议验证)，因为在这种系统中必须投入足够多的资源来保证其安全使用。

但仍存在不能被算法代替的数学任务，可计算性[142]理论中描述了算法的局限性，它指出不存在能够判定任意计算机程序(如使用 C 或 Pascal 书写的程序)是否终止的算法。这也就直接限制了可自动验证问题的范围，比如程序是否能正确终止的问题，一般而言是不能自动验证的，所以说，大部分证明系统不可能完全自动运行。

演绎验证的一个优点是它能被用于无限状态系统的推理，此时有一部分推理工作可以自动进行。但即使待验证的性质是真的，也无法确定到底需要多少时间和内存来实现推理过程。

模型检测限定在验证有限状态并发系统上，这种限定保证了验证工作可以自动进行。模型检测算法通常对系统状态空间进行穷尽搜索来确定性质的真假。如果资源充足，检测过程总能以是或否的验证结果终止。除此之外，这种技术能够用高效的算法实现，从而可以在中等规模的计算机(但不是通常的台式计算机)上运行。

虽然限制于有限状态系统可能是模型检测技术的一个主要缺点，但是它非常适用于若干种重要系统的验证，比如硬件控制器是有限状态系统，并且许多通信协议也是有限状态系统。在非有限状态系统中，也可以把模型检测与抽象和归纳方法结合起来进行验证，不仅如此，在许多情况下都可以把无约束数据结构限制到特殊的有限状态系统上进行验证，如可以把包含无约束消息队列程序的队列个数限制到 2 或 3 这样小的数来调试。

因为模型检测能自动进行，并且具有很广泛的实际应用，所以它比演绎验证更优越，但是完全使用定理证明来验证一些极端重要系统的情况也是存在的。一个激动人心的新方向[220]研究如何把演绎验证与模型检测结合起来，因此复杂系统的有限状态部分也许能够完全自动地进行验证。

1.3 模型检测的流程

使用模型检测技术来进行系统设计的验证包含以下三个步骤，每一步骤都将在后文详细叙述。

建模　第一步需要将设计转化为能被模型检测器接受的形式。在许多情况下这只是个简单的编译过程，但在一些时候，由于验证时间和计算机内存的限制，可能还需要使用抽象技术约简不相关或不重要的细节来得到设计的形式化模型。

规约　在验证之前，需要声明设计必须满足的性质。性质规约通常是以某种逻辑的形式表示。对硬件与软件系统验证而言，通常使用时序逻辑规约系统的性质，这种逻辑体系能表示系统行为随时间的变化。性质规约过程中最重要的问题是完备性。虽然模型检测提供了检测模型是否满足给定性质的一套方法，但是这套方法并不能保证性质规约确切地表达了待验证系统所需满足的所有性质。

验证　理想中验证过程应该是完全自动的。但实际上它常常需要人的协助，其中之一就是分析验证结果。当得到失败结果后，通常可以给用户提供一个错误轨迹，可以把它看成所检测性质的一个反例，从而使设计者能够跟踪错误发生的具体位置。当分析错误轨迹并改正系统设计后，需要再次进行模型检测，重新验证，直到验证通过。

错误轨迹也可能由建模或刻画性质规约过程的失误导致(常常称为假否定)，错误轨迹也能用于确定和修复这两类错误。另外，由于计算机的内存限制，当验证过程需要大量内存时，验证可能不会在有限时间内正常终止而产生错误轨迹。这种情况下，需要改变模型检测器的若干参数或直接约简模型(比如使用抽象技术)，然后重做验证。

1.4 时序逻辑与模型检测

时序逻辑能够在不引入时间细节的情况下描述事件序列，已经证实这种逻辑对并发系统的刻画非常成功。这种逻辑最初由哲学家在研究自然语言的时间参数[145]时得出。目前学术界提出的时序逻辑种类繁多，但是大部分都含有类似 $\mathbf{G}f$ 的运算符，表示如果此公式为真仅当子公式 f 总为真(即 f 全局为真)。比如刻画两个事件 e_1 和 e_2 不能同时发生，可以记为 $\mathbf{G}(\neg e_1 \vee \neg e_2)$。一般可以根据线性和分支的时间假设来对时序逻辑进行分类。本书中涉及的时序逻辑公式的语义将由标记状态变迁图给出，由于历史的原因，这种结构被称为 Kripke 结构[145]。

Burstall[48]，Kröger[158]与 Pnueli[216]等一些研究者提议使用时序逻辑推导计算机程序。Pnueli[216]第一个使用时序逻辑推导了并发系统，即通过描述程序语句的公理集合来证明我们关心的程序性质。Bochmann[25]，Malachi 与 Owicki[184]将这个方法应用到了时序电路系统。因为这种方法的证明过程是手工构造的，所以此技术常常很难在实际中应用。

在 20 世纪 80 年代早期，Clarke 与 Emerson [61,103]提出了时序逻辑模型检测方法以期实现上述方法的自动执行，因为检验具体模型是否满足公式比证明公式对所有模型有效要简单得多，并且这个技术完全可以通过高效算法实现。Clarke 与 Emerson 提出的 CTL（分支时序逻辑）模型检测算法的复杂度无论对于待验证系统的抽象模型规模，还是时序逻辑刻画的性质公式长度，都是多项式时间的，他们也给出了在不改变算法复杂度的情况下，处理公正性[120]问题的方式。在许多以公正性假设为前提的并发程序正确性验证中，公正性考虑是非常重要的，例如，在互斥算法中为了避免出现“饥饿”，要求每个进程无限次出现。

几乎在同时，Quielle 与 Sifakis [219]为 CTL 的一个子集给出了模型检测算法，但是他们没有分析算法的复杂度。稍后 Clarke，Emerson 与 Sistla[63]提出了改进的算法，这个算法相对于公式长度与状态变迁图(Kripke)规模的积是线性的。此算法被集成在 EMC 模型检测器中，而 EMC 被广泛用于检验网络协议与时序电路系统[28,29,30,31,63,98,197]。早期的模型检测系统在检测给定时序公式时，能以每秒 100 个状态的速度来验证拥有 10^4～10^5 状态规模的状态变迁图。尽管限制性很大，但模型检测器仍然在若干已经上市的电路设计中成功检测出了隐含的错误。

Sistla 与 Clarke[232,233]分析了不同时序逻辑系统中的模型检测问题，指出对于线性时序逻辑(LTL)系统而言，模型检测问题是 PSPACE 完全的(PSPACE-complete)。Pnueli 与 Lichtenstein[173]重新分析了检验线性时序公式的复杂度，发现虽然复杂度似乎相对于公式长度呈指数增长，但对于状态变迁图规模却呈线性增长。基于这个观察，相对于短的线性时序公式而言，模型检测的高复杂度也是可接受的。同一年，Fujita[119]实现了基于 tableau 结构的 LTL 模型检测器，并给出了采用这种工具验证硬件系统的方法。

CTL* 是一种表达能力更强的逻辑体系，它把分支时间与线性时间的算子结合在一起。这种逻辑的模型检测问题首先在 Clarke，Emerson 与 Sistla[62]的论文中提及，他们指出 CTL* 模型检测是 PSPACE 完全的，并确定其与 LTL 的模型检测有相同的复杂度。这个结果指出 CTL* 与 LTL 模型检测在状态图规模与公式长度两方面，有着相同的算法复杂度，所以在进行实际的模型检测时，将问题限制到线性时序逻辑并不会有效地降低模型检测的复杂度[106]。

另一些研究者提出了检验并发系统的其他方法，大多数方法使用自动机描述系统规范和系统实现，通过检测系统实现的行为是否与规范一致来进行验证。因为实现与规范使用相同的模型来表示，某一层的实现也可以直接作为下一层改进的规范。Kurshan[1]在语言包含方面做了大量工作，开发了一个称为 COSPAN[132,133,162]的高效检验器。Vardi 与 Wolper[245]首次将 ω 自动机(定义在无限字串上的自动机)用于自动验证，并且给出了如何依据 ω 自动机的语言包含来实现线性时序逻辑模型检测问题。此外，自动机间的一致性问题也得到了研究，包括观测的等价性[77,196,224]与各种各样的精化关系[77,195,223]。

1.5 符号算法

在早期的模型检测算法中，变迁关系经常被显式地表示成邻接表。对包含少量进程的并发系统而言，其状态的规模通常也相当小，所以邻接表方式很实用。但是在包含大量并发组件的系统中，全局状态变迁图的状态数目会大到难以处理的程度。1987 年秋天，还是卡耐基·梅隆大学研究生的 McMillan 认识到采用符号方法表示状态变迁图可以验证更大规模的系统[46,191]。这种新的符号表示方法基于 Bryant 的有序二叉判定图(OBDD)[34]，这种采用 OBDD 布尔方程的方法比合取或析取范式更简洁，并且高效 OBDD 算法也已经存在。由于符号方法符合待验证的电路或协议所确立的状态空间的若干规律，所以符号方法可以验证具有大量状态的系统——超过状态图遍历算法可处理规模的若干数量级。而且将 Clarke 和 Emerson 的早期 CTL 模型检测算法[61]与状态变迁图的 OBDD 表示相结合，甚至可以验证状态数超过 10^{20} 规模的系统[46,191]。后来其他研究者又不断推出了各种基于 OBDD 的改进技术，使得可以验证的状态超过了 10^{120} 量级[43, 44]。

对时序电路和协议而言，使用符号方法隐式建模是非常自然的：先将电路和协议中的状态变量看成一个集合，对此集合的一组布尔赋值表示一个状态编码，变迁关系可以表示成定义在两个变量集合上的布尔公式，这两个集合一个是现态变量集合，另一个是次态变量集合，现在此方程就可以方便地转化为二叉判定图。而基于符号方法的模型检测算法对应着计算从变迁关系中得到的谓词变换的不动点，不动点本质上表示了并发系统各时序性质对应的状态集合。在这种新的模型检测方法中，谓词变换和不动点都用 OBDD 来表示，这样就可以避免显式地构造并发系统的状态图。

McMillan 开发了符号模型检测系统 SMV[191]，在他的博士论文中有对应的介绍章节。SMV 使用一种层次化的有限状态并发系统描述语言，这种语言支持时序逻辑语法的系统规约公式。SMV 模型检测器从输入语言中提取变迁系统的 OBDD 表示，然后使用基于 OBDD 的搜索算法来判断系统是否满足性质规约。如果变迁系统不满足某性质规约，检测器会产生执行路径来表明性质规约不能满足的原因。目前 SMV 系统使用广泛，已验证了大量的实例，这些应用表明 SMV 可以胜任工业级的应用。

采用模型检测成功验证了 IEEE 的 Futurebus+标准(IEEE 896.1-1991 标准)中的高速缓存一致性协议，使人们深刻地认识到这种方法的强大能力。Futurebus+高速缓存一致性协议的研发始于 1988 年，但是之前所有对该协议验证的尝试都是基于非形式化的技术。1992 年夏天，卡耐基·梅隆大学的研究人员用 SMV 语言构造了该协议的精确模型，然后使用 SMV 验证此变迁系统模型是否满足高速缓存一致性的形式化规范[66,179]。结果他们发现了以前从未发现的错误，以及协议设计本身的潜在缺陷。这是第一次成功应用自动验证工具检测 IEEE 标准的案例。

在验证规模越来越大的电路或协议实例时，符号模型检测方法的 CPU 时间需求增长率体现了其强大的处理能力。将其用于已经被各团队研究过的实例后，观察得知符号检测方法下的 CPU 时间需求增长率相对于电路组件个数而言只是一个小规模的多项式[18,43,44]。

许多学者独立研究发现 OBDD 可用于表示大规模的状态变迁系统。Coudert，Berthet 和 Madre 通过实现基于自动机状态空间的宽度优先搜索，提出了确定性有限状态自动机的等价算法[81]。在此算法中，他们用 OBDD 表示两个自动机的变迁函数。Pixley 提出的算法[213,214,215]也与此类似。另外，Bose 和 Fisher[26]，Pixley[213]，Coudert，Madre 和 Berthet[82]等人的小组都实验了使用 OBDD 的模型检测算法。

在相关工作方面，Bryant，Seger 和 Beatty[18,37]基于符号模拟，提出了使用约束线性时序逻辑表示性质规约的模型检测算法。在这种算法中，性质规约由约束时序逻辑表示的“前提-结论”对表达，其中前提用来限制电路的输入和初始状态，结论给出用户希望检测的性质。这种逻辑的公式形式如下：

$$p_0 \wedge \mathbf{X} p_1 \wedge \mathbf{X}^2 p_2 \wedge \cdots \wedge \mathbf{X}^{n-1} p_{n-1} \wedge \mathbf{X}^n p_n$$

相对于大多数规约程序和电路系统的时序逻辑而言，此公式的语法是高度约束的，它只允许使用合取逻辑运算和下一个（$\mathbf{X}$）的时序运算，但这种约束也有其优点：限制可处理的公式类型后，某些性质就有可能被高效检测。

1.6 偏序约简

因为软件的结构化特性不如硬件强，而且并发软件通常是异步的，也就是说，大多数由不同进程表现的行为都独立进行，不存在全局的同步时钟，所以软件验证给模型检测带来了一些问题。由于这些原因，软件验证时的状态爆炸现象特别显著。因此，比起硬件验证，软件验证较少使用模型检测方法。最近，在缓解软件的状态爆炸问题上取得了相当大的进步，偏序约简[126,209,244]可以有效抑制状态爆炸问题，这种技术基于并发事件间的独立性，当两个事件以任意顺序发生均导致相同的全局状态时，这两个事件就相互独立。

并发软件经常采用交织(语义)模型，一次运行中的所有并发事件按照线性序列执行，通常称为交织序列，序列中彼此并发执行的事件的顺序是随机的。大多数刻画并发系统的逻辑都以不同顺序发生的独立事件分别考虑，即对所有独立事件的交织发生都予以考虑，这导致了一个极大的状态空间。

偏序约简技术通过减少考虑的交织序列数目来约简模型的状态空间。如果两个交织序列除了独立事件发生的顺序不同，其他均一致，而且它们不会引起性质规约的变化(即性质规约不能区分这两个交织序列)时，那么对其中之一进行分析就足够了。这种方法源于程序运行的偏序模型理论，依据此模型，并发事件不需要排序，每一种偏序运行都潜在对应多个多交织序列，如果规约不区分这样的序列，那么选择其一考虑即可。

将在状态之间的变迁关系上独立交织执行的所有方式看成一个集合，选取其子集作为减少状态空间策略的方法已经被许多学者所研究。首次提出这种约简技术的学者是Overman[205]，但他只考虑了一个不包含循环和非确定性选择的受限并发模型。Katz 和 Peled 在其证明系统中提出了交织序列适用的等价关系[153]。他们的系统只包含了选定的交织序列集合的推理规则，而不是包含所有序列。结合偏序约简的模型检测算法在许多文章中都有涉及：Valmari 的顽固集[244]，Godefroid 的稳固集[125]，以及 Peled 的充足集[209]。这些方法虽然在实际处理的细节上有所不同，但都包含相似的思想本源。在本书中，我们将介绍充足集方法。还有一些类似方法，这些方法基于研究系统运行时偏序和全序模型间的关系，包括 McMillan 的伸展技术[190]和 Godefroid 的沉睡集[125]。

1.7 缓解状态爆炸问题的其他方法

虽然符号方法和偏序约简技术已经极大地增加了可验证系统的规模，但许多实际系统的规模仍然太大而无法处理。因此，寻找可以与符号方法相结合的新技术来增强验证能力变得非常重要。目前主要有四种技术，它们是组合推理、抽象、对称和归纳。

第一种技术(组合推理)研究的是复杂电路和协议的模块化结构[72,128,129,150,151,168,218,230]。许多有限状态系统由并发的多个进程组成，其规约一般可以分解成几个组件局部性质。如果系统各组件局部性质的合取蕴含着全局的规约，则系统验证就变成对系统各组件的局部性质的检测。

但在一些情况下，由于组件相互依赖，这种简单的组合推理方法变得不切实际，这时更复杂的策略就必不可少了。这种情况出现的原因在于当验证组件的性质时，必须首先假设其他组件行为，随后当其他组件验证时，这些假设必须确定。这种策略称为假设保证推理[129,150,151,198,218]。

第二种技术涉及使用抽象技术，该项技术似乎是对交互系统(如数据路径)进行推理的基本技术。传统上有限状态验证方法主要用于面向控制的系统，符号方法使验证包含非平凡数据操作的系统成为可能，但是验证的复杂度通常很高。一般而言，采用抽象方法可以验证包含数据路径的系统。在这种系统规约中，数据间的关系非常简单，例如在验证微处理器的加法运算时，可能需要一个寄存器中的值最终等于其他两个寄存器中的值的和，此时抽象技术就可降低模型检测的复杂度[20,69,90,91,160,248]。一般来说，抽象就是系统中从实际数值集合到一个简单抽象数值集合的特定映射，通过将此映射扩展到状态和变迁关系上，就使得创建一个待检测系统的抽象版本成为可能。抽象系统通常比实际系统小很多，因此在此系统上检测性质也更容易。

对称也可以用来缓解状态爆炸问题[64,111,143,148]。有限状态并发系统经常包含一些重复的组件。例如，很多协议都包含由多个形式相同的通信进程组成的网络；硬件设备中，如存储器和寄存器也拥有很多重复的部件。这些都说明通过特定的技术可以得到系统的简化模型。系统中天然的对称性蕴含了可以保持状态变迁图的非平凡交换群，这种群可用来定义系统状态空间和简化后状态空间的等价关系，从而采用对称性简化模型来减少验证的开销。

归纳涉及对整个有限状态系统簇的自动推理[33,67,155,165,187,229,250]。这种簇在软、硬件交互系统的设计中经常出现，具有代表性的是将电路和协议设计参数化，定义出系统的无限簇。例如，设计一个用来将两个整数相加的电路，可以将整数的宽度 n 作为其参数；总线协议可以设计成服务于任意个数的处理器；互斥协议也可以通过将处理器个数参数化来进行设计。我们希望能够在给定的簇中检测所有系统对某些时序逻辑性质的满足性。一般而言，这个问题是不可判定的[12,237]，但是在很多案例中，可以求出进程不变量来表示簇中任意系统的行为。使用此不变量，可以立刻检测簇中所有成员的性质。归纳技术就是验证不变量的表达是否合适。

第2章 系统建模

验证系统正确性的过程分为多个步骤，首先刻画系统应该保持的性质，例如对并发程序无死锁性的需求。一旦明确了待检测性质之后，马上就要着手构造系统的形式化模型，并进行检测。所以，这种模型一方面应该能够正确表述系统，另一方面，应该消除与待检测性质无关却会使检测过程复杂的细节，比如说对数字电路进行建模的依据是逻辑门和布尔值，而不是实际的电压值。类似地，对通信协议建模时，通常只关注信息的交换而忽略其实际内容。

本书主要研究反应系统(reactive system)[186]随时间变化的行为。这种系统可能会频繁地与环境交互，并且一般不会终止，因此分析其输入、输出行为来对其建模是不合适的。反应系统最重要的特征是状态，它定义为系统变量的瞬时值，表达了系统的快照或是瞬时描述。在特定动作发生之后，系统状态也会发生变化，一般使用动作发生前后的两个状态来表示这种变化，这个状态对确定了系统的一次变迁。所以，反应系统的计算可以通过变迁来定义，即计算是一个无限的状态序列，其中的每一个状态都是经由前驱状态变迁得到的。

一种称为 Kripke 结构的状态变迁图可以表示上述反应系统的观测行为。这种结构包含状态集合、状态之间的变迁集合以及标记函数。标记函数是从状态到状态上为真的性质集合的映射，Kripke 结构中的路径正好表达出反应系统的计算。这种模型虽然简单，但是有足够能力表达反应系统的时序行为。

并发系统通常是由程序代码或者电路图定义的，并发系统的类型有很多种(同步或异步电路，含共享变量的程序，使用消息通信机制的程序，等等)，需要一种统一的并发系统的形式化描述方法来表示所有这些种类，我们采用一阶逻辑公式方法。给定某并发系统对应的一阶逻辑公式，可以直观地从中抽取出该系统对应的 Kripke 结构。

下面的章节中将首先给出 Kripke 结构的形式化定义，其次介绍一种从一阶逻辑公式表示的并发系统中抽取此结构的方法，最后展示如何使用一阶逻辑公式表示不同于上述系统结构的程序。

2.1 并发系统建模

令 AP 为原子命题集合，则 AP 上的 Kripke 结构 M 是一个四元组 $M=(S,S_0,R,L)$，其中

1. S 是状态的有限集合。
2. $S_0 \subseteq S$ 是初始状态集合。
3. $R \subseteq S \times S$ 是完全的变迁关系，即对任意状态 $s \in S$，存在状态 $s' \in S$，使得 $R(s,s')$ 为真。

4. $L:S\to 2^{AP}$是标记函数，它标识在该状态下为真的原子命题集合。

有时我们并不关心初始状态 S_0，这时可以将其从上述定义中删除。在结构 M 中，一条从状态 s 出发的路径是一个无限的状态序列 $\pi=s_0s_1s_2\cdots$，其中 $s_0=s$，且对于所有 $i\geq 0$ 都有 $R(s_i,s_{i+1})$为真。

2.1.1　一阶逻辑表示法

这一节只涉及一阶逻辑的基本范畴，需要读者熟悉逻辑运算符(合取 $\wedge$，析取 $\vee$，否定 $\neg$ 蕴含 $\to$，等等)，以及全称量词($\forall$)和存在量词($\exists$)的原理。

本书使用具有特定语义的一阶逻辑公式来描述并发系统，所以公式中出现的谓词和函数符号的意义都已预先定义好，通常它们的意义在具体的上下文中是清楚的。设 $V=\{v_1,\cdots,v_n\}$ 为系统变量集合，假设 V 中变量的取值范围是有限集合 D(通常称为域或者解释空间)，则 V 的赋值是一个把 D 中的值与 V 中的变量 v 联系起来的函数。

一个并发系统的状态可以通过给 V 中的所有变量赋值来描述。换言之，状态就是 V 中变量的赋值函数 $s:V\to D$。可以写出一个恰使该赋值为真的公式，例如，给定集合 $V=\{v_1,v_2,v_3\}$ 和相应的赋值 $V=\langle v_1\leftarrow 2, v_2\leftarrow 3, v_3\leftarrow 5\rangle$，可以表示成公式$(v_1=2)\wedge(v_2=3)\wedge(v_3=5)$。通常，公式有可能在多个赋值下都为真，那么，如果从所有使某公式为真的赋值集合这个角度来看，则一阶逻辑公式就对应了一个特定的状态集合。特别要提及的是，系统的初态完全可以通过 V 中变量上定义的一阶逻辑公式 S_0 来表示。

除了状态集合，还必须使用表示状态之间的变迁关系的集合来描述整个系统。可以使用公式来表示有序状态对，从而扩展上述的方法以表示变迁。此时，仅用一个系统变量集合 V 显然不够，需要建立另一个变量集合 V'，称 V 中的变量为现态变量，V'中的变量为次态变量，要求 V 中的每一个变量 v 在 V'中都有对应的次态，记为 v'，则 v 和 v'中的变量赋值就是一个有序状态对或变迁。与上述状态表示法一样，也可以用公式表示变量赋值的集合，这些状态对的集合称为变迁关系，记为 R，则$\mathcal{R}(V,V')$为表示此关系的公式。

最后，还需要定义原子命题集合 AP 以描述并发系统性质规约。原子命题的典型形式是 $v=d$ ($v\in V$ 且 $d\in D$)，且当 $s(v)=d$ 时，命题 $v=d$ 在状态 s 中为真。当 v 是布尔域$\{True, False\}$上的变量时，在 AP 中就不需要既包含 $v=True$ 又包含 $v=False$，本书用 v 表示 $s(v)=True$，用 $\neg v$ 表示 $s(v)=False$。现在描述从表示并发系统的一阶公式 $\mathcal{S}_0$ 和$\mathcal{R}$来构造 Kripke 结构 $M=(S, S_0, R, L)$ 的方法：

- 状态集合 S 是 V 的所有赋值的集合。
- 初始状态集合 S_0 是 V 的满足公式 s_0 的赋值集合。
- 令 s 和 s'为两个状态，则 $R(s,s')$成立仅当每一个 $v\in V$ 的值为 $s(v)$，每一个 $v'\in V'$ 的值为 $s'(v)$ 时，$\mathcal{R}$为真。
- 标记函数$(L:S\to 2^{AP})$定义 $L(s)$是 s 中为真的原子命题子集。如果 v 是布尔域上的变量，那么 $v\in L(s)$ 意味着 $s(v)=True$，并且 $v\notin L(s)$ 意味着 $s(v)=False$。

因为本书约定 Kripke 结构的变迁关系 R 一定是完全的，所以当状态 s 没有后继时，必须对其进行扩展，即修改 R，使之包含 $R(s, s')$。

下面通过一个简单的系统来说明上述转换的思路。考虑一个包含 x 和 y 两个变量的系统，变量的值域为 $D = \{0, 1\}$，这时变量 x 和 y 的赋值就是一个对 $(d_1, d_2) \in D \times D$，其中 d_1 是 x 的值，d_2 是 y 的值。此系统还包含一个变迁关系：

$$x := (x + y) \bmod 2$$

系统从 $x = 1$ 和 $y = 1$ 对应的状态开始，由两个一阶逻辑公式表示：一个是初始的状态集合

$$\mathcal{S}_0(x, y) \equiv x = 1 \wedge y = 1$$

另一个是变迁关系集合的一阶逻辑公式

$$\mathcal{R}(x, y, x', y') \equiv x' = (x + y)\ mod\ 2 \ \wedge\ y' = y$$

从这些公式抽取出来的 Kripke 结构 $M = (S, S_0, R, L)$如下所示：

- $S = D \times D$
- $S_0 = \{(1,1)\}$
- $R = \{((1, 1), (0, 1)), ((0, 1), (1, 1)), ((1, 0), (1, 0)), ((0, 0), (0, 0))\}$
- $L((1, 1)) = \{x = 1, y = 1\}$, $L((0, 1)) = \{x = 0, y = 1\}$, $L((1, 0)) = \{x = 1, y = 0\}$, $L((0, 0)) = \{x = 0, y = 0\}$

此 Kripke 结构中从初态开始的路径只有一条，即(1,1)(0,1)(1,1)(0,1)…，它也是该系统的唯一计算(computation)。

2.1.2 变迁的粒度

确定变迁的粒度是并发系统建模的一个关键问题。若一个变迁在执行的过程中不会产生其他的可见系统状态，则此关系称为原子变迁关系。常见的错误是把变迁关系定义得过于粗糙，此时 Kripke 结构就会遗漏一些可见的系统状态。从而使包括模型检测在内的各种验证技术无法检测到某些重要的错误。但是变迁的粒度过细也会导致一些问题，比如在多个变迁关系的作用下，系统可能会到达一个实际不会出现的状态。也就是说，模型检测找到了一个实际不会出现的伪错误。

例如，假设有一个并发系统，存在两个变量 x 和 y，以及两个并发执行的变迁过程 α 和 β，

$$\alpha:\ x := x + y \quad 和 \quad \beta:\ y := y + x$$

初态时 $x = 1 \wedge y = 2$。首先考虑过细粒度的实现，即考察采用汇编语言指令在内存和寄存器之间实现读取、相加和存储操作。

α_0: load R_1, x $\quad\quad$ β_0: load R_2, y
α_1: add R_1, y $\quad\quad$ β_1: add R_2, x
α_2: store R_1, x $\quad\quad$ β_2: store R_2, y

先执行 α 后执行 β 的情况下，得到的结果是 $x = 3 \wedge y = 5$；但在 α 前执行 β 时，得到的结果却是 $x = 4 \wedge y = 3$。不但如此，采用这种过细粒度并以 $\alpha_0\beta_0\alpha_1\beta_1\alpha_2\beta_2$ 为执行顺序时，则会得到 $x = 3 \wedge y = 3$。

假设 $x = 3 \wedge y = 3$ 违反了真实系统的某些期望属性，使用变迁关系 α 和 β，那么就不可能同时得到 $x = 3$ 和 $y = 3$。但是，如果用过细粒度的变迁关系 $\alpha_0, \alpha_1, \alpha_2, \beta_0, \beta_1, \beta_2$ 对系统进行建模，就可能产生误判。反之，假设真实系统需要使用过细粒度变迁关系 $\alpha_0, \alpha_1, \alpha_2, \beta_0, \beta_1, \beta_2$ 来描述，这时它就可能到达状态 $x = 3$ 和 $y = 3$，但如果用粗粒度变迁关系 α 和 β 对系统建模，又会漏判系统存在的错误。

可以把从程序代码和电路图中抽取一阶逻辑表达式的过程看成编译，此过程必须考虑上述的变迁关系粒度问题。从下面开始，我们会详细讲述“编译”的执行过程。

2.2　并发系统

并发系统包含若干组件，组件之间通过某种方式通信，不同系统的执行模式和通信模式千差万别。下面首先介绍两种执行模式：异步或交织执行模式，以及同步执行模式。概括来讲，二者的区别是前者每运行一步只有一个组件执行，而后者所有的组件同时执行。通信模式也包含三种，即组件之间通过改变共享变量的数值、使用消息交换队列或者某种握手协议来进行信息交换。由于系统建模不是本书主要讨论的内容，所以本章仅仅讨论共享变量的通信方式。

在下面的章节中，首先描述几种重要类型的并发系统，然后说明如何通过一阶逻辑公式来表示它们。通过这些一阶逻辑公式，根据 2.1.1 节所示的方法就可以推导出所描述系统的 Kripke 结构。

2.2.1　数字电路

本节介绍采用公式来描述电路的方法。为简单起见，假设每个电路中的状态保持单元取值为 0 或者 1。令 V 为电路状态保持单元的集合。对于同步电路，集合 V 通常只包含电路中所有寄存器的输出以及电路的基本输入。而对于异步电路，通常认为电路中所有的线路都是电路状态保持单元。如果 V 中的每一个单元都作为一个布尔变量，那么状态就可以表示为变量集合的一组由 1 或者 0 构成的赋值。每一组给定的赋值都可以作为某特定布尔表达式的真解，例如，给定 $V = \{v_1, v_2\}$ 和赋值 $\langle v_1 \leftarrow 1,\ v_2 \leftarrow 0 \rangle$，可得到布尔表达式 $v_1 \wedge \neg v_2$。如前所述，我们可以将公式视为使之为真的赋值集合。这样，描述电路并不需要用到一阶逻辑的所有表达方式，布尔逻辑就足够了。定义布尔表达式 $\mathcal{S}_0(V)$ 和 $\mathcal{R}(V, V')$ 分别表示电路初态集合和变迁关系。

同步电路

同步电路工作时包含一系列的步骤。在每一步，电路的输入发生变化，电路进行响应而达到稳定，而后时钟脉冲到来，电路状态保持单元发生改变。

下面的简单例子可以说明获取同步电路变迁关系的方法。图 2.1 所示的电路是一个同步模

8 计数器。设 $V=\{v_0,v_1,v_2\}$ 为此电路的(现态)状态变量集合，并设 $V'=\{v'_0,v'_1,v'_2\}$ 为次态变量集合，此计数器的变迁可表示为

$$v'_0=\neg v_0$$
$$v'_1=v_0\oplus v_1$$
$$v'_2=(v_0\wedge v_1)\oplus v_2$$

$\oplus$ 是异或操作。以上的等式可以用来定义下面的关系：

$$\mathcal{R}_0(V,V')\equiv(v'_0\Leftrightarrow\neg v_0)$$
$$\mathcal{R}_1(V,V')\equiv(v'_1\Leftrightarrow v_0\oplus v_1)$$
$$\mathcal{R}_2(V,V')\equiv(v'_2\Leftrightarrow(v_0\wedge v_1)\oplus v_2)$$

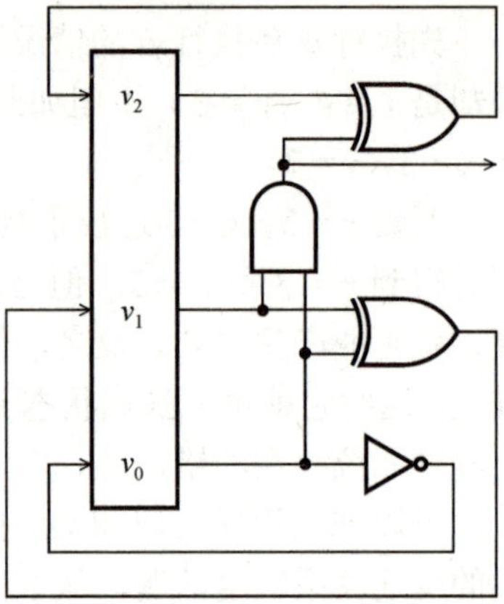

图 2.1 同步模 8 计数器

这些公式描述了每个次态单元 v'_i 在一个合法变迁后必须满足的约束条件。因为所有的改变都同时发生，所以可以合取约束条件来构造变迁关系

$$\mathcal{R}(V,V')\equiv\mathcal{R}_0(V,V')\wedge\mathcal{R}_1(V,V')\wedge\mathcal{R}_2(V,V')$$

通常对具有 n 个状态保持单元的同步电路，可以设 $V=\{v_0,\cdots,v_{n-1}\}$，且 $V'=\{v'_0,\cdots,v'_{n-1}\}$。与模 8 计数器的分析方法类似，对于每一个状态保持单元 v_i'，定义布尔函数 f_i 使得

$$v'_i=f_i(V)$$

而变迁关系就可以使用状态保持单元对应的布尔函数来定义，

$$\mathcal{R}_i(V,V')\equiv(v'_i\Leftrightarrow f_i(V))$$

再从模 8 计数器的例子继续类推，这些公式的合取就构成了整个模型系统的变迁关系

$$\mathcal{R}(V,V')\equiv\mathcal{R}_0(V,V')\wedge\cdots\wedge\mathcal{R}_{n-1}(V,V')$$

因此同步电路对应的变迁关系可以表示为单个变量对应的变迁关系的合取。

异步电路

异步电路的变迁关系可以很自然地表示为析取形式。由易到难，首先假设异步电路的每个组件都只有一个输出，且没有内部状态变量，此时组件可以定义为函数 $f_i(V)$，只要知道当前状态变量 v 的值，则可以通过 $f_i(V)$计算出这个组件的输出。这种方法可直接扩展到多输出的电路。

由于各组件值的变化非常快，两个组件几乎不可能同时改变。因此习惯上使用一次只能改变一个组件的交织语义来描述此模型。由此可得出下面的析取形式：

$$\mathcal{R}(V,V')\equiv\mathcal{R}_0(V,V')\vee\cdots\vee\mathcal{R}_{n-1}(V,V')$$

其中

$$\mathcal{R}_i(V,V')\equiv\big(v'_i\Leftrightarrow f_i(V)\big)\wedge\bigwedge_{j\neq i}(v'_j\Leftrightarrow v_j)$$

仔细观察上述公式会发现，可能出现某些组件反复变化而其他的组件却无法执行的情况。但在实际中这种情况几乎不可能发生，可以在模型检测时添加公正性约束来防止这种情况的发生，这方面的内容将在下一章讨论。

可以用下面的例子说明同步和异步模型的区别。设 $V=\{v_0,v_1\}$，$v_0'=v_0\oplus v_1$，$v_1'=v_0\oplus v_1$，且状态 s 表示为 $v_0=1\wedge v_1=1$。在同步模型中，所有的赋值同时执行，所以此时 s 只有一个后继的状态 $v_0=0\wedge v_1=0$。而在异步模型中，s 有两个后继状态：

1. $v_0=0\wedge v_1=1$（先对 v_0 赋值）。
2. $v_0=1\wedge v_1=0$（先对 v_1 赋值）。

2.2.2 程序

程序都是异步执行的。并发程序由多个串行程序组成，先研究串行程序的建模方法。本书所用的建模方法与 Manna 和 Pnueli 的方法[186]一致。首先介绍将串行程序 P 的语句翻译成变迁关系的一阶逻辑公式$\mathcal{R}$的方法，这个过程记为$\mathcal{C}$。为了不失一般性，为每条语句都标记唯一的入口点和出口点，这种操作也可以极大地简化翻译过程。下面来定义一种将无标记程序 P 标识为标记程序 $P^{\mathcal{L}}$ 的转换过程。

下面定义的标记转换过程，在程序 P 每条语句的入口点附上唯一标记，但不标记整个程序 P。在串行程序中，一条语句的出口点就是下一条语句的入口点，所以只标记入口点就足够了。如果也标记整个程序的入口点和出口点，那么程序 P 中所有语句的入口点和出口点都会唯一地标记出。

不失一般性，定义标记过程不能局限于具体的编程语言，下面选用常见的语句类型来定义其标记过程，可以很容易地将这种方法扩展到具体语言。给定语句 P，标记后的语句 $P^{\mathcal{L}}$ 可以定义如下：

- 如果 P 不是复合语句（例如，P 是 $x:=e$, **skip**, **wait**, **lock**, **unlock**，等等），那么 $P^{\mathcal{L}}=P$。
- 如果 $P=P_1;P_2$，那么 $P^{\mathcal{L}}=P_1^{\mathcal{L}};l'':P_2^{\mathcal{L}}$。
- 如果 $P=$ **if** b **then** P_1 **else** P_2 **end if**，那么 $P^{\mathcal{L}}=$ **if** b **then** $l_1: P_1^{\mathcal{L}}$ **else** $l_2: P_2^{\mathcal{L}}$ **end if**。
- 如果 $P=$ **while** b **do** P_1 **end while**，那么 $P^{\mathcal{L}}=$ **while** b **do** $l_1:P_1^{\mathcal{L}}$ **end while**。

本节后续部分均假设 P 是已标记语句，它的入口点和出口点分别标记为 m 和 m'。定义 pc 为程序计数器，此特殊变量的取值范围是标记集合加上未定义值⊥，在标记并发程序时使用⊥表示程序未激活，此时 $pc=\perp$。

设 V 为程序变量的集合，相应地设 V'为次态变量集合，其中每个 $v\in V$ 都对应一个 $v'\in V'$，pc 所对应的次态记为 pc'。如前所述，现态指变迁前的状态，而次态指变迁后的状态。一般来说，每一个变迁只会改变很少的程序变量的值，所以定义 $same(Y)$表示公式

$$\bigwedge_{y\in Y}(y'=y)$$

首先给出生成程序 P 的初始状态集合对应的一阶公式的方法，设 $pre(V)$是程序 P 中变量的初

始取值，则程序的初始状态集合可以表示如下：

$$\mathcal{S}_0(V, pc) \equiv pre(V) \wedge pc = m$$

接着来看翻译过程，$\mathcal{C}$ 将取决于三个参数：入口点标记 l，已标记的语句 P，以及出口点标记 l'。翻译过程为每种语句类型都递归定义了一条规则，$\mathcal{C}(l, P, l')$把 P 的变迁集合定义为集合中所有变迁的析取，单个变迁表示布尔条件值，而程序计数器的值指示哪个变迁可能被执行。只要变迁被激活，这种析取形式的值就为真。

■ 赋值：

$$\mathcal{C}(l,\ v \leftarrow e,\ l') \equiv pc = l \ \wedge \ pc' = l' \ \wedge \ v' = e \ \wedge \ same(V \setminus \{v\})$$

■ 跳过(skip)：

$$\mathcal{C}(l,\ skip,\ l') \equiv pc = l \ \wedge \ pc' = l' \ \wedge \ same(V)$$

■ 串行：

$$\mathcal{C}(l,\ P_1;\ l'' : P_2,\ l') \equiv \mathcal{C}(l,\ P_1,\ l'') \ \vee \ \mathcal{C}(l'',\ P_2,\ l')$$

变迁 P_1; l'': P_2 的公式是 P_1 的变迁公式和 P_2 的变迁公式的析取。因为 P_2 入口点直接标记为 l''，所以语句 P_2 将在语句 P_1 之后执行。

■ 条件：

$\mathcal{C}(l,$ **if** b **then** $l_1 : P_1$ **else** $l_2 : P_2$ **end if**, $l')$是下面 4 个公式的析取：

- $pc = l \ \wedge \ pc' = l_1 \ \wedge \ b \ \wedge \ same(V)$
- $pc = l \ \wedge \ pc' = l_2 \ \wedge \ \neg b \ \wedge \ same(V)$
- $\mathcal{C}(l_1,\ P_1,\ l')$
- $\mathcal{C}(l_2,\ P_2,\ l')$

第一个公式对应条件 b 为真的情况，在这种情况下，语句 P_1 将被执行。第二个公式对应条件 b 为假的情况，这时执行语句 P_2，这两个公式表示的都是程序计数器变化所导致的变迁。第三个和第四个析取公式分别是 P_1 和 P_2 的自身变迁。值得注意的是，l' 既表示 P_1 的出口点，也表示 P_2 的出口点。**if** 语句的翻译很容易扩展到多分支不确定选择的情况。

■ 循环：

$\mathcal{C}(l,$ **while** b **do** $l_1 : P_1$ **end while**, $l')$是下面三个公式的析取：

- $pc = l \ \wedge \ pc' = l_1 \ \wedge \ b \ \wedge \ same(V)$
- $pc = l \ \wedge \ pc' = l' \ \wedge \ \neg b \ \wedge \ same(V)$
- $\mathcal{C}(l_1,\ P_1,\ l)$

第一个析取公式对应 b 为真的情况，这时将执行语句 P_1。第二个析取公式对应 b 为假的情况，这时 **while** 语句执行结束。第三个析取公式是 P_1 本身的变迁公式。值得注意的是，P_1 的出口点与 **while** 语句的入口点相同。因此，P_1 执行结束后，**while** 语句会重新开始执行。

2.2.3　并发程序

并发程序可以看成一组并行执行的进程，各进程都由串行的语句组成。如果并发运行的进程不通过消息传递、共享变量或与其他方法交互，那么它就很容易分析了。但这种简单并发程序并不值得花费精力去研究，模型检测研究的对象都是具有大量交互现象的复杂并发程序。本节将考虑异步并发程序，在此程序中的每一步运行都只会有一个进程变迁。首先定义术语，V_i是进程 P_i 中出现的变量集合，V 是所有进程变量的集合，相应地，pc_i 是进程 P_i 中的程序计数器，而 PC 是所有程序计数器的集合。

并发程序 P 的形式为

$$\textbf{cobegin}\ P_1 \| P_2 \| \cdots \| P_n\ \textbf{coend}$$

其中 $P_1,\cdots,P_n$ 是并发程序中的进程。并发程序的标记过程，可以通过串行程序的标记方法扩展得到，具体做法是给每一个进程都加上入口点和出口点标记。与串行程序不同的是，不存在一致的出口点和入口点标记，所以每一个进程的出口点都需要唯一标记。同前所述，假设并发程序 P 的出口点和入口点标记为 m 和 m'。

- 如果 $P = \textbf{cobegin}\ P_1 \| P_2 \| \cdots \| P_n\ \textbf{coend}$
  则$P^{\mathcal{L}} = \textbf{cobegin}\ l_1 : P_1^{\mathcal{L}}\ l_1' \| l_2 : P_2^{\mathcal{L}}\ l_2' \| \cdots \| l_n : P_n^{\mathcal{L}}\ l_n'\ \textbf{coend}$

描述并发程序 P 的初始状态的公式如下：

$$\mathcal{S}_0(V, PC) \equiv pre(V) \wedge pc = m \wedge \bigwedge_{i=1}^{n}(pc_i = \bot)$$

其中，$pc_i = \bot$ 表明进程 P_i 没有被激活，从而不能在目前的状态下执行。

解释过程也可通过扩展串型程序的相应过程而得到：

$$\mathcal{C}(l, \textbf{cobegin}\ l_1 : P_1\ l_1' \| \ldots \| l_n : P_n\ l_n' \textbf{coend}, l')$$

即下面三个公式的析取：

- $pc = l \wedge pc_1' = l_1 \wedge \ldots \wedge pc_n' = l_n \wedge pc' = \bot$
- $pc = \bot \wedge pc_1 = l_1' \wedge \ldots \wedge pc_n = l_n' \wedge pc' = l' \wedge \bigwedge_{i=1}^{n}(pc_i' = \bot)$
- $\bigvee_{i=1}^{n}\left(\mathcal{C}(l_i, P_i, l_i') \wedge same(V \setminus V_i) \wedge same(PC \setminus \{ pc_i \})\right)$

第一个公式描述了并发系统的初始化，此时整体的变迁由 **cobegin** 语句的入口点到单个进程的入口点组成。第二个公式描述并发系统的结束，整体的变迁由进程的出口点到 **cobegin** 的出口点组成，只有当所有的进程都终止时这个变迁才会执行。第三个公式描述了并发进程的交织运行。进程 P_i 的变迁关系公式与 $same(V \setminus V_i) \wedge same(PC \setminus \{pc_i\}))$ 进行合取，不但保证了 P_i 中的变迁只能改变 V_i 中的变量，还确保每次只能有一个进程运行。

共享变量

V_i 是进程 P_i 的变量集合。关于 V_i 有重叠的并发程序称为共享变量程序。下面来扩展解释过程$\mathcal{C}$，使之能够处理进程同步语句，这种语句提供了多进程互斥访问共享变量的机制。假设进程 P_i 中包含互斥语句

- 等待(wait)：因为本书的重点在于有限状态图，所以仅仅考虑使用忙等待的语句，也就是实际上并不会涉及诸如进程队列的复杂数据结构。语句 **wait**(b)将一直测试 b 的值是否为真，当其为真时该变迁激活，进程从而可以运行到下一个标记。
  解释$\mathcal{C}(l, \textbf{wait}(b), l')$是下面两个公式的析取：
  - $(pc_i = l \wedge pc_i' = l \wedge \neg b \wedge same(V_i))$
  - $(pc_i = l \wedge pc_i' = l' \wedge b \wedge same(V_i))$
- 上锁(lock)：语句 **lock**(v)与 **wait**($v = 0$)有些相似，只是在此语句执行过程中当 $v = 0$ 为真时，变迁会把 v 的值设置为 1。这条语句常用来保证互斥，也就是阻止多个进程同时进入临界区。
  解释$\mathcal{C}(l, \textbf{lock}(v), v')$是下面两个公式的析取：
  - $(pc_i = l \wedge pc_i' = l \wedge v = 1 \wedge same(V_i))$
  - $(pc_i = l \wedge pc_i' = l' \wedge v = 0 \wedge v' = 1 \wedge same(V_i \setminus \{v\}))$
- 解锁(unlock)：**unlock**(v)语句把 v 的值赋为 0。执行此条语句就可以使进程退出临界区，从而使其他进程能够进入临界区。
  $\mathcal{C}(l, \textbf{unlock}(v), l') \equiv pc_i = l \wedge pc_i' = l' \wedge v' = 0 \wedge same(V_i \setminus \{v\})$

2.3 程序翻译的实例

下面来研究双进程 P_0 和 P_1 互斥的程序：

$$P = m : \textbf{cobegin } P_0 \parallel P_1 \textbf{ coend } m'$$

```
P0 ::  l0 :   while True do
                  NC0 : wait(turn = 0);
                  CR0 : turn := 1;
              end while;
       l0'

P1 ::  l1 :   while True do
                  NC1 : wait(turn = 1);
                  CR1 : turn := 0;
              end while;
       l1'
```

程序 P 的计数器 pc 有三个值：P 的入口点标记 m，P 的出口点标记 m'，以及当 P_1 与 P_2 未激活时 pc 的值⊥。每个进程 P_i 有一个独立的程序计数器 pc_i，取值范围是 l_i，l_i'，NC_i，CR_i 和⊥。两个进程共享唯一的变量 $turn$。因此有 $V = V_0 = V_1 = \{turn\}$，$PC = \{pc, pc_0, pc_1\}$。当进程 P_i 的程序计数器的值为 CR_i 时，进程进入它们的临界区，但两个进程不能同时进入临界区。当程序计数器的值为 NC_i 时，进程处于非临界区，这时进程一直等到对应的 $turn = i$ 才能获准进入临界区。

P 的初始状态表示如下：

$$\mathcal{S}_0(V, PC) \equiv pc = m \wedge pc_0 = \perp \wedge pc_1 = \perp$$

我们不对 *turn* 的值进行限制，可以取 0 或 1 的任意值。应用翻译过程$\mathcal{C}$后，可以得到 P 的变迁关系公式$\mathcal{R}(V, PC, V', PC')$，它是下面 4 个公式的析取：

- $pc = m \wedge pc_0' = l_0 \wedge pc_1' = l_1 \wedge pc' = \perp$
- $pc_0 = l_0' \wedge pc_1 = l_1' \wedge pc' = m' \wedge pc_0' = \perp \wedge pc_1' = \perp$
- $\mathcal{C}(l_0, P_0, l_0') \wedge same(V \setminus V_0) \wedge same(PC \setminus \{pc_0\})$等价于$\mathcal{C}(l_0, P_0, l_0') \wedge same(pc, pc_1)$
- $\mathcal{C}(l_1, P_1, l_1') \wedge same(V \setminus V_1) \wedge same(PC \setminus \{pc_1\})$等价于$\mathcal{C}(l_1, P_1, l_1') \wedge same(pc, pc_0)$

对于每个进程 P_i，其解释$\mathcal{C}(l_i, P_i, l_i')$是以下公式的析取：

- $pc_i = l_i \wedge pc_i' = NC_i \wedge True \wedge same(turn)$
- $pc_i = NC_i \wedge pc_i' = CR_i \wedge turn = i \wedge same(turn)$
- $pc_i = CR_i \wedge pc_i' = l_i \wedge turn' = (i+1) \bmod 2$
- $pc_i = NC_i \wedge pc_i' = NC_i \wedge turn \neq i \wedge same(turn)$
- $pc_i = l_i \wedge pc_i' = l_i' \wedge False \wedge same(turn)$

图 2.2 中的 Kripke 结构，如 2.1.1 节所述是从公式$\mathcal{S}_0$和$\mathcal{R}$推导出来的。分析 Kripke 结构的状态空间，可以很容易发现这两个进程不会同时进入它们的临界区，因此该程序的互斥特性是满足的。但是它不能保证不出现“饥饿”，即可能出现一个进程反复尝试进入临界区，另一个进程却一直占据此临界区而不退出的情况。在本书的后续章节，我们会说明如何用公式表达诸如此类的系统性质并在模型上进行检测。

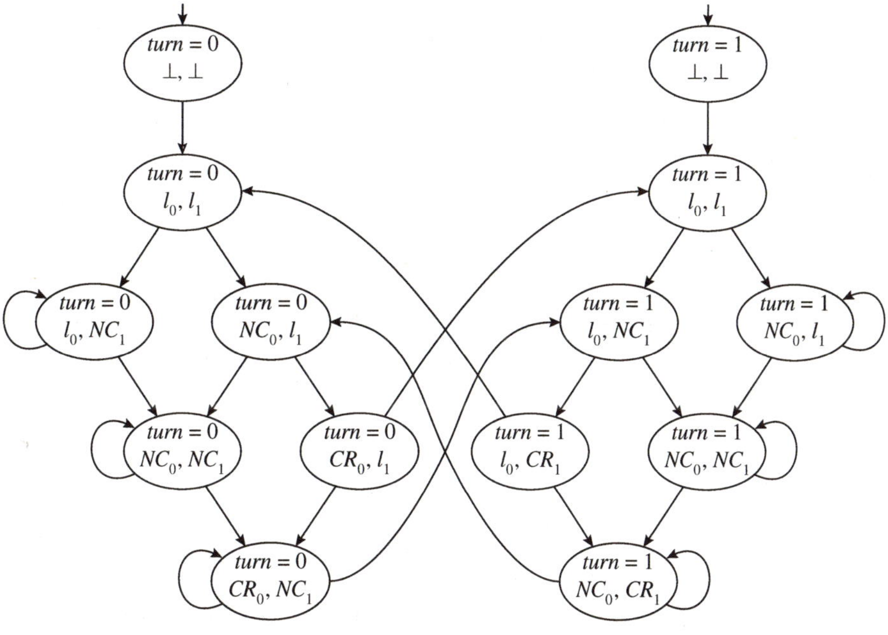

图 2.2　互斥程序的 Kripke 结构的可达状态

第3章 时序逻辑

本章我们介绍一种适用于刻画 2.1 节中状态变迁系统(Kripke 结构)性质规约的逻辑，这种逻辑采用原子命题和布尔运算符构成的复杂表达式来描述状态的性质，这些布尔运算符包括并、交和否定。对于整个反应系统而言，状态间的变迁更加需要关注，因为这种系统会和环境进行交互，并且可能对环境做出连续响应。传统的软件验证技术，如 Floyd[114]和 Hoare[136]提出的方法，只处理程序的“输入-输出”语义，而系统计算的内部细节却无法反映在这种方法可以描述和证明的性质上，也就是说传统的方法只能刻画运行开始时的输入和终止时的输出。但是对于反应系统而言，不但计算序列至关重要，而且许多反应系统在设计之初并不考虑其终止性。

时序逻辑非常适合于描述反应系统状态间的变迁序列。本章介绍的时序逻辑中，时间并不显式地表示出来，而是通过语义来隐式表达，如最终一些指定的状态可以达到，或者永远不能到达一个错误状态。“最终”或者“永远不能”这样的性质是通过定义时序运算符来表示的，这些时序运算符可以和逻辑连接词任意嵌套。时序逻辑根据其允许的运算符以及运算符语义而区分，本书集中讨论一种功能强大的时序逻辑——CTL*逻辑[61, 63, 105]。

3.1 计算树逻辑 CTL*

从概念上看，CTL*公式描述计算树(computation tree)的性质，计算树由 Kripke 结构生成，首先在 Kripke 结构中指定一个状态为初始状态，接着将这个结构展开成以此状态作为根的无限树(如图 3.1 所示)。计算树展示了从初始状态开始的所有可能的执行路径。

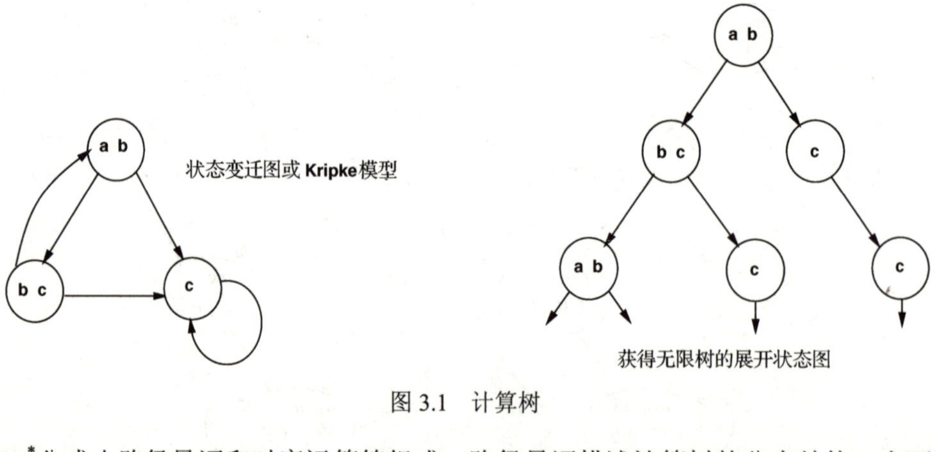

图 3.1 计算树

CTL*公式由路径量词和时序运算符组成。路径量词描述计算树的分支结构，有两种路径量词：**A**(对于所有计算路径)；**E**(对于某些计算路径)。分别表示从某状态开始的所有路径和某些路径具有的性质。时序运算符描述计算树上某条路径的具体性质。有 5 个基本的运算符，直观上的意义如下：

- **X**（“次态”）说明从某状态起始路径的第二个状态开始，性质满足。
- **F**（“最终”或“将来”）刻画从路径中的某个状态开始，性质满足。
- **G**（“总是”或“全局”）说明性质在路径上的每个状态都满足。
- **U**（“直到”）比较复杂，因为它组合了两个性质。路径上某状态处的第二个性质满足，此状态前的所有状态上的第一个性质满足。
- **R**（“释放”）是 **U** 运算符的逻辑非。它要求从初始状态开始到包括首个满足第一个性质的状态结束，第二个性质一直保持成立。需要说明的是第一个性质并不要求最终持续满足。

下面来看看 CTL*的语法和语义。CTL*包含两种公式：状态公式(在一个特定状态上满足)和路径公式(在一条特定路径上满足)。令 AP 为原子命题集合，状态公式的语法由以下规则给出：

- 如果 $p \in AP$，则 p 是状态公式。
- 如果 f 和 g 是状态公式，则 $\neg f$、$f \vee g$ 和 $f \wedge g$ 是状态公式。
- 如果 f 是路径公式，则 $\mathbf{E} f$ 和 $\mathbf{A} f$ 是状态公式。

还有两个路径公式的语法规则如下：

- 如果 f 是状态公式，则 f 也是路径公式。
- 如果 f 和 g 是路径公式，则 $\neg f$、$f \vee g$、$f \wedge g$、$\mathbf{X} f$、$\mathbf{F} f$、$\mathbf{G} f$、$f \mathbf{U} g$ 和 $f \mathbf{R} g$ 是路径公式。

CTL*是由以上规则生成的状态公式集合。

再来研究 Kripke 结构上定义的 CTL*的语义。如前所述，Kripke 结构 M 是三元组 $\langle S,R,L \rangle$，S 是状态集合。$R \subseteq S \times S$ 是符合完全性约束的变迁关系(即对于所有的状态 $s \in S$，存在状态 $s' \in S$ 满足 $(s,s') \in R$)；$L: S \to 2^{AP}$ 是标记函数，用于标记某状态上所满足的原子命题集合。M 中的路径是无限长的状态序列 $\pi = s_0, s_1, \cdots$，其中 $i \geqslant 0$ 且 $(s_i, s_{i+1}) \in R$ (换句话说，路径是 Kripke 结构的计算树的一个无限分支)。

令 π^i 为路径 π 上从状态 s_i 开始的后缀，再令 f 为状态公式，$M,s \vDash f$ 表示此公式在 Kripke 结构中的状态 s 处满足。与之类似，如果 f 是路径公式，$M,\pi \vDash f$ 表示此公式在 Kripke 结构中的路径 π 上满足。和以前一样，为了方便起见，若 Kripke 结构 M 在上下文中很清楚，则可将它略去。满足关系 $\vDash$ 可以递归定义如下(假设 f_1、f_2 是状态公式，g_1、g_2 是路径公式)：

1. $M,s \vDash p \quad \Leftrightarrow \quad p \in L(s)$。
2. $M,s \vDash \neg f_1 \quad \Leftrightarrow \quad M,s \nvDash f_1$。
3. $M,s \vDash f_1 \vee f_2 \quad \Leftrightarrow \quad M,s \vDash f_1$ 或者 $M,s \vDash f_2$。

4. $M,s \vDash f_1 \wedge f_2$ $\Leftrightarrow$ $M,s \vDash f_1$ 并且 $M,s \vDash f_2$。
5. $M,s \vDash \mathbf{E}\, g_1$ $\Leftrightarrow$ 存在一条从 s 出发的路径π满足 $M,\pi \vDash g_1$。
6. $M,s \vDash \mathbf{A}\, g_1$ $\Leftrightarrow$ 每一条从 s 出发的路径π都满足 $M,\pi \vDash g_1$。
7. $M,\pi \vDash f_1$ $\Leftrightarrow$ s 是π的一个状态 $M,s \vDash f_1$。
8. $M,\pi \vDash \neg g_1$ $\Leftrightarrow$ $M,\pi \nvDash g_1$。
9. $M,\pi \vDash g_1 \vee g_2$ $\Leftrightarrow$ $M,\pi \vDash g_1$ 或者 $M,\pi \vDash g_2$。
10. $M,\pi \vDash g_1 \wedge g_2$ $\Leftrightarrow$ $M,\pi \vDash g_1$ 并且 $M,\pi \vDash g_2$。
11. $M,\pi \vDash \mathbf{X}\, g_1$ $\Leftrightarrow$ $M,\pi^1 \vDash g_1$。
12. $M,\pi \vDash \mathbf{F}\, g_1$ $\Leftrightarrow$ 存在$k \geqslant 0$满足 $M,\pi^k \vDash g_1$。
13. $M,\pi \vDash \mathbf{G}\, g_1$ $\Leftrightarrow$ 对于所有的$i \geqslant 0$， $M,\pi^i \vDash g_1$。
14. $M,\pi \vDash g_1\, \mathbf{U}\, g_2$ $\Leftrightarrow$ 存在$k \geqslant 0$满足$M,\pi^k \vDash g_2$，并且对于所有$0 \leqslant j < k, M$， $\pi^j \vDash g_1$。
15. $M,\pi \vDash g_1\, \mathbf{R}\, g_2$ $\Leftrightarrow$ 对于所有的$j \geqslant 0$，如果对于每个$i<j$，$M,\pi^i \nvDash g_1$，则$M,\pi^j \vDash g_2$。

很容易看出使用运算符$\vee$、$\neg$、**X**、**U** 和 **E** 就足以表达任何其他的 CTL*公式：

- $f \wedge g \equiv \neg(\neg f \vee \neg g)$
- $f\, \mathbf{R}\, g \equiv \neg(\neg f\, \mathbf{U}\, \neg g)$
- $\mathbf{F}\, f \equiv \mathit{True}\, \mathbf{U}\, f$
- $\mathbf{G}\, f \equiv \neg \mathbf{F} \neg f$
- $\mathbf{A}(f) \equiv \neg \mathbf{E}(\neg f)$

3.2 CTL 和 LTL 逻辑

本节讨论 CTL*的两个子逻辑：一个是基于分支时间的逻辑，另一个是基于线性时间的逻辑，二者的主要区别在于处理计算树分支的方法。在分支时间时序逻辑中，时序运算符量化从某给定状态上开始的路径；而在线性时间时序逻辑中，时序运算符描述某单个路径上的事件。

计算树逻辑（CTL，Computation Tree Logic）[19,61,104]是 CTL*的受限子集，要求每个时序运算符 **X**、**F**、**G**、**U** 和 **R** 前必须紧跟着一个路径量词。更准确地说，CTL 是通过以下规则约束 CTL*路径公式语法而得到的子集：

- 如果f和 g 是状态公式，则$\mathbf{X} f$，$\mathbf{F} f$，$\mathbf{G} f$，$f \mathbf{U} g$ 和 $f \mathbf{R} g$ 是路径公式。

另一方面，线性时序逻辑（LTL，Linear Temporal Logic）[217]由形如 $\mathbf{A} f$ 的公式构成，其中 f 是路径公式，而且它的状态子公式只允许为原子命题。更准确地说，LTL 的路径公式有以下两种：

- 如果 $p \in AP$，则 p 是路径公式。
- 如果 f 和 g 是路径公式，则$\neg f$，$f \vee g$，$f \wedge g$，$\mathbf{X} f$，$\mathbf{F} f$，$\mathbf{G} f$，$f \mathbf{U} g$ 和 $f \mathbf{R} g$ 是路径公式。

文献[59,105,166]提出以上讨论的三种逻辑有着不同的表达能力。例如，没有一个 CTL 公式可以表示 LTL 公式 $\mathbf{A}(\mathbf{FG}\ p)$，此公式表示每一条路径上都存在某个状态，从这个状态开始性质 p 会永远满足。同样，没有一个 LTL 公式可以表示 CTL 公式 $\mathbf{AG}(\mathbf{EF}\ p)$。上述两个公式的并 $\mathbf{A}(\mathbf{FG}\ p) \vee \mathbf{AG}(\mathbf{EF}\ p)$ 是一个 CTL* 公式，但它既不是 CTL 公式也不是 LTL 公式。

本书中的绝大部分性质规约可以用 CTL 逻辑来表示。共有 10 种基本的 CTL 运算符

- **AX** 和 **EX**
- **AF** 和 **EF**
- **AG** 和 **EG**
- **AU** 和 **EU**
- **AR** 和 **ER**

所有的 10 种时序运算符都可以表示为仅使用 **EX**、**EG** 和 **EU** 运算符表示的等价公式

- $\mathbf{AX}\ f = \neg\mathbf{EX}(\neg f)$
- $\mathbf{EF}\ f = \mathbf{E}[\mathit{True}\ \mathbf{U}\ f]$
- $\mathbf{AG}\ f = \neg\mathbf{EF}(\neg f)$
- $\mathbf{AF}\ f = \neg\mathbf{EG}(\neg f)$
- $\mathbf{A}[f\ \mathbf{U}\ g] \equiv \neg\mathbf{E}[\neg g\mathbf{U}(\neg f \wedge \neg g)] \wedge \neg\mathbf{EG}\neg g$
- $\mathbf{A}[f\ \mathbf{R}\ g] \equiv \neg\mathbf{E}[\neg f\ \mathbf{U}\ \neg g]$
- $\mathbf{E}[f\ \mathbf{R}\ g] \equiv \neg\mathbf{A}[\neg f\ \mathbf{U}\ \neg g]$

4 种最广泛使用的运算符列在图 3.2 中，从图中 Kripke 结构展开所得的计算树结构上，很容易理解这些运算符的意义，每棵计算树都以状态 s_0 为根。

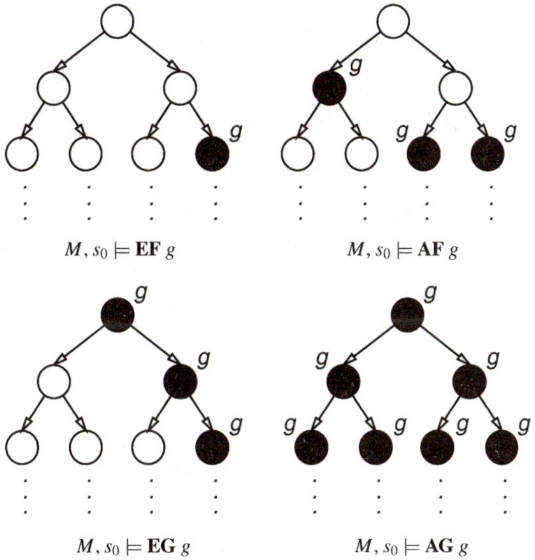

图 3.2 基本 CTL 运算符

下面是几个在有限状态并发程序验证中可能使用的典型的 CTL 公式：

- **EF**($Start \wedge \neg Ready$)：可能达到一个状态，*Start* 成立，但 *Ready* 不满足。
- **AG**($Req \to$ **AF** Ack)：如果一个请求发生，则它最终会被响应。
- **AG**(**AF** *DeviceEnabled*)：命题 *DeviceEnabled* 在每条计算路径上无限次经常满足。
- **AG**(**EF** *Restart*)：从任何状态都可以到达 *Restart* 状态。

许多避免状态爆炸的方法都基于组合推理或抽象技术。在使用这些约简技术时，时序逻辑通常需要限制，只允许全局路径量词。只使用全局路径量词的 CTL*逻辑称为 ACTL*逻辑，只使用全局路径量词的 CTL 逻辑称为 ACTL 逻辑。

为了避免由否定运算符引起的隐式存在路径量词，公式都以正范式形式给出，这种形式中否定运算符只作用于原子命题。为避免采用正范式后表达能力的损失，并、交、**U** 和 **R** 运算符都是必需的。

AF AG *a* 和 **AF AX** *a* 是两个 ACTL 公式，这种公式不能用 LTL 表达[59]。ACTL 是 CTL 的子集，所以 ACTL 和 LTL 的表达能力无法比较，但是 ACTL*比 LTL 具有更强的表达能力。ACTL 也有若干不能表达的公式，比如 **AG EF** *Start* 和 **AG¬AF** *Start* 是不能由 ACTL 表达的。

3.3 公正性

最后我们再来探讨公正性问题。在很多情况下，可能只对公正性计算路径的正确性感兴趣。例如，验证包含仲裁器的异步电路时，可能只会考虑仲裁器永远不会忽略任何输入请求的情况；又例如，在验证可信信道上的通信协议时，它要求任何情况下都不能出现消息连续传输却没有接收端的情况。上述的性质不能直接用 CTL[59,104,105]表达，但 CTL*足够表达此类性质。为了能在 CTL 中处理公正性，我们需要对它的语义稍做修改。新的语义称为公正性语义。本质上，公正性约束可以是任意状态的集合，通常由若干逻辑公式来描述，将公正性约束表示成状态集合后，任意一条公正性路径中必须无限次出现公正性约束集合中的状态。如果公正性约束由 CTL 公式描述，则一条路径是公正的当且仅当每一个公正性约束在路径上无限次为真。此时，时序逻辑中的路径量词被约束在公正性路径上。

公正性 Kripke 结构在形式上是一个四元组 $M=(S,R,L,F)$，其中 S，L 和 R 与以前定义一样。$F \subseteq 2^S$ 是公正性约束集合(经常称为泛 Büchi 接收条件)，令 $\pi = s_0, s_1, \cdots$ 是 M 中的一条路径。定义

$$\inf(\pi)=\{s \mid s=s_i \quad i\text{的值无限多}\}$$

我们说 π 是公正的当且仅当对于每个 $P \in F$，$\inf(\pi) \cap P \neq \emptyset$。CTL*在公正性 Kripke 结构上的语义类似于普通 Kripke 结构上的 CTL*语义。$M,s \vDash_F f$ 指状态公式在公正性 Kripke 结构 M 的状态 s 处成立。$M,\pi \vDash_F g$ 指路径公式在 M 中沿路径 π 成立。其实只有原始语义中的 1、5、6 规

则有变化。

1．$M, s \models_F p$　　$\Leftrightarrow$　存在一条从 s 出发的公正性路径并且 $p \in L(s)$。

5．$M, s \models_F \mathbf{E}(g_1)$　　$\Leftrightarrow$　存在一条从 s 出发的公正性路径 π 满足 $\pi \models_F g_1$。

6．$M, s \models_F \mathbf{A}(g_1)$　　$\Leftrightarrow$　每一条从 s 出发的公正性路径 π 都满足 $s, \pi \models_F g_1$。

为了描述公正性的使用方法，再来研究一下可信信道上的通信协议，可以为每个信道都附上一个公正性约束来表达其可靠性，例如可以将信道 i 的公正性约束表示为公式 $\neg send_i \vee receive_i$。因此一个计算路径是公正的当且仅当在每个信道上都能无限次满足——消息要么尚未发送，要么已经被接收。其他公正性的细节参见文献[116]。

第4章 模型检测

模型检测算法描述起来很简单：给定表示有限状态并发系统的 Kripke 结构 $M=(S, R, L)$以及描述系统性质的时序逻辑公式 f，然后找出 S 中满足公式 f 的所有状态的集合

$$\{ s \in S \mid M, s \models f \}$$

假如此并发系统的所有初始状态都在这个集合中，那么系统符合性质规约。

最早的模型检测算法将 Kripke 结构进行显式的表示，采用了带有箭头的弧组成的标记有向图的方式，其中节点表示 S 中的状态，箭头表示变迁关系 R，节点旁边的标记用来描述函数 $L: S \to 2^{AP}$。

4.1 CTL 模型检测

令 $M=(S, R, L)$为 Kripke 结构，模型检测算法的目标就是确定状态集合 S 中的哪些状态满足 CTL 公式 f，即用 $label(s)$标记 f 的子公式为真的状态 s 来实现整个算法流程。在算法的初始阶段，$label(s)$就是 $L(s)$，然后此算法进行多次迭代。在第 i 次迭代中，处理第 $i-1$ 层嵌套的 CTL 子公式，当某子公式被处理过后，就把使它为真的状态加入当前的标记映射 $label$ 上。所以算法终止后，$M, s \models f$ 当且仅当 $f \in label(s)$成立。

因为任意 CTL 公式都可以用¬、∨、**EX**、**EU** 和 **EG** 几个运算符表示，因此纯粹的模型检测算法必须能够处理这 6 种情况，即性质公式 g 是原子公式，或具有下列形式之一：$\neg f_1$，$f_1 \vee f_2$，$\mathbf{EX}\, f_1$，$\mathbf{E}[f_1\, \mathbf{U}\, f_2]$和 $\mathbf{EG}\, f_1$。

形如 $\neg f_1$ 的公式的标记方法非常简单，只要标记没有被 f_1 标记的状态即可；对于形如 $f_1 \vee f_2$ 的公式，则标记已经由 f_1 或 f_2 标记过的状态；对于形如 $\mathbf{EX}\, f_1$ 的公式，需要标记后续已经被标记为 f_1 的状态。

再来看看公式 $g = \mathbf{E}[f_1\, \mathbf{U}\, f_2]$，首先找到所有标记过 f_2 的状态，然后利用逆变迁关系（R 的逆）从此状态向前寻找可达的路径，要求逆向可达路径中的每个状态都已经标记为 f_1。最后将所有符合上述规则的路径中的所有状态用 g 标记。

图 4.1 中给出了程序 *CheckEU*，该程序在 f_1 和 f_2 被正确标记后，将每一个满足 $\mathbf{E}[f_1\, \mathbf{U}\, f_2]$ 的状态 s 加入集合 $label(s)$中，即对于每个状态 s，$f_1 \in label(s)$当且仅当 $s \models f_1$ 成立。并且 $f_2 \in label(s)$当且仅当 $s \models f_2$ 成立。此程序的时间复杂度为 $O(|S| + |R|)$。

形如 $g = \mathbf{EG}\, f_1$ 公式的标记方法稍微有些复杂，标记此公式的基础是将图分解为非平凡强连通分量的算法。图的强连通分量（SCC）C 是图的最大子图，且该子图中的任意两个节点都可以通过完全包含在 C 中的有向路径彼此可达。C 是非平凡的当且仅当它由多个节点组成，或者它只包含一个有自回路（self-loop）的单节点。

```
procedure CheckEU(f1, f2)
    T := { s | f2 ∈ label(s) };
    for all s ∈ T do label(s) := label(s) ∪ { E[f1 U f2] };
    while T ≠ Ø do
        choose s ∈ T;
        T := T \ {s};
        for all t such that R(t, s) do
            if E[f1 U f2] ∉ label(t) and f1 ∈ label(t) then
                label(t) := label(t) ∪ { E[f1 U f2] };
                T := T ∪ {t};
            end if;
        end for all;
    end while;
end procedure
```

图 4.1　标记满足公式 $\mathbf{E}[f_1\,\mathbf{U}\,f_2]$的状态的算法伪码

从 S 中删去所有不满足公式 f_1 的状态节点，相应地将 R 和 L 限制于新得到的状态集合，就可以从结构 M 中获得一个新的结构 $M'=(S', R', L')$，其中 $S'=\{s\in S\mid M,s\vDash f_1\}$，$R'=R|_{S'\times S'}, L'=L|_{S'}$，因为没有删除输出变迁的状态，所以在这种情况下变迁关系 R' 可能会变得不完全，但这对于算法的正确性并没有本质影响。此算法是基于下面的引理。

引理 1　$M, s\vDash \mathbf{EG}\ f_1$ 当且仅当下面两个条件同时满足时：

1. $s\in S'$。
2. M'中存在一条从状态 s 到图的某非平凡强连通分量 C 中节点 t 的路径(S',R')。

证明　假设 $M, s\vDash \mathbf{EG}\,f_1$。很明显 $s\in S'$。令 π 为一条起始于 s 的无限路径，f_1 在 π 的每个状态上都满足。因为 M 是有限状态的，所以可以将 π 表示成 $\pi=\pi_0\pi_1$，其中 π_0 是路径 π 上有穷的初始部分，π_1 是 π 的后缀，且 π_1 上的所有状态都将无限次出现。因此，π_0 包含在 S'中。令 C 是 π_1 的状态集合，很明显，C 包含于 S'中。再来证明 C 中的每一对状态之间都存在一条路径，并且该路径也是包含在 C 中的。令 s_1 和 s_2 是 C 中的状态，在无限路径 π_1 上任选一个 s_1，由 π_1 无限长且状态无限次出现的特点可知，s_2 必然是此路径上的某一个后继状态。因此，C 或者是一个强连通分量，或者包含于另一个强连通分量中。不论是哪种情况，C 都同时满足条件 1 和条件 2。

紧接着，假设条件 1 和条件 2 同时满足。令 π_0 是从 s 到 t 的路径，π_1 是一条从 t 出发又回到 t 的长度至少为 1 的有限路径。π_1 存在性由 t 为非平凡强连通分量中的一个状态来保证，所以无限路径 $\pi=\pi_0\pi_1^{\omega}$ 上的所有状态都将满足公式 f_1。因为 π 是 M 中起始于 s 的一条路径，所以可以得出 $M, s\vDash \mathbf{EG}\ f_1$。

针对形如 $g=\mathbf{EG}\ f_1$ 公式的模型检测算法可以直接依据上述引理实现。如上所述，首先构建一个受限的 Kripke 结构 $M'=(S', R', L')$，接着应用 Tarjan[2]的算法将图(S', R')划分为多个强

连通分量，此算法的时间复杂度是 $O(|S'| + |R'|)$。接着从这些分量中获得所有非平凡分量的状态，从这些状态用逆关系 R' 回溯寻找标记 f_1 的逆路径，得到逆路径上的所有状态，整个计算的时间复杂度为 $O(|S| + |R|)$。图 4.2 给出了程序 *CheckEG*，当公式 f_1 已经被正确标记后，如果 s 满足公式 **EG** f_1，那么此过程将 **EG** f_1 加入 $label(s)$中。

```
procedure CheckEG(f1)
    S' := { s | f1 ∈ label(s) };
    SCC := { C | C is a nontrivial SCC of S' };
    T := ⋃_{C∈SCC} { s | s ∈ C };
    for all s ∈ T do label(s) := label(s) ∪ { EG f1 };
    while T ≠ ∅ do
        choose s ∈ T;
        T := T \ {s};
        for all t such that t ∈ S' and R(t, s) do
            if EG f1 ∉ label(t) then
                label(t) := label(t) ∪ { EG f1 };
                T := T ∪ {t};
            end if;
        end for all;
    end while;
end procedure
```

图 4.2 标记满足公式 **EG** f_1 的状态的算法伪码

观察上述算法可知，对于给定的 CTL 公式 f，要一个接着一个地对其子公式进行状态标记，即从最短的、嵌套最深的子公式开始一直标记到最外层的公式 f。这种方式保证了在标记 f 的某子公式时，该子公式的所有内部子公式都已经被标记过。因为标记每条路径需时间 $O(|S| + |R|)$，而且 f 最多有 $|f|$ 个子公式，所以整个算法的时间复杂度为 $O(|f| \cdot (|S| + |R|))$。

定理 1 *存在一种复杂度为 $O(|f| \cdot (|S| + |R|))$ 的模型检测算法，可以检测 CTL 公式 f 在结构 $M = (S, R, L)$ 的状态 s 处是否成立。*

下面用一个描述微波炉行为的小例子来说明 CTL 的模型检测算法。图 4.3 给出了微波炉的 Kripke 结构。为清楚起见，每个状态都用在该状态为真的原子命题和在该状态为假的原子命题的否定形式标记出来，带箭头的弧上的标记表示了引起状态变迁的动作名称，这些动作名称并不属于 Kripke 结构的定义。

现在检测 CTL 公式 **AG**($Start \to$ **AF** $Heat$)，该公式等价于 $\neg$**EF**($Start \wedge$ **EG** $\neg Heat$)（使用 **EF** f 作为公式 **E**[$true$ **U** f] 的缩写形式）。从满足原子公式的状态集合开始标记，进而是复杂的子公式。令 $S(g)$ 表示子公式 g 标记的所有状态的集合。若使用恰当的数据结构，则计算 $S(p)$ ($p \in AP$) 的时间复杂度为 $O(|S| + |R|)$。

$$S(Start) = \{2, 5, 6, 7\}$$
$$S(\neg Heat) = \{1, 2, 3, 5, 6\}$$

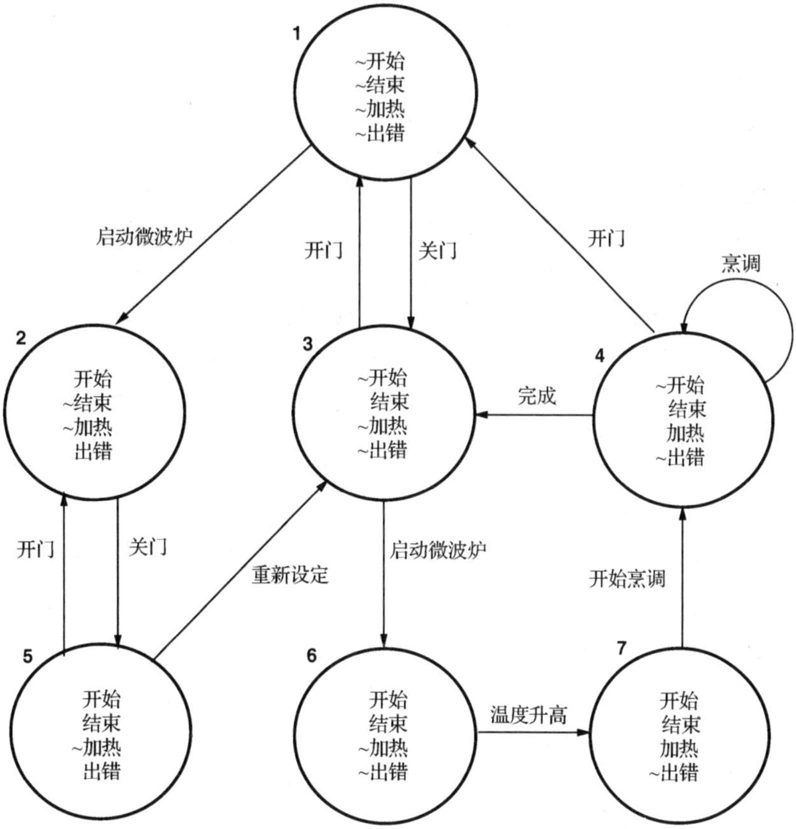

图 4.3 微波炉例子

为了计算 $S(\mathbf{EG}\neg Heat)$，首先得出 $S' = S(\neg Heat)$中的非平凡强连通分量的集合为 $SCC=\{\{1,2,3,5\}\}$，后续的步骤用来求由 $\mathbf{EG}\neg Heat$ 标记的状态集合，即各 SCC 中所有元素的并集，初始时 $T=\{1,2,3,5\}$。因为 S' 中再没有其他状态可以沿着 S' 中的一条路径到达 T 中的任意一个状态。因此，计算终止于

$$S(\mathbf{EG}\neg Heat)=\{1,2,3,5\}$$

接下来计算

$$S(Start \wedge \mathbf{EG}\neg Heat)=\{2,5\}$$

在计算 $S(\mathbf{EF}(Start\wedge\mathbf{EG}\neg Heat))$时，首先令 $T = S(Start\wedge\mathbf{EG}\neg Heat)$。接着，使用变迁关系的逆关系来标记满足公式的所有状态，可以得到

$$S(\mathbf{EF}(Start \wedge \mathbf{EG}\neg Heat))=\{1,2,3,4,5,6,7\}$$

最后得到

$$S(\neg\,\mathbf{EF}(Start \wedge \mathbf{EG}\neg Heat))=\emptyset$$

因为结果集合中没有包含初始状态 1，所以我们可以得出结论：这个用 Kripke 结构描述的系统不满足给定的性质规约。

4.1.1 公正性约束

本小节讲述扩展 CTL 模型检测算法，使之能解决公正性约束问题的方法。令 $M=(S, R, L, F)$为一个公正性 Kripke 结构，$F=\{P_1,\cdots,P_k\}$为公正性约束集合。我们称结构 M 中的强连通分量是关于 F 公正的当且仅当对每个 $P_i\in F$ 存在一个状态 $t_i\in(C\cap P_i)$。下面首先给出在公正性 Kripke 结构中检测公式 **EG** f_1 的算法。为了确立该算法的正确性，还需要仿照引理 1 定义一个新引理。同前，先从 S 中删去非公正地满足公式 f_1 的所有状态节点，从而得到结构 M'。$M'=(S', R', L', F')$，其中 $S'=\{s\in S\mid M, s\vDash_F f_1\}$，$R'=R|_{S'\times S'}$，$L'=L|_{S'}$，$F'=\{P_i\cap S'|P_i\in F\}$。

引理 2 $M, s\vDash_F \mathbf{EG} f_1$ 当且仅当下面两个条件同时满足：

1. $s\in S'$。
2. S'中存在一条从状态 s 到图(S', R')的某公正性的非平凡强连通分量中节点 t 的路径。

该引理的证明类似于引理 1。程序 *CheckFairEG*(f_1)给出了对每个满足 $M, s\vDash_F \mathbf{EG} f_1$ 的状态 s，将 **EG** f_1 添加到 s 的标记中的过程。为了阐述此算法，首先假设 $f_1\in label(s)$，即公式 f_1 被公正标记到状态上当且仅当 $M, s\vDash_F f_1$ 成立。程序 *CheckFairEG* 与图 4.2 中给出的 *CheckEG* 算法几乎是一致的，唯一不同的是现在的 *SCC* 只包含公正的非平凡强连通分量。由于确定强连通分量是算法的首要步骤，这就需要检查每个分量是否包含满足公正性约束的状态，最终此程序的计算复杂度是 $O((|S|+|R|)\cdot|F|)$。

对于公正性 Kripke 结构中其他 CTL 公式的检测方法，需要引入一个附加的原子命题 *fair*。某状态 *fair* 为真当且仅当存在一条从该状态起始的公正性路径，因此依照公正性语义有 $fair=\mathbf{EG}\ true$。程序 *CheckFairEG*(*true*)用于将此原子命题标记到状态。此外，为了检测 $M, s\vDash_F p$（其中 $p\in AP$）是否成立，可以使用以前的模型检测程序检测 $M, s\vDash p\wedge fair$；检测 $M, s\vDash_F \mathbf{EX} f_1$ 是否成立，等价于检测 $M, s\vDash \mathbf{EX}(f_1\wedge fair)$是否成立。为了验证 $M, s\vDash_F \mathbf{E}[f_1 \mathbf{U} f_2]$是否成立，则可以调用程序 *CheckEU*($f_1, f_2\wedge fair$)来检测 $M, s\vDash \mathbf{E}[f_1 \mathbf{U}(f_2\wedge fair)]$。

复杂度的分析方法也类似于非公正的情况，每一步检测的时间复杂度为 $O((|S|+|R|)\cdot|F|)$，又因为最多需要$|f|$步检测，所以总时间复杂度为 $O(|f|\cdot(|S|+|R|)\cdot|F|)$。

定理 2 存在一个检测公正性结构 $M=(S, R, L, F)$中的状态 s 在公正性语义下是否满足 CTL 公式 f 的算法，该算法的复杂度为 $O(|f|\cdot(|S|+|R|)\cdot|F|)$。

为了解释公正性约束的使用方法，可以在分析图 4.3 的模型的基础上检测公式 $\mathbf{AG}(Start\rightarrow \mathbf{AF}\ Heat)$。这次还需要考虑用户可以无限次地正确使用微波炉的情况，也就意味着公式 $Start\wedge Close\wedge\neg Error$ 必须频繁地且无限次成立，$F=\{P\}$，$P=\{s|s\vDash Start\wedge Close\wedge\neg Error\}$。$S(Start)$和 $S(\neg Heat)$的意义和前述一样。此时，当在 $S'=S(\neg Heat)$上计算强连通分量的集合时，$\{1, 2, 3, 5\}$不是公正性的，因为它们没有包含任何满足条件 $Start\wedge Close\wedge\neg Error$

的状态。因此

$$S(\mathbf{EG}\neg Heat)=\emptyset$$

可以得出

$$S(\mathbf{EF}(Start\wedge\mathbf{EG}\neg Heat))=\emptyset$$

此结果又隐含着

$$S(\neg(\mathbf{EF}(Start\wedge\mathbf{EG}\neg Heat)))=\{1,2,3,4,5,6,7\}$$

因此，程序在给定的公正性约束下满足公式。

4.2 基于 tableau 结构的 LTL 模型检测

令 $M=(S,R,L)$是 Kripke 结构，$s\in S$，$\mathbf{A}\ g$ 为线性时序逻辑(LTL)公式，此时 g 必须是一个受限路径公式，即 g 中的状态子公式是原子命题，检测目标为确定 $M,s\vDash\mathbf{A}\ g$ 是否成立。因为 $M,s\vDash\mathbf{A}\,g$ 成立当且仅当 $M,s\vDash\neg\mathbf{E}\neg g$ 成立，所以只要能检测形如 $\mathbf{E}\,f$ 的公式(其中 f 为受限路径公式)是否正确，检测目标就达到了。通常而言，此问题的复杂度是 PSPACE 完全的[232, 233](PSPACE 完全的证明过程需要很高的技巧，就不在本书中给出)。但对于 $\mathbf{E}\,f$ 公式(其中 f 为受限的路径公式)的模型检测算法是 NP 难题。定义有向图 $G=(V,A)$，其中 $V=\{v_1,\cdots,v_n\}$，下面将说明模型检测 $M,s\vDash f$ 的问题可以转化为判断 G 是否含有有向汉米尔顿路径(的经典 NP)问题。令 $M,s\vDash f$ 为模型检测问题

- M是一个有穷 Kripke 结构
- s 是 M 中的一个状态
- f可以表示成下面的公式(使用原子命题 $p_1,\cdots,p_n$)：

$$\mathbf{E}[\mathbf{F}\,p_1\wedge\cdots\wedge\mathbf{F}\,p_n\wedge\mathbf{G}(p_1\rightarrow\mathbf{X}\,\mathbf{G}\neg p_1)\wedge\cdots\wedge\mathbf{G}(p_n\rightarrow\mathbf{X}\,\mathbf{G}\neg p_n)]$$

接着改造 G 来得到新结构：命题 P_i 仍在节点 v_i 处为真而在其他节点处均为假($1\leqslant i\leqslant n$)，增加一个源节点 u_1，从 u_1 可以到达所有 v_i 节点(反之不然)，再增加一个终端节点 u_2，从所有 v_i 都可以到达该节点(反之不然)。源节点提供了从图中任意节点开始的各汉米尔顿路径的唯一初始状态，终端节点保证了结构的变迁关系是完全的。可以进行形式化描述，令 Kripke 结构为 $M=(U,B,L)$，它包括

- $U=V\cup\{u_1,u_2\}$，其中 $u_1,u_2\notin V$
- $B=A\cup\{(u_1,v_i)|\ v_i\in V\}\cup\{(v_i,u_2)|\ v_i\in V\}\cup\{(u_2,u_2)\}$
- L 是状态上命题的赋值
    - p_i 在 v_i 处为真，其中 $1\leqslant i\leqslant n$
    - p_j 在 v_i 处为假，其中 $1\leqslant i$，$j\leqslant n$，$i\neq j$
    - p_i 在 u_1,u_2 处为假，其中 $1\leqslant i\leqslant n$

很容易得到 $M, u_1 \vDash f$ 成立当且仅当 M 中存在一条从 u_1 开始，通过所有节点 $v_i \in V$ 仅一次，最后结束于 u_2 的自回路的有向无穷路径。

上述结构中公式 f 的规模本质上同图 G 一样。一般而言待验证公式的长度比所考虑的 Kripke 结构的规模小很多，在这种情况下模型检测复杂度还高吗？Lichtenstein 和 Pnueli[173]仔细分析后得出：尽管复杂度在公式长度上呈指数增长，但是在全局规模上却呈线性增长。他们的算法包含了构造 tableau 结构的过程，tableau 结构是一种公式展开图，在此图上公式处处满足。所以检测 M 是否满足 f 的算法，就是构造 tableau 结构和另一个特殊结构，算法寻找在这个特殊结构上是否存在计算过程能对应 tableau 结构中的路径。下面介绍文献[173]中的算法。在 6.7 节中，将介绍另一种直接基于 tableau 结构的 LTL 模型检测算法。

令 $M=(S, R, L)$ 是一个 Kripke 结构，f 为受限的路径公式。因为 $\mathbf{F}f = True\ \mathbf{U} f$，$\mathbf{G}f = \neg\mathbf{F}\neg f$，$f_1\,\mathbf{R}\,f_2 = \neg[\neg f_1\,\mathbf{U}\,\neg f_2]$，所以只需考虑时序算子 **X** 和 **U** 就足够了。定义 f 的闭包 $CL(f)$ 包含了其真值能影响 f 真值的所有公式，精确而言，即包含 f 且满足下列条件的公式的最小集合：

- $\neg f_1 \in CL(f)$ 当且仅当 $f_1 \in CL(f)$ 成立
- 如果 $f_1 \vee f_2 \in CL(f)$，则 $f_1, f_2 \in CL(f)$
- 如果 $\mathbf{X} f_1 \in CL(f)$，则 $f_1 \in CL(f)$
- 如果 $\neg\mathbf{X} f_1 \in CL(f)$，则 $\mathbf{X}\neg f_1 \in CL(f)$
- 如果 $f_1\,\mathbf{U}\,f_2 \in CL(f)$，则 $f_1, f_2, \mathbf{X}[f_1\,\mathbf{U}\,f_2] \in CL(f)$

（以上统一将 $\neg\neg f_1$ 表示成 f_1。）可以看出 $CL(f)$ 的规模是随 f 呈线性增长的。令原子是一个对 $A=(s_A, K_A)$，其中 $s_A \in S$，且 $K_A \subseteq CL(f) \cup AP$，则有：

- 对于每一个原子命题 $p \in AP$，$p \in K_A$ 当且仅当 $p \in L(s_A)$
- 对于每个 $f_1 \in CL(f)$，$f_1 \in K_A$ 当且仅当 $\neg f_1 \notin K_A$
- 对于每一个 $f_1 \vee f_2 \in CL(f)$，$f_1 \vee f_2 \in K_A$ 当且仅当 $f_1 \in K_A$ 或者 $f_2 \in K_A$
- 对于每一个 $\neg\mathbf{X} f_1 \in CL(f)$ $\neg\mathbf{X} f_1 \in K_A$ 当且仅当 $\mathbf{X}\neg f_1 \in K_A$
- 对于每一个 $f_1\,\mathbf{U}\,f_2 \in CL(f)$，$f_1\,\mathbf{U}\,f_2 \in K_A$ 当且仅当 $f_2 \in K_A$ 或者 $f_1, \mathbf{X}[f_1\,\mathbf{U}\,f_2] \in K_A$

直观上来看，原子 (s_A, K_A) 中的 K_A 是与 s_A 的标记公式一致的最大集合。

由上述原子可以构造出图 G，并且原子作为图的顶点。在此图中，(A, B) 是 G 的边当且仅当 $(s_A, s_B) \in R$，并且对于每一个公式 $\mathbf{X} f_1 \in CL(f)$，都满足"$\mathbf{X} f_1 \in K_A$ 当且仅当 $f_1 \in K_B$"。再来定义可能性序列(eventuality sequence)，这种序列是 G 中的一条无限路径 π，若 $f_1\,\mathbf{U}\,f_2 \in K_A$ 标记在 π 中的某一原子 A 上，则必然存在一个沿着路径 π 且对 A 可达的原子 B，且有 $f_2 \in K_B$ 成立。

引理 3 $M, s \vDash \mathbf{E} f$，当且仅当存在一条从原子 (s, K) 开始的可能性序列，并且 $f \in K$。

证明 这里只给出证明的框架。首先假设存在一个起始于 $(s, K)=(s_0, K_0)$ 的可能性序列 $(s_0, K_0), (s_1, K_1), \cdots$，其中 $f \in K$。通过定义，$\pi = s_0, s_1, \cdots$ 是 M 中起始于 $s = s_0$ 的一条路径。我们的目标是证明 $\pi \vDash f$。但事实上，可以证明一个更强的理论：对于每一个 $g \in CL(f)$ 和每一个 $i \geqslant 0$，$\pi^i \vDash g$ 成立，当且仅当 $g \in K_i$。证明过程将通过在子公式结构上的归纳来完成。这里给

出基础情况和当 g 是 $\neg h_1, h_1 \vee h_2, \mathbf{X}\, h_1$ 或者 $h_1\ \mathbf{U}\ h_2$ 时的归纳步骤。

1. 如果 g 是一个原子命题，则根据原子的定义有 $g \in K_i$ 当且仅当 $g \in L(s_i)$
2. 如果 $g = \neg h_1$ 则 $\pi^i \vDash g$ 当且仅当 $\pi^i \nvDash h_1$ 成立。由归纳假设，当且仅当 $h_1 \notin K_i$ 时 $\pi^i \nvDash h_1$ 是成立的。由 K_i 的归纳，对 $g \in K_i$ 是可以保证的。
3. 如果 $g = h_1 \vee h_2$ 则 $\pi^i \vDash g$ 当且仅当 $\pi^i \vDash h_1$ 或者 $\pi^i \vDash h_2$ 成立。由归纳假设当且仅当 $h_1 \in K_i$ 或者 $h_2 \in K_i$ 时，$\pi^i \vDash h_1$ 或者 $\pi^i \vDash h_2$ 是成立的。由 K_i 的定义，当且仅当 $g \in K_i$ 以上成立。
4. 如果 $g = \mathbf{X}\, h_1$ 则 $\pi^i \vDash g$ 当且仅当 $\pi^{i+1} \vDash h_1$ 成立。由归纳假设 $\pi^{i+1} \vDash h_1$ 是成立的当且仅当 $h_1 \in K_{i+1}$。因为 $((s_i, K_i), (s_{i+1}, K_{i+1})) \in R$，当且仅当 $\mathbf{X}\, h_1 \in K_i$ 以上成立。
5. 假设 $g = h_1\, \mathbf{U}\, h_2 \in K_i$。由一个可能性序列的定义，存在某一 $j \geqslant i$ 使得 $h_2 \in K_j$。因为 $g \in K_i$，一个原子的定义暗含着如果 $h_2 \notin K_i$，则 $h_1 \in K_i$ 和 $\mathbf{X}\ g \in K_i$。在这种情况下，图 G 的变迁关系的定义暗含着 $g \in K_{i+1}$。紧接着对于每一个 $i \leqslant k < j$，$h_1 \in K_k$，由归纳假设，$\pi^j \vDash h_2$，对于每一个 $i \leqslant k < j$，$\pi^k \vDash h_1$。因此 $\pi^i \vDash g$。

如果 $\pi^i \vDash g$，则存在 $j \geqslant i$ 使得 $\pi^j \vDash h_2$，对于所有的 $i \leqslant k < j$，$\pi^k \vDash h_1$，选择最小数如 j，由归纳假设，$h_2 \in K_j$，对于每一个 $i \leqslant k < j$，$h_1 \in K_k$。假设 $g \notin K_i$，因为 $h_1 \in K_i$，由原子的定义 $\mathbf{X}\, g \notin K_i$，暗含了 $\mathbf{X} \neg g \in K_i$。再根据 G 的变迁关系的定义，有 $\neg g \in K_{i+1}$，因此 $g \notin K_{i+1}$。继续该论据归纳，最终能够得出 $g \notin K_j$ 是矛盾的，因为 $h_2 \in K_j$。证明的第一部分得证。

对于另一方向上的证明，假设 $M, s \vDash \mathbf{E} f$，则存在一条起始于 $s = s_0$ 的路径 $\pi = s_0, s_1, \cdots$ 使得 $\pi \vDash f$。定义 $K_i = \{g | g \in CL(f), \pi^i \vDash g\}$。因此，以下成立：

1. (s_i, K_i)是一个原子，这从$\vDash$的定义可以得出。例如，给定 $g \in CL(f)$，一个原子 K_i 必须包含 g 或者 $\neg g$，但是不能两者都包含。由 K_i 的定义，$g \in K_i$ 当且仅当 $\pi^i \vDash g$ 成立。但是 $\pi^i \vDash g$ 当且仅当 $\pi^i \nvDash g$ 成立。再由定义可以得出 $\pi^i \nvDash \neg g$ 当且仅当 $\neg g \notin K_i$ 成立。
2. 存在从(s_i, K_i)到(s_{i+1}, K_{i+1})的一个变迁关系。从观察中可以得出 $\mathbf{X}\ g \in K_i$ 当且仅当 $\pi^i \vDash \mathbf{X}\ g$ 成立。进一步推出，$\pi^i \vDash \mathbf{X}\, g$ 当且仅当 $\pi^{i+1} \vDash g$ 成立。最后由 K_{i+1} 的定义得到，$\pi^{i+1} \vDash g$ 当且仅当 $g \in K_{i+1}$ 成立。因此，$\mathbf{X}\, g \in K_i$ 当且仅当 $g \in K_{i+1}$ 成立。
3. 序列$(s_0, K_0), (s_1, K_1), \cdots$是一个可能性序列。注意 $g = h_1\ \mathbf{U}\ h_2 \in K_i$ 当且仅当 $\pi^i \vDash g$ 是成立的。这一点意味着存在某一 $j \geqslant i$ 使得 $\pi^j \vDash h_2$ 成立，这个结论可以说明 $h_2 \in K_j$。

G 的非平凡强连通分量 C 是自执行(self-fulfilling)的，当且仅当对于 C 中的每个原子 A 和每个 $f_1\ \mathbf{U}\ f_2 \in K_A$，在 C 中存在一个原子 B 且 $f_2 \in K_B$ 成立。

引理 4 存在一条起始于原子(s, K)的可能性序列，当且仅当 G 中有一条从(s, K)到一个自执行强连通分量的路径。

证明 假设存在一个起始于原子(s, K)的可能性序列。考虑在这个序列中无限出现的所有原子组成的集合 C'，则集合 C'是图 G 的一个(最大的)强连通分量 C 的子集。考虑子公式 $g = h_1\ \mathbf{U}\ h_2$ 和一个原子$(s, K) \in C$，且 $g \in K$。因为 C 是强连通的，所以 C 中存在一条从原子(s, K)进入 C'的有限路径。如果 h_2 出现在这条路径上，很明显 C 中存在一个原子包含 h_2。如果 h_2

没有出现在这条路径上，则 g 存在于路径上的每一个原子中，特别是 g 存在于 C'的一个原子中。由于 C'取自于一个可能性序列，h_2 在 C'的某一原子中，并且对于 C 也是一样的，因此 C 是自执行的。

再假设存在一条从(s, K)到一个自执行强连通分量 C 的路径。很明显可以在 C 中构建一个序列，序列上每一个子公式 $h_1 \mathbf{U} h_2$ 后紧跟着满足 h_2 的一个原子。唯一的问题集中出现在从(s, K)到 C 的路径的子公式 $h_1 \mathbf{U} h_2$ 上。每个这样的子公式或者跟随在满足 h_2 的一个原子后，或者保留在到达 C 的路径上的所有原子中。因为 C 是自执行的，所以可以到达满足 h_2 的一个原子。

推论 1 $M, s \vDash \mathbf{E} f$ 当且仅当 G 中存在一个原子 $A=(s, K)$使得 $f \in K$，并且 G 中存在一条从 A 到一个自执行强连通分量的路径。

推论 1 可以作为线性时序逻辑模型检测算法的基础，其时间复杂度为 $O((|S|+|R|) \cdot 2^{O(|f|)})$。Lichtenstein 和 Pnueli 也进一步阐述了将该基础算法扩展后解决公正性的问题，扩展前后的算法本质上具有相同的复杂度。

为解释 LTL 模型检测算法的流程，再次考虑图 4.3 的模型 $M=(S, R, L)$，要求在微波炉的门敞开的情况下，微波炉不能加热，则性质规约 $\mathbf{A}[(\neg Heat)\mathbf{U}\ Close]$需要确保在此模型上实现。为了说明这个公式是满足的，可以检测它的否定形式 $\mathbf{E}\neg((\neg Heat)\mathbf{U}\ Close)$是不可满足的。用 f 表示$(\neg Heat)\mathbf{U}\ Close$，首先求出$\neg f$的闭包：

$$CL(\neg f)=\{\neg f,\ f,\ \mathbf{X} f,\ \neg\mathbf{X} f,\ \mathbf{X}\neg f,\ Heat,\ \neg Heat,\ Close,\ \neg Close\}$$

接着构造原子的集合，这些原子将组成图 G 的顶点。根据 K_A 定义中的最后一条语句，$(\neg Heat)\mathbf{U}\ Close$ 在 K_A 中，当且仅当 $Close$ 在 K_A 中或者$\neg Heat$ 和 $\mathbf{X}((\neg Heat)\mathbf{U}\ Close)$两者都在 K_A 中，并且 K_A 必须与 $L(s_A)$一致。因为公式$\neg Close$ 和$\neg Heat$ 包含在状态 1 和状态 2 的标记中，所以关联到这些状态的公式的集合可以是以下形式中的一种：

$$K_1'=\{\neg Close, \neg Heat, f, \mathbf{X} f\}$$

或者

$$K_1''=\{\neg Close, \neg Heat, \neg f, \mathbf{X}\neg f, \neg\mathbf{X} f\}$$

因而$(1, K_1')$，$(2, K_1')$，$(1, K_1'')$和$(2, K_1'')$都是原子的。同样，状态 3、状态 5 和状态 6 的标记中包含$\neg Heat$ 和 $Close$。因此，能与它们关联的两个集合为

$$K_2'=\{Close, \neg Heat, f, \mathbf{X} f\}$$

或者

$$K_2''=\{Close, \neg Heat, f, \mathbf{X}\neg f, \neg\mathbf{X} f\}$$

最后，对于状态 4 和状态 7，这些相关集合为

$$K_3'=\{Close, Heat, f, \mathbf{X} f\}$$

或者

$$K''_3 = \{Close, Heat, f, \mathbf{X}\neg f, \neg\mathbf{X} f\}$$

为了定义原子之间的变迁关系，回顾一下，如果 M 中从 s_A 到 s_B 有变迁，则从原子(s_A, K_A)到原子(s_B, K_B)也存在一个变迁，而且对于 $\mathbf{X} f \in K_A$ 形式的每一个公式，都有 $f \in K_B$。因为$(1, 2) \in R$ 且 $\mathbf{X} f \in K'_1$，$f \in K'_1$，所以$(1, K'_1)$到$(2, K'_1)$也存在一个变迁。此外，因为 $\mathbf{X}\neg f \in K''_1$ 而且$\neg f \in K''_1$，则从$(1, K''_1)$到$(2, K''_1)$也存在一个变迁。但是，从$(1, K'_1)$到$(2, K''_1)$不存在变迁关系，这是因为 $\mathbf{X} f \in K'_1$ 但 $f \notin K''_1$。

可以根据规则将其余的变迁关系一一构造出来。由推论 1 可知，如果存在原子(s, K)使得$\neg f \in K$，并且在 G 中存在从(s, K)至自执行强连通分量的路径，则状态 s 满足$\neg f$。一旦整个图构造出来，可以很容易看到：不存在作为无限路径的起始点的原子。因此，没有一个状态满足 $\mathbf{E}\neg f$。这个结论暗含着所有状态均满足 $\mathbf{A} f$。

4.3　CTL*模型检测

也许有人以为 CTL*模型检测过程的复杂度应该大于 CTL 和 LTL，但令人惊讶的是这并不对。在文献[62, 106]中指出，本质上，CTL 模型检测的复杂度与 LTL 模型检测的复杂度相同。

CTL*模型检测的基本思想是以 CTL 模型检测为基础，结合 LTL 模型检测的状态标记技术。前面给出的 LTL 的算法能处理形如 $\mathbf{E} f$ 的公式，其中 f 是一条受限的路径公式，而且 f 中的状态子公式必须是原子命题。此算法可以进行扩展来处理 f 的状态子公式为任意公式的情况，此时要求 f 的状态子公式应该已经被处理过了，状态的标记也已更新过了。可以添加一批新的原子命题到模型和公式的标记中，以代替所有状态子公式。令新的公式用 $\mathbf{E} f'$ 表示。如果新的公式属于 CTL 的范畴，则应用 CTL 模型检测算法来处理。否则，f' 就是纯 LTL 路径公式，将使用 LTL 模型检测算法来处理。在这两种情况中，公式都会被加进所有满足该公式的那些状态的标记中。如果 $\mathbf{E} f$ 是另外一个复杂的 CTL*公式的子公式，那么就会用一个新的原子命题代替 $\mathbf{E} f$，该过程反复进行，直到整个公式处理完成。

与 CTL 算法相似，CTL*的算法也分步骤进行，在第 i 步处理 i 层嵌套的公式。令 f 为 CTL*公式，第 i 层的状态子公式递归地定义如下：

- 0 层包括所有的原子命题。
- $i+1$ 层包括所有状态子公式 g，所有 g 的状态子公式都在 i 层或低于 i 层，g 不包含在任何低层上。

通过微波炉例子来阐述 CTL*公式的层次，下面给出的 CTL*公式说明，无论何时进行一个不合规范的操作，微波炉或者不加热或者最终将重启：

$$\mathbf{AG}((\neg Close \wedge Start) \rightarrow \mathbf{A}(\mathbf{G}\neg Heat \vee \mathbf{F}\neg Error))$$

不合规范的操作公式转换为$(\neg Close \wedge Start)$，表示在微波炉的门关上前按下了开始按钮。重启后的结果用$\neg Error$ 来表示。此性质公式不能表示为 CTL 公式。

为了简化模型检测算法，下面仅考虑存在路径量词。因此，上面的公式可以重写为

$$\neg \mathbf{EF}(\neg Close \wedge Start \wedge \mathbf{E}(\mathbf{F}\, Heat \wedge \mathbf{G}\, Error))$$

这个公式的子公式的层次为

- 0 层子公式有 *Close*，*Start*，*Heat*，*Error*
- 1 层子公式有 $\mathbf{E}(\mathbf{F}\, Heat \wedge \mathbf{G}\, Error)$和$\neg Close$
- 2 层子公式有 $\mathbf{EF}(\neg Close \wedge Start \wedge \mathbf{E}(\mathbf{F}\, Heat \wedge \mathbf{G}\, Error))$
- 3 层包括整个公式

令 g 是 CTL*公式，g 的子公式 $\mathbf{E}\ h_1$ 是最大的(maximal)，当且仅当 $\mathbf{E}\ h_1$ 不是 g 中其他任何严格子公式 $\mathbf{E}\ h$ 的一个严格子公式。例如，考虑公式

$$\mathbf{E}(a \vee \mathbf{E}(b \wedge \mathbf{EF}\, c))$$

则 $\mathbf{EF}\, c$ 是 $\mathbf{E}(b \wedge \mathbf{EF}\, c)$的一个最大子公式，但不是 $\mathbf{E}(a \vee \mathbf{E}(b \wedge \mathbf{EF}\, c))$的最大子公式。

令 $M = (S, R, L)$为一个 Kripke 结构，f 为 CTL*公式，g 为 f 在 i 层的状态子公式。假设 M 的状态已经用所有小于 i 层上的状态子公式正确地标记了。CTL*检测算法的第 i 个阶段中，g 被加进所有使得它为真的状态标记中。根据公式 g 的形式，需要考虑以下几种情况：

- 如果 g 是原子命题，则 g 在 $label(s)$中当且仅当它已经标记在 $L(s)$中。
- 如果 $g = \neg g_1$，则 g 被加进 $label(s)$中当且仅当 g_1 没有标记在 $label(s)$中。
- 如果 $g = g_1 \vee g_2$，则 g 被加入 $label(s)$中当且仅当 g_1 或者 g_2 已经标记在 $label(s)$中。
- 如果 $g = \mathbf{E}\ g_1$，则应用图 4.4 给出的程序 *CheckE*(g)将 g 加进所有满足公式的状态标记中，程序 *CheckE*(g)中的 $\mathbf{E}\ h_1, \cdots, \mathbf{E}\ h_k$ 是 g 的最大子公式，而 $a_1, \cdots, a_k$ 是新的原子命题。程序中的公式 g'是用原子命题 a_i 代替每一个子公式 $\mathbf{E}\ h_i$ 后获得的。注意，替换后的公式形式为 $\mathbf{E}\ g_1'$，其中 g_1' 是一个纯 LTL 路径公式。这里假设 LTL 模型检测器更新 $label(s)$，使得 $M, s \vDash g'$当且仅当 $label(s) := label(s) \cup \{g'\}$。

这个算法的复杂度依赖于 CTL 和 LTL 模型检测算法的复杂度。正如 4.1 节中指出的，在结构 M 和公式 f 确定的情况下，CTL 模型检测的复杂度在两者的规模上呈线性增长，而目前所知，最好的 LTL 模型检测算法的时间复杂度是$|M| \cdot 2^{o(|f|)}$。

定理 3 *存在一个 CTL*模型检测算法，其复杂度为*$|M| \cdot 2^{o(|f|)}$。

在实际验证时没有必要用辅助的原子命题去替换状态子公式，一旦状态的标记关于一个给定的子公式被更新了，就可以认为这个子公式是一个原子命题。

现在通过考虑下面的 CTL*公式来看看具体的 CTL*模型检测算法：

$$\neg \mathbf{EF}(\neg Close \wedge Start \wedge \mathbf{E}(\mathbf{F}\, Heat \wedge \mathbf{G}\, Error))$$

我们在图 4.3 描述的微波炉模型中对此性质进行了检测。

当第 0 层所有的原子命题被处理之后，在第 1 层，公式$\neg Close$ 首先被加进状态 1 和状态 2

的标记中。第 1 层的另一个公式 $\mathbf{E}(\mathbf{F}\ Heat \wedge \mathbf{G}\ Error)$是一个纯粹的 LTL 公式，因此用 LTL 模型检测程序进行处理，处理后因为没有状态可以满足此公式，所以它没有被加进任何状态的标记中。在第 2 层，先用原子命题 a 替换上一层的公式 $\mathbf{E}(\mathbf{F}\ Heat \wedge \mathbf{G}\ Error)$，然后对纯 LTL 公式 $\mathbf{EF}(\neg Close \wedge Start \wedge a)$应用一次 LTL 模型检测程序。对于此公式而言，也没有状态可满足，因此在第 3 层所有状态都用公式

$$\neg\,\mathbf{EF}(\neg Close \wedge Start \wedge \mathbf{E}(\mathbf{F}\ Heat \wedge \mathbf{G}\ Error))$$

标记。这样对于微波炉模型，所验证的性质将永远满足。

```
procedure CheckE(g)
    if g 是一个CTL公式 then
        应用 CTL 模型检测 g;
        return;
    end if;
    g' := g[a_1/ E h_1, . . . , a_k/ E h_k];
    for all s ∈ S
        for i = 1, . . . , k do
            if E h_i ∈ label(s) then label(s) := label(s) ∪ {a_i};
    end for all;
    应用 LTL 模型检测 g';
    for all s ∈ S do
        if g' ∈ label(s) then label(s) := label(s) ∪ {g};
    end for all;
end procedure
```

图 4.4　计算满足 CTL* 公式 $g = \mathbf{E}\ g_1$ 的状态集合的算法伪码

第 5 章　二叉判定图

本章讲述使用二叉判定图符号化地表示有限状态反应系统的方法，首先介绍使用二叉判定图表示定义在 0 和 1 之上(0 代表假，1 代表真)的布尔函数的方法。二叉判定图的规模在很大程度上依赖于所选择的变量顺序，一般可以通过一些启发式的策略来选择相对较优的变量顺序。接下来描述使用二叉判定图实现多种逻辑运算的方法。最后再来解释如何用二叉判定图对 Kripke 结构进行编码，使之能够对同步和异步系统进行精准的表示。这种方法是计算机辅助验证中最重要的概念之一，该方法实现了符号模型检测，最终使大规模系统的处理变得可能。

5.1　布尔公式的表示方法

二叉判定图是一种表示布尔公式的标准形式[34]，它比传统的如合取范式和析取范式等形式更加简单有效，被广泛用于计算机辅助设计，包括符号模拟、组合逻辑验证等方面，目前还被用于有限状态并发系统的验证。

在阐述二叉判定图之前，先来看二叉判定树，这种有根的有向图包含两类节点：终端节点和非终端节点。每一个非终端节点 v 标记一个变量 $var(v)$，它有两个后继，当 v 取 0 值时为 $low(v)$，当 v 取 1 值时为 $high(v)$：每一个终端节点标记为 $value(v)$，它的取值为 0 或 1。如图 5.1 所示的二叉判定图描述的是一个两位的比较器，可以用公式 $f(a_1,a_2,b_1,b_2)=(a_1\leftrightarrow b_1)\wedge(a_2\leftrightarrow b_2)$ 来描述。如果要知道某变量的赋值会使公式值为真还是为假，就需要从根节点出发遍历此二叉判定树。若变量 v 的赋值为 0，则选择从根节点出发到终端节点结束的路径上变量 v 对应节点的下一个 $low(v)$ 节点；类似地，如果变量的赋值为 1，则选择 $high(v)$。最终选择的终端节点的值就是这组赋值下的函数值。例如 $\langle a_1:=1,a_2:=0,b_1:=1,b_2:=1\rangle$ 使得叶子节点标记为 0，所以公式在这组赋值下为 0。

二叉判定树并不能简洁地表示布尔函数，事实上它与真值表的表示规模基本一样。但这种树形结构中存在大量的冗余，例如图 5.1 中根节点为 b_2 的 8 棵子树中只有 3 个不相同。所以合并同构子树就能获得布尔公式的更简洁表述，即一个有根无环图，称为二叉判定图(DAG)。简单地说，二叉判定图是一个有根无环图，它有终端和非终端两类节点。和二叉判定树一样，每一个非终端节点 v 标记一个变量 $var(v)$，它有两个后继，当 v 取值为 0 时其值为 $low(v)$，当 v 取值为 1 时其值为 $high(v)$。终端节点标记为 0 或 1。每个以 v 为根节点的二叉判定图 B 以下列规则确定布尔函数的 $f_v(x_1,\cdots,x_n)$ 值：

1. 如果 v 是终端节点：

   (a) $value(v)=1$，则 $f_v(x_1,\cdots,x_n)=1$；

   (b) $value(v)=0$，则 $f_v(x_1,\cdots,x_n)=0$。

2. 如果 v 是非终端节点且 $var(v)=x_i$，则 f_v 表示函数：

$$f_v(x_1,\cdots,x_n)=(\neg x_i \wedge f_{low(v)}(x_1,\cdots,x_n)) \vee (x_i \wedge f_{high(v)}(x_1,\cdots,x_n))$$

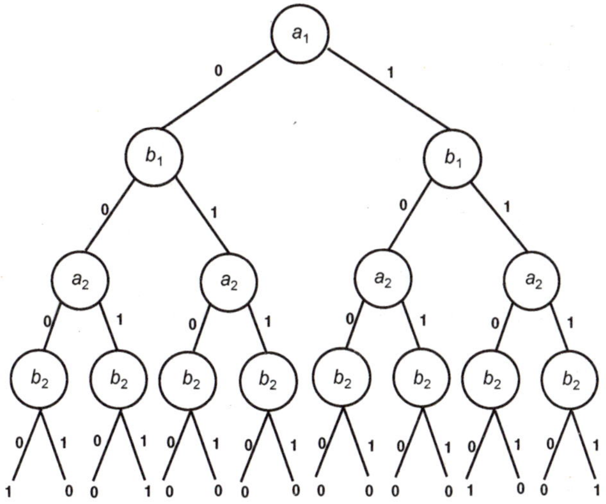

图 5.1　两位比较器的二叉判定树

在实际中，将布尔函数的表示方法规范化非常有意义，这种标准形式要求两个布尔函数在逻辑上等价当且仅当对应的表述形式同构，这种特性简化了检测两个公式等价和判断给定公式是否可满足的工作。两个二叉判定图是同构的，仅当存在一个一一对应的、从一个图的终端节点到另一个图的终端节点以及一个图的非终端节点到另一个图非终端节点的满射 h。即对于每一个终端节点 v，$value(v)=value(h(v))$，对于每一个非终端节点 v，$var(v)=var(h(v))$，$h(low(v))=low(h(v))$，$h(high(v))=high(h(v))$。

Bryant[34]提出，在二叉判定图上增加两个约束就可以使其遵循标准形式。这两个约束是，在从根节点出发到终端节点的路径上，所有变量的出现应遵循同一变量顺序，以及在图中不能存在同构子树和冗余节点。第一个约束规定了标记二叉判定图中节点的变量的全序<，即如果图中任意节点 u 有一个非终端的后继节点 v，则 $var(u)<var(v)$；第二个约束使用以下三条规则来化简图：

- 删除重复的终端节点，只保留一个，将原来终端节点的入边都指向保留的终端节点；
- 对非终端节点 u 和 v，如果 $var(u)=var(v)$，$low(u)=low(v)$，$high(u)=high(v)$，则删除其一，并将删除节点的所有入边指向保留节点；
- 对非终端节点 v，如果有 $low(v)=high(v)$，则删除节点 v，并将 v 的所有入边指向 $low(v)$。

对于变量有序的二叉判定图，反复使用这三条规则直到图的规模不能再减少为止，就能得到其规范形式。Bryant 提出了自底向上的约简算法来得到标准形式，此方法相对于有序二叉判定图规模的时间复杂度呈线性[34]增长。通过这个算法得到的图称为有序二叉判定图(OBDD)。例如，可以在两位比较器的例子中以顺序 $a_1 < b_1 < a_2 < b_2$ 得到相应的 OBDD，如图 5.2 所示。

若将 OBDD 作为布尔函数的表达形式，那么检测布尔函数是否相同就化简为 OBDD 是否同构。同样，可满足性检测可以规约为检验布尔函数是否对应了一个平凡的、仅仅只包含标记为 0 的终端节点的 OBDD。

OBDD 的规模在很大程度上依赖于变量顺序，如果将两位比较器的变量顺序变为 $a_1 < a_2 < b_1 < b_2$，则得到如图 5.3 所示的 OBDD。此 OBDD 有 11 个节点，而图 5.2 的 OBDD 只有 8 个节点。一般来说，对于 n 位比较器，如果选择顺序 $a_1 < b_1 < \cdots < a_n < b_n$，则 OBDD 的节点数为 $3n+2$；如果采用顺序 $a_1 < \cdots < a_n < b_1 < \cdots < b_n$，则 OBDD 的节点数为 $3\times 2^n - 1$。通常找到最佳变量顺序是不可能的，可以证明寻找最佳变量顺序是一个 NP 难题[36]。更进一步来说，布尔函数所对应的 OBDD 在任何变量顺序下其规模都是呈指数增长的，这可以从 n 位乘法器的组合电路所对应的布尔函数看出来[35,36]。

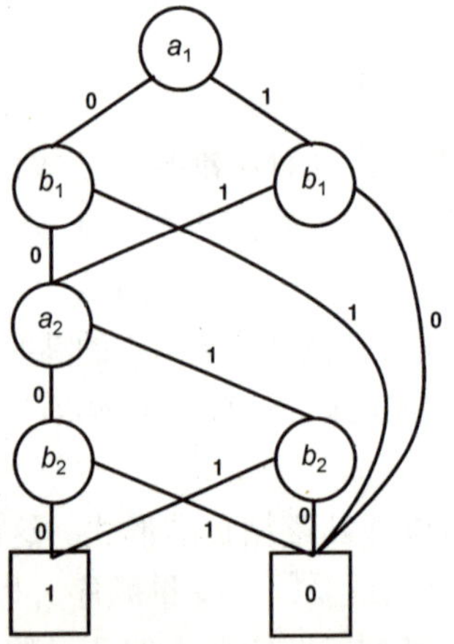

图 5.2 两位比较器的 OBDD(Ⅰ)

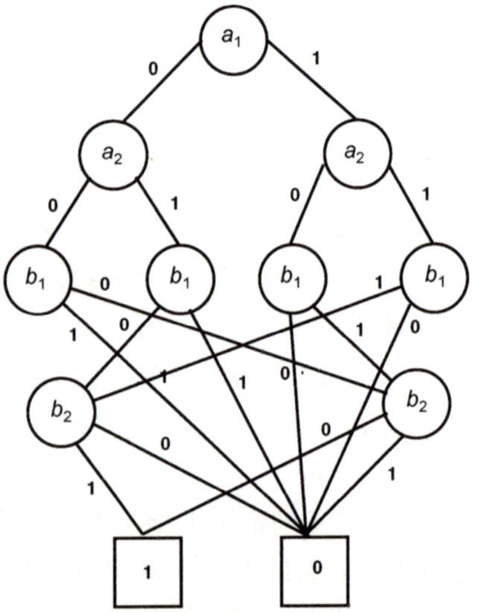

图 5.3 两位比较器的 OBDD(Ⅱ)

如果存在较好的变量顺序，就可以采用启发式的算法寻找这种变量顺序。对于对应布尔函数的组合电路，基于深度优先遍历的启发式算法常常会取得较为理想的效果[118,185]。直观上，这些启发式算法基于以下经验：通常电路中联系紧密的变量，如果在 OBDD 中集中在一起排序，则电路对应的 OBDD 的规模也比较小；子电路中的变量依据子电路的输出相关联，也需要在变量顺序中集中排列。所以在深度优先地遍历电路图时，如果遇到了某个变量，就需要把它放到变量顺序中。在不能明确哪种启发式算法可用时，可以采用动态重排序[225]方法。使用这种方法时，OBDD 软件包周期性地对变量顺序进行调整(重排序)以减小节点的整体数目，这种重排序的方法旨在节约时间而不是寻找最优的变量顺序。

接下来将介绍如何使用 OBDD 来实现各种逻辑运算。首先来看限制函数，它将布尔函数

f 中的某个参数 x_i 的值限制为常量 b。则这个函数可记为 $f|_{x_i \leftarrow b}$，并满足式

$$f|_{x_i \leftarrow b}(x_1, \cdots, x_n) = f(x_1, \cdots, x_{i-1}, b, x_{i+1}, \cdots, x_n)$$

如果 f 代表一个 OBDD，则限制函数 $f|_{x_i \leftarrow b}$ 所对应的 OBDD 就可以简单地通过深度优先遍历此 OBDD 而得到。对于满足 $var(w) = x_i$ 的节点 w，以及任意指向此节点的节点 v，如果 b 为 0，就用 $low(w)$ 去替换从 v 到 w 的有向边，为 1 则用 $high(w)$ 去替换此边。这样得到的二叉判定图可能不是标准形式，可以用约简函数对其化简，最终得到对应函数 $f|_{x_i \leftarrow b}$ 的 OBDD。

16 种二元布尔运算符对应的逻辑运算都可以用 OBDD 来有效实现，转换算法的复杂度依据运算函数的 OBDD 规模的积呈线性增长，这种运算的实现基础可以追溯到香农展开：

$$f = (\neg x \wedge f|_{x \leftarrow 0}) \vee (x \wedge f|_{x \leftarrow 1})$$

Bryant[34]提出了一种统一的算法—— *Apply* 来计算这 16 种逻辑运算。令★代表任意的二元逻辑运算，设 f 和 f' 是两个布尔函数，为简单起见首先给出如下说明：

- v 和 v' 分别是 f 和 f' 对应的 OBDD 根节点。
- $x = var(v)$，$x' = var(v')$。

再考虑 v 和 v' 的各种关系：

- 如果 v 和 v' 都是终端节点，则 $f \star f' = value(v) \star value(v')$。
- 如果 $x = x'$，则使用香农展开将此问题转换为两个子问题

$$f \star f' = (\neg x \wedge (f|_{x \leftarrow 0} \star f'|_{x \leftarrow 0})) \vee (x \wedge (f|_{x \leftarrow 1} \star f'|_{x \leftarrow 1}))$$

  这种情况就可以通过子问题来递归地解决。最终生成的 OBDD 根节点是一个新生成的节点 w，其中 $var(w) = x$，$low(w)$ 是 $(f|_{x \leftarrow 0} \star f'|_{x \leftarrow 0})$ 所对应的 OBDD，而 $high(w)$ 是 $(f|_{x \leftarrow 1} \star f'|_{x \leftarrow 1})$ 所对应的 OBDD。

- 如果 $x < x'$，则 $f'|_{x \leftarrow 0} = f'|_{x \leftarrow 1} = f'$，因为 f' 并不依赖于变量 x。在这种情况下，香农展开可以化简为

$$f \star f' = (\neg x \wedge (f|_{x \leftarrow 0} \star f')) \vee (x \wedge (f|_{x \leftarrow 1} \star f'))$$

  接下来按照第二种情况递归地计算 $f \star f'$ 所对应的 OBDD。
- 如果 $x' < x$，则计算方法与之前的情况类似。

因为每一个子问题都可以生成两个子问题，所以必须要阻止此算法的复杂度变为指数型，使用动态算法可以将算法的复杂度控制为多项式型。每一个子问题对应一对 OBDD，这对 OBDD 分别来自初始时 f 和 f' 对应的子 OBDD 的子图。由于每一个子 OBDD 都被它的根节点唯一确定，f 的 OBDD 的全部子 OBDD 的数量受限于 OBDD 的规模，f' 的情况也一样，所以递归求解的全部子问题的数量受限于 f 和 f' 对应的 OBDD 规模的积。具体算法中还使用一个称为结果缓存表的哈希表，用于记录先前已经计算好的子 OBDD。在任意的递归调用之

前，首先检查所要计算的子问题是否已经计算过，如果是就无须再计算，直接载入结果；否则开始计算，并将结果简化成标准形式存入结果缓存表中。

布尔非(取反)运算也可以用 *Apply* 算法来实现，但还有一种更简单的方法来实现 OBDD 的非运算，就是将 f 对应的 OBDD 所有终端节点的值取反。

目前已经提出了若干能够减小 Bryant OBDD 空间需求的方法[27]。一种方法是使用多根图来表示共享子图(子 OBDD)的布尔函数集合。此集合中采取相同的变量顺序，生成的 OBDD 没有同构的子树和冗余的节点。在这种方法中，集合中的两个函数相同当且仅当它们拥有相同的根节点，因此检验两个布尔函数是否相同可以在常数时间内完成。另一种方法是在边上多加一个标记来表示布尔非，这样就不需要使用不同的子图来表示同一子公式的和其非对应的 OBDD。现在的 OBDD 软件包已经能够有效处理高达百万节点的 OBDD。

OBDD 也可以表述成确定的有限自动机[238]。一个 n 元布尔函数可以看成能赋值为 1 的 $\{0,1\}^n$ 上的字符串集合。由于这种机器对应的语言是有限的和正则的，所以存在最小的可接受语言有限自动机，可以说这种有限自动机也是布尔函数的一种标准形式。布尔函数的逻辑运算对应着有限自动机可接受语言上的集合运算，例如布尔与运算就对应着集合运算的交集运算。可以用自动机理论中的标准构造算法来代替语言上的这些运算，也就是可以把 OBDD 运算对应为自动机的构造过程。

5.2 Kripke 结构的表示方法

OBDD 可以准确地表示有限域上的关系[46, 191]，接下来将介绍如何使用它表示 Kripke 结构并对其进行分析。如果 Q 是$\{0, 1\}$上的 n 元关系，则可以用 OBDD 表示 Q 的特征函数

$$f_Q(x_1, \cdots, x_n) = 1 \text{ 当且仅当 } Q(x_1, \cdots, x_n)$$

设 Q 是有限域 D 上的 n 元关系，不失一般性，假设 D 有 2^m 个元素且 $m>1$，为了用 OBDD 表示 Q，先来对 D 中的元素进行编码，即用双射 $\phi:\{0,1\}^m \to D$ 将每一个长度为 m 的布尔向量映射成 D 中的一个元素。可以根据以下规则用 ϕ 构造一个 $m\times n$ 元的布尔关系 $\hat{Q}$，

$$\hat{Q}(\bar{x}_1, \cdots, \bar{x}_n) = Q(\phi(\bar{x}_1), \cdots, \phi(\bar{x}_n))$$

其中 $\bar{x}_i$ 是由 m 个定义在 D 上的变量组成的向量构成的 x_i 的编码，现在 Q 可以通过 $\hat{Q}$ 的特征函数 $f_{\hat{Q}}$ 表示为 OBDD。这种方法可以很简单地扩展到不同的域 $D_1,\cdots,D_n$ 之上。而且，由于集合可以被看成一元关系，所以这种方法可以用于描述集合。

现在再来研究 Kripke 结构 $M=(S,R,L)$，为了用 OBDD 表示这种结构，必须对状态集合 S、关系 R 和映射 L 分别进行考虑。对于状态集合 S 来说，首先对状态进行编码，假设有 2^m 个状态，根据上述方法，设 $\phi:\{0,1\}^m \to S$ 是一个从布尔向量映射到状态的函数，因为每个变量的赋值都是 S 中一个状态的编码，所以表示 S 的特征函数就是以 1 作为唯一终端节点的 OBDD。对变迁关系使用和状态编码相同的方式，如前所述我们需要两个布尔变量的集合，一个代表变迁关系的现态，另一个代表变迁关系的次态。如果变迁关系 R 被编码成布尔关系 $\hat{R}(\bar{x},\bar{x}')$，

则这个布尔关系 R 就是特征函数 $f_{\hat{R}}$。最后考虑映射 L，尽管 L 的定义是状态到原子公式子集的映射，但反过来把它看成原子公式到状态子集的映射则更为方便。原子公式 p 映射到状态子集 $\{s \mid p \in L(s)\}$（称为 L_p），这个子集可以用上述的编码函数 ϕ 来表示，可以用这种方法分别描述每一个原子公式。

为了阐述使用 OBDD 表示 Kripke 结构的方法，我们来看下面的例子。如图 5.4 所示，在这个例子中有两个状态 a 和 b，假设状态变量 a' 和 b' 表示次态。可用下面的表达式来标识从状态 s_1 到 s_2 的变迁关系：

$$(a \wedge b \wedge a' \wedge \neg b')$$

整个变迁关系的布尔表达式为

$$(a \wedge b \wedge a' \wedge \neg b') \vee (a \wedge \neg b \wedge a' \wedge \neg b') \vee (a \wedge \neg b \wedge a' \wedge b')$$

公式中的三个析取式对应 Kripke 结构中的三个变迁关系。此公式可以转化为 OBDD 来对变迁关系进行简化的表示。

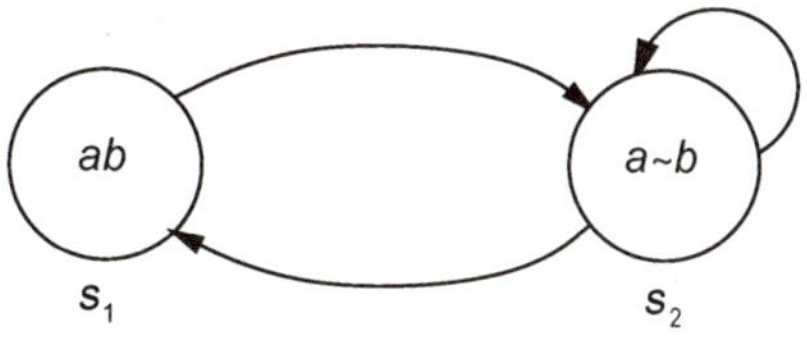

图 5.4　两个状态的 Kripke 结构

有时候还需要表示初始状态和公正性 Kripke 结构的集合，初始状态集合的表示方法与其他集合表示方法完全一样；对于公正性约束 $F = \{P_1, \cdots, P_n\}$，则对每一个 P_i 分别表示。为简便起见，后续章节中关系 R 对应的编码后的版本通常记为 $\hat{R}$。

一般而言，对 Kripke 结构 M 建立一个清晰的表述，并对其进行如上编码并不是一件容易的事情，尽管最终的符号表达可能已经很简洁了，但规模往往还是太大。所以实际中，一般直接从精确的系统的高级描述中构建 OBDD。第 2 章讲述的将系统转化为公式的方法，再加上本章介绍的编码方法，直接组成了从系统的高级描述构建 OBDD 的方法。

第 6 章　符号模型检测

本章介绍一种采用 OBDD 表示 Kripke 结构的高效模型检测算法，由于这种模型检测算法基于布尔公式的运算，故称之为“符号(化的)”模型检测。这种方法中，OBDD 表示状态和变迁关系的集合，所以这种模型检测算法将针对集合运算，而不是单个的状态和变迁关系。为了达到这个目的，可以采用时序逻辑运算符的不动点特性：如果 $\tau(S')=S'$，就说集合 $S'\subseteq S$ 是函数 $\tau:\mathcal{P}(S)\to\mathcal{P}(S)$ 的不动点。本章内容组织如下，在 6.1 节中，介绍了将满足 CTL 公式的状态集合刻画成函数的最小或最大不动点，可以使用基于集合运算的迭代技术来计算这些不动点。在 6.2 节中，介绍了基于 CTL 的模型检测算法，及其基于标准 OBDD 运算的实现方式。在 6.3 节和 6.4 节中，讨论了结合公正性的方法及反例产生的方法。6.5 节给出了用符号模型检测算法验证流水算术逻辑单元的例子。6.6 节讨论符号模型检测中的效率问题。最后，本章还讨论了如何将符号 CTL 模型检测算法应用到 LTL 模型检测和测试语言包含中。

6.1　不动点表示

令 $M=(S,R,L)$ 是任意的有限 Kripke 结构，集合 S 的幂集 $\mathcal{P}(S)$ 在集合包含偏序下形成一个格，本章将把这种格记为 $\mathcal{P}(S)$。格中的元素 S' 也可以看成 S 上的一个谓词，此谓词将只在 S' 的状态上为真。格中的最小元素是空集，通常写为 *False*，格中的最大元素是全集，通常写为 *True*。将从 $\mathcal{P}(S)$ 映射到 $\mathcal{P}(S)$ 的函数叫做谓词变换。设 $\tau:\mathcal{P}(S)\to\mathcal{P}(S)$ 为一个变换，那么

1. 如果 $P\subseteq Q$ 蕴含 $\tau(P)\subseteq\tau(Q)$，则 τ 是单调的。
2. 如果 $P_1\subseteq P_2\subseteq\cdots$ 蕴含 $\tau(\bigcup_i P_i)=\bigcup_i\tau(P_i)$，则 τ 是 $\bigcup$ 连续的。
3. 如果 $P_1\supseteq P_2\supseteq\cdots$ 蕴含 $\tau(\bigcap_i P_i)=\bigcap_i\tau(P_i)$，则 τ 是 $\bigcap$ 连续的。

我们用 $\tau^i(Z)$ 表示变换 τ 在 Z 的 i 次应用，其形式化的递归定义为 $\tau^0(Z)=Z$ 且 $\tau^{i+1}(Z)=\tau(\tau^i(Z))$。$\mathcal{P}(S)$上的单调谓词变换 τ 通常都有一个最小不动点 $\mu Z.\tau(Z)$ 和一个最大不动点 $\nu Z.\tau(Z)$ (可参见 Tarski 的说明[240])，其定义为：如果 τ 是单调的，则最小固定点 $\mu Z.\tau(Z)=\bigcap\{Z\mid\tau(Z)\subseteq Z\}$，特别地，若 τ 是 $\bigcup$ 连续的，则最小固定点可转化为 $\mu Z.\tau(Z)=\bigcup_i\tau^i(False)$。与此类似，如果 τ 是单调的，则最大固定点 $\nu Z.\tau(Z)=\bigcup\{Z\mid\tau(Z)\supseteq Z\}$，若 τ 同时是 $\bigcap$ 连续的，则 $\nu Z.\tau(Z)=\bigcap_i\tau^i(True)$。

在处理有限 Kripke 结构上定义的谓词变换时，下述引理非常有用[61, 107]。

引理 5　*如果 S 是有限的并且 τ 是单调的，那么 τ 既是 $\bigcup$ 连续的也是 $\bigcap$ 连续的。*

证明　设 $P_1\subseteq P_2\subseteq\cdots$ 是 S 子集的一个偏序。因为 S 是有限的，那么存在一个 j_0 使得对于

每一个 $j \geqslant j_0$ 都有 $P_j = P_{j_0}$，而对于每一个 $j < j_0$ 都有 $P_j \subseteq P_{j_0}$。因此 $\bigcup_i P_i = P_{j_0}$，进而 $\tau(\bigcup_i P_i) = \tau(P_{j_0})$。另一方面，因为 τ 是单调的，即 $\tau(P_1) \subseteq \tau(P_2) \subseteq \cdots$，因此对于每一个 $j < j_0$ 都有 $\tau(P_j) \subseteq \tau(P_{j_0})$，而对于每一个 $j \geqslant j_0$ 都有 $\tau(P_j) = \tau(P_{j_0})$。综上所述，$\bigcup_i \tau(P_i) = \tau(P_{j_0})$，这样 τ 是 $\bigcup$ 连续的。τ 是 $\bigcap$ 连续的证明过程与之相似。

引理 6　如果 τ 是单调的，那么对于每一个 i 都有 $\tau^i(False) \subseteq \tau^{i+1}(False)$ 和 $\tau^i(True) \supseteq \tau^{i+1}(True)$ 成立。

引理 7　如果 τ 是单调的且 S 是有限的，那么存在一个整数 i_0，对于每一个 $j \geqslant i_0$，都有 $\tau^j(False) = \tau^{i_0}(False)$ 成立。类似地，存在一个整数 j_0，对于每个 $j \geqslant j_0$，都有 $\tau^j(True) = \tau^{j_0}(True)$ 成立。

引理 8　如果 τ 是单调的并且 S 是有限的，那么存在一个整数 i_0，且 $\mu Z.\tau(Z) = \tau^{i_0}(False)$ 成立。类似地，存在一个整数 j_0，且 $\nu Z.\tau(Z) = \tau^{j_0}(True)$ 成立。

由以上引理，我们可以得出结论：如果 τ 是单调的，那么它的最小不动点可以通过图 6.1 所示的算法计算得出。

```
function Lfp(Tau : PredicateTransformer) : Predicate
    Q := False;
    Q' := Tau(Q);
    while (Q ≠ Q') do
        Q := Q';
        Q' := Tau(Q');
    end while;
    return(Q);
end function
```

图 6.1　计算最小不动点的算法伪码

程序中 **while** 循环的不变量由下面的断言给出：

$$(Q' = \tau(Q)) \wedge (Q' \subseteq \mu Z\,.\,\tau(Z))$$

很容易看出，在循环第 i 次迭代开始时，$Q = \tau^{i-1}(False)$，而且 $Q' = \tau^i(False)$。由引理 6 可得

$$False \subseteq \tau(False) \subseteq \tau^2(False) \subseteq \cdots$$

因此，**while** 循环终止之前迭代的最大次数受限于集合 S 中的元素个数。当循环终止时，将得出 $Q = \tau(Q)$ 和 $Q \subseteq \mu Z.\tau(Z)$。因为 Q 也是一个不动点，所以 $\mu Z.\tau(Z) \subseteq Q$。因此 $Q = \mu Z.\tau(Z)$，即由算法求得的返回值就是最小不动点。τ 的最大不动点可以通过相同的方式用图 6.2 所示的算法求得。当上述求解最大不动点的算法终止时，其返回的值就是 $\nu Z.\tau(Z)$。

如果我们用 $\mathcal{P}(S)$ 中的谓词 $\{s \mid M, s \vDash f\}$ 来标识每一个 CTL 公式，那么每一个基本的 CTL 运算符都能被刻画成适当的谓词变换的最小不动点或最大不动点[104]。

- $\mathbf{AF}\ f_1 = \mu Z\,.\, f_1 \vee \mathbf{AX}\ Z$
- $\mathbf{EF}\ f_1 = \mu Z\,.\, f_1 \vee \mathbf{EX}\ Z$

- $\mathbf{AG}\ f_1 = \nu Z\ .\ f_1 \wedge \mathbf{AX}\ Z$
- $\mathbf{EG}\ f_1 = \nu Z\ .\ f_1 \wedge \mathbf{EX}\ Z$
- $\mathbf{A}[f_1\ \mathbf{U}\ f_2] = \mu Z\ .\ f_2 \vee (f_1 \wedge \mathbf{AX}\ Z)$
- $\mathbf{E}[f_1\ \mathbf{U}\ f_2] = \mu Z\ .\ f_2 \vee (f_1 \wedge \mathbf{EX}\ Z)$
- $\mathbf{A}[f_1\ \mathbf{R}\ f_2] = \nu Z\ .\ f_2 \wedge (f_1 \vee \mathbf{AX}\ Z)$
- $\mathbf{E}[f_1\ \mathbf{R}\ f_2] = \nu Z\ .\ f_2 \wedge (f_1 \vee \mathbf{EX}\ Z)$

直观上最小不动点对应于最终性，而最大不动点对应于永真性。因此，**AF** f_1具有最小不动点特性，而 **EG** f_1具有最大不动点特性。

```
function Gfp(Tau : PredicateTransformer) : Predicate
    Q := True;
    Q' := Tau(Q);
    while (Q ≠ Q') do
        Q := Q';
        Q' := Tau(Q');
    end while;
    return(Q);
end function
```

图 6.2 计算最大不动点的算法伪码

这里将只证明 **EG** 和 **EU** 的不动点特性，其余 CTL 运算符的不动点特性的证明方法可以用相似的方式构建。用下面的引理 9 到引理 12 来阐述 $\mathbf{EG}\ f_1 = \nu Z.f_1 \wedge \mathbf{EX}\ Z$。

引理 9 $\tau(Z) = f_1 \wedge \mathbf{EX}\ Z$ 是单调的。

证明 设 $P_1 \subseteq P_2$。为了说明 $\tau(P_1) \subseteq \tau(P_2)$，考虑某状态 $s \in \tau(P_1)$。此状态上，$s \vDash f_1$，且存在后继状态 s' 满足 $(s,s') \in R$ 和 $s' \in P_1$。因为有 $P_1 \subseteq P_2$ 和 $s' \in P_2$，所以 $s \in \tau(P_2)$。

引理 10 设 $\tau(Z) = f_1 \wedge \mathbf{EX}\ Z$，$\tau^{i_0}(True)$ 是序列 $True \supseteq \tau(True) \supseteq \cdots$ 的极限。对于每一个 $s \in S$，如果 $s \in \tau^{i_0}(True)$，那么 $s \vDash f_1$ 并且存在一个状态 s'，使得 $(s,s') \in R$ 并且 $s' \in \tau^{i_0}(True)$。

证明 设 $s \in \tau^{i_0}(True)$。因为 $\tau^{i_0}(True)$ 是 τ 的一个不动点，即 $\tau^{i_0}(True) = \tau(\tau^{i_0}(True))$，所以 $s \in \tau(\tau^{i_0}(True))$。由函数 τ 的定义得：$s \vDash f_1$ 并且存在一个状态 s'，使得 $(s,s') \in R$ 并且 $s' \in \tau^{i_0}(True)$。

引理 11 **EG** f_1是函数 $\tau(Z) = f_1 \wedge \mathbf{EX}\ Z$ 的不动点。

证明 设 $s_0 \vDash \mathbf{EG}\ f_1$。由 $\vDash$ 的定义可知，M 中存在一条路径 $s_0, s_1, \cdots$，使得对于所有 k，都有 $s_k \vDash f_1$ 成立。这意味着 $s_0 \vDash f_1$ 并且 $s_1 \vDash \mathbf{EG}\ f_1$。换句话说，$s_0 \vDash f_1$ 并且 $s_0 \vDash \mathbf{EX}\ \mathbf{EG}\ f_1$。因此，$\mathbf{EG}\ f_1 \subseteq f_1 \wedge \mathbf{EX}\ \mathbf{EG}\ f_1$。类似地，如果 $s_0 \vDash f_1 \wedge \mathbf{EX}\ \mathbf{EG}\ f_1$，那么 $s_0 \vDash \mathbf{EG}\ f_1$。因此，$\mathbf{EG}\ f_1 = f_1 \wedge \mathbf{EX}\ \mathbf{EG}\ f_1$。

引理 12 **EG** f_1是函数 $\tau(Z) = f_1 \wedge \mathbf{EX}\ Z$ 的最大不动点。

证明　因为τ是单调的，由引理 5 可知：τ也是$\bigcap$连续的。因此，为了证明 $\mathbf{EG}\, f_1$是τ的最大不动点，证明 $\mathbf{EG}\, f_1 = \bigcap_i \tau^i(True)$就足够了。

首先证明 $\mathbf{EG}\, f_1 \subseteq \bigcap_i \tau^i(True)$。通过对 i 进行研究可以建立这样的联系：对任意 i 都有 $\mathbf{EG}\, f_1 \subseteq \tau^i(True)$。显然 $\mathbf{EG}\, f_1 \subseteq True$。假定 $\mathbf{EG}\ f_1 \subseteq \tau^n(True)$成立。因为$\tau$是单调的，所以$\tau(\mathbf{EG}\, f_1) \subseteq \tau^{n+1}(True)$。又根据引理 11 可知，$\tau(\mathbf{EG}\, f_1) = \mathbf{EG}\, f_1$，因此 $\mathbf{EG}\, f_1 \subseteq \tau^{n+1}(True)$成立。

再来证明$\bigcap_i \tau^i(True)$是 $\mathbf{EG}\, f_1$的子集，先考虑状态 $s \in \bigcap_i \tau^i(True)$。这个状态包含在每一个$\tau^i(True)$中，因此它也包含在不动点$\tau^{i_0}(True)$中。由引理 10 可知：$s$是一个无限状态序列的起点，并且序列中的每个状态都与前一个状态通过关系 R 相关，此外序列中的每个状态都满足 f_1。因此，$s \vDash \mathbf{EG}\, f_1$。

引理 13　$\mathbf{E}[f_1 \mathbf{U} f_2]$是函数$\tau(Z) = f_2 \vee (f_1 \wedge \mathbf{EX}\, Z)$的最小不动点。

证明　首先注意到$\tau(Z) = f_2 \vee (f_1 \wedge \mathbf{EX}\, Z)$是单调的，由引理 5 可知：$\tau$也是$\bigcup$连续的，因此容易证明 $\mathbf{E}[f_1 \mathbf{U} f_2]$是$\tau(Z)$的不动点。剩下还需要证明 $\mathbf{E}[f_1 \mathbf{U} f_2]$是$\tau(Z)$的最小不动点，为此证明 $\mathbf{E}[f_1 \mathbf{U} f_2] = \bigcup_i \tau^i(False)$就足够了。对于第一个方向，通过对 i 进行归纳很容易证得：任意给定 i，$\tau^i(False) \subseteq \mathbf{E}[f_1 \mathbf{U} f_2]$，因此有$\bigcup_i \tau^i(False) \subseteq \mathbf{E}[f_1 \mathbf{U} f_2]$。

对于另一个方向，$\mathbf{E}[f_1 \mathbf{U} f_2] \subseteq \bigcup_i \tau^i(False)$的证明是通过对满足 $f_1 \mathbf{U} f_2$ 的路径前缀的长度进行归纳得到的。确切而言，如 $s \vDash \mathbf{E}[f_1 \mathbf{U} f_2]$，那么存在一条路径$\pi = s_1, s_2, \cdots$（这里 $s = s_1$），使得存在某个整数 j（$j \geqslant 1$），$s_j \vDash f_2$，并且对于所有 $l < j$，$s_l \vDash f_1$。后面归纳证明，对于每个这种状态 s，都有 $s \in \tau^j(False)$。归纳的基本情况是平凡的：如果 $j = 1$，那么 $s \vDash f_2$，从而得出 $s \in \tau(False) = f_2 \vee (f_1 \wedge \mathbf{EX}(False))$。

再来看归纳过程，假定上述推理对于每一个状态 s 和每一个 $j \leqslant n$ 成立。设 s 是路径$\pi = s_1, s_2, \cdots$的初始状态，有 $s_{n+1} \vDash f_2$ 并且对于每一个 $l < n+1$，$s_l \vDash f_1$。考虑路径上的状态 s_2，它是长度为 n 的满足 $f_1 \mathbf{U} f_2$ 的路径前缀的初始状态，因此，由归纳假设得 $s_2 \in \tau^n(False)$。因为$(s, s_2) \in R$ 且 $s \vDash f_1$，所以 $s \in f_1 \wedge \mathbf{EX}(\tau^n(False))$，进而 $s \in \tau^{n+1}(False)$。

图 6.3 给出了一个简单的 Kripke 结构中采用算法 Lfp 计算的满足 $\mathbf{E}[p \mathbf{U} q]$的状态集合的例子。这个例子中函数$\tau$的形式为$\tau(Z) = q \vee (p \wedge \mathbf{EX}\, Z)$。

每一步求得的$\tau^i(False)$都可以看成是对 $\mathbf{E}[p \mathbf{U} q]$的近似，从图 6.3 中也可以看出近似序列$\tau^i(False)$收敛到 $\mathbf{E}[p \mathbf{U} q]$的变化过程，图中组成当前近似值的状态已经用阴影标出。比如，从图中很容易看出$\tau^3(False) = \tau^4(False)$，则有 $\mathbf{E}[p \mathbf{U} q] = \tau^3(False)$。由于 s_0 在$\tau^3(False)$中，所以 $M, s_0 \vDash \mathbf{E}[p \mathbf{U} q]$。

6.2　CTL 符号模型检测

早期显式状态表示的 CTL 模型检测算法（标记算法）在图的规模和公式的长度方面都是呈线性增长的，并且在实际应用中此算法的运算速度也非常快[61, 63]。但从具有多个处理器或组件的并发系统中抽取出状态变迁图来验证时，模型规模就有可能发生爆炸。本节将描述作用在 Kripke 结构上的 CTL 的符号模型检测算法，在此算法中 Kripke 结构将采用 5.2 节介绍的 OBDD 来表示。此外，为了阐述这种符号模型检测算法，引入量化布尔公式(QBF)[2,121]来简明地表示布尔公式上的复杂运算。

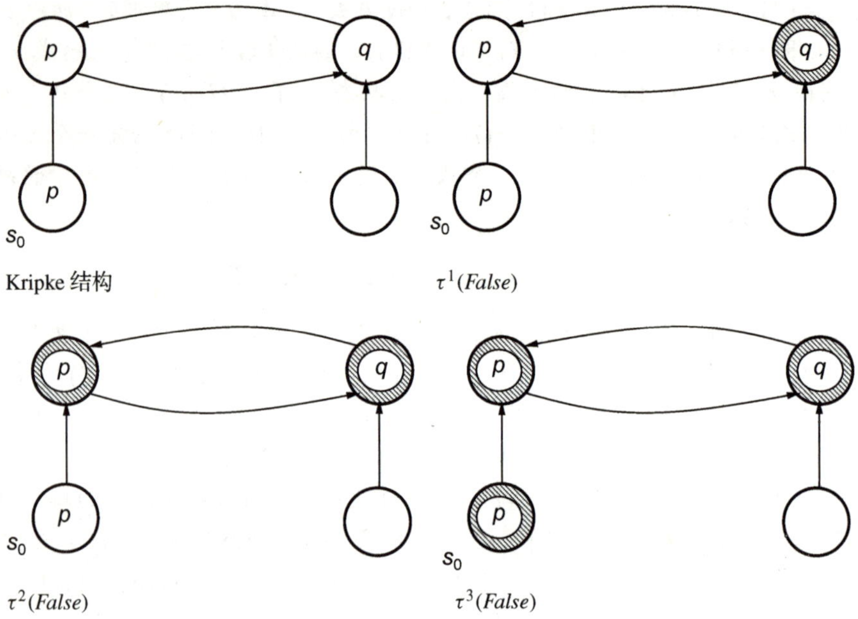

图 6.3 **E**[p **U** q]的近似序列

6.2.1 量化的布尔公式

给定命题变量的集合 $V=\{v_0,\cdots,v_{n-1}\}$，QBF(V)是定义如下的最小公式：

- V 中的每一个变量都是公式；
- 如果 f 和 g 是公式，那么 $\neg f$， $f\vee g$ 和 $f\wedge g$ 是公式；
- 如果 f 是公式并且 $v\in V$，那么 $\exists vf$ 和 $\forall vf$ 是公式。

QBF(V)的真赋值定义为函数 $\sigma: V\rightarrow\{0,1\}$。若 $a\in\{0,1\}$，那么用记号 $\sigma\langle v\leftarrow a\rangle$ 表示由下式定义的真赋值：

$$\sigma\langle v\leftarrow a\rangle(w)=\begin{cases}a\text{，如果}v=w\\ \sigma(w)\text{，其他}\end{cases}$$

令 f 是 QBF(V)中的公式，σ 是一个真赋值，用记号 $\sigma\vDash f$ 表示 f 在 σ 的赋值下为真。关系 $\vDash$ 的递归定义如下：

- $\sigma\vDash v$ 当且仅当 $\sigma(v)=1$；
- $\sigma\vDash\neg f$ 当且仅当 $\sigma\nvDash f$；
- $\sigma\vDash f\vee g$ 当且仅当 $\sigma\vDash f$ 或者 $\sigma\vDash g$；

- $\sigma \vDash f \wedge g$ 当且仅当 $\sigma \vDash f$ 并且 $\sigma \vDash g$；
- $\sigma \vDash \exists v f$ 当且仅当 $\sigma\langle v \leftarrow 0\rangle \vDash f$ 或者 $\sigma\langle v \leftarrow 1\rangle \vDash f$；
- $\sigma \vDash \forall v f$ 当且仅当 $\sigma\langle v \leftarrow 0\rangle \vDash f$ 并且 $\sigma\langle v \leftarrow 1\rangle \vDash f$。

QBF 公式和初等命题公式具有同样的表达能力，但通常更加简洁。QBF 公式定义了变量集 V 上的 n 元布尔关系，这种关系由 V 上满足公式的真赋值组成，可以用 QBF 公式确定的布尔关系来标识 QBF 公式本身。前面已经介绍了将 OBDD 与命题逻辑公式联系起来的方法。QBF 中的量词限定以后，再应用前述运算规则，就变为命题公式，从而可以与 OBDD 相关联。

- $\exists xf = f|_{x\leftarrow 0} \vee f|_{x\leftarrow 1}$；
- $\forall xf = f|_{x\leftarrow 0} \wedge f|_{x\leftarrow 1}$。

我们会经常在如下形式的关系积运算中使用量词：

$$\exists \bar{v}[f(\bar{v}, \bar{w}) \wedge g(\bar{v}, \bar{x})]$$

6.2.2 符号模型检测算法

符号模型检测算法由程序 *Check* 实现，其参数是待检验的 CTL 公式，返回结果是满足待检验公式的系统状态所对应的 OBDD 表示。当然，*Check* 的输出也依赖于待检测系统的变迁关系的OBDD表示，这个变迁关系参数是隐式给出的。根据CTL公式的结构递归地定义 *Check*：如果 f 是原子命题 a，那么 *Check*(f)就是满足 a 的状态集合 OBDD；如果 $f = f_1 \wedge f_2$ 或者 $f = \neg f_1$，那么 *Check*(f)可通过对 *Check*(f_1)和 *Check*(f_2)应用 5.1 节的 *Apply* 函数而求得。其他的 **EX** f，**E**[f **U** g]和 **EG** f 形式的公式将调用下面的程序处理：

$$Check(\mathbf{EX}\ f) = CheckEX(Check(f))$$

$$Check(\mathbf{E}[f\ \mathbf{U}\ g]) = CheckEU(Check(f), Check(g))$$

$$Check(\mathbf{EG}\ f) = CheckEG(Check(f))$$

需要说明以下几点：中间程序以 OBDD 为参数，而 *Check* 以 CTL 公式为参数；形如 $f \vee g$ 或者 $\neg f$ 的 CTL 公式的运算将采用标准的 OBDD 布尔运算算法；由于其他时序运算符全都可以用上述形式表示，所以 *Check* 算法覆盖了所有的 CTL 公式。

程序 *CheckEX* 的描述非常直接，即如果某状态有一个后继状态使得 f 为真，那么在该状态上公式 **EX** f 为真，即

$$CheckEX(f(\bar{v})) = \exists \bar{v}' \left[f(\bar{v}') \wedge R(\bar{v}, \bar{v}') \right]$$

上式中 $R(\bar{v},\bar{v}')$ 是变迁关系的 OBDD 表示。如果已经得到了 f 和 R 的 OBDD 表示，那么就可以通过 QBF 计算出 $\exists \bar{v}'[f(\bar{v}') \wedge R(\bar{v},\bar{v}')]$的 OBDD。

程序 *CheckEU* 基于 6.1 节中 CTL 运算 **EU** 的最小不动点特性，即

$$\mathbf{E}[f_1\ \mathbf{U}\ f_2] = \mu Z\ .\ f_2 \vee (f_1 \wedge \mathbf{EX}\ Z)$$

用函数 *Lfp* 去计算近似值序列 $Q_0, Q_1, \cdots, Q_i, \cdots$，就能在有限步内收敛到 **E**[$f$ **U** g]的不动点。如

果已得到 f 和 g 的 OBDD 与当前的不动点近似值 Q_i，就可以计算出下一个不动点近似值 Q_{i+1} 的 OBDD。因为 OBDD 是布尔公式的规范形式，所以很容易对比连续的不动点近似值是否同构，当 $Q_i = Q_{i+1}$ 时，函数 *Lfp* 终止，此时满足 $\mathbf{E}[\,f\ \mathbf{U}\ g\,]$的状态集合就可以表示为 Q_i 的 OBDD。

程序 *CheckEG* 与上面的程序相似，它基于 6.1 节中 CTL 运算符 **EG** 的最大不动点语义，即

$$\mathbf{EG}\ f_1 = \nu Z\ .\ f_1 \wedge \mathbf{EX}\ Z$$

如果已有 f 的 OBDD，那么函数 *Gfp* 可以用来计算满足 **EG** f 的状态集合的 OBDD。

6.3 符号模型检测中的公正性

公正性限制及其意义已经在第 3 章讨论过，在第 4 章也介绍了添加公正性限制的 CTL 标记模型检测算法。本节将根据前述标记模型检测算法，给出加上公正性限制的 CTL 符号模型检测。假定公正性限制由 CTL 公式的集合 $F = \{P_1,\cdots,P_n\}$ 给出，首先定义新的程序 *CheckFair*，检测与 F 中的公正性限制有关的 CTL 公式，当然 *CheckFairEX*、*CheckFairEU* 和 *CheckFairEG* 也是必需的，它们分别对应 *Check* 中用到的中间程序。

考虑公正性限制 F 下的公式 **EG** f，此公式的意思是：存在一个从当前状态开始的路径，在这条路径上 f 恒成立，并且 F 中的每一个公式也无限次成立。这样的状态集合 Z 将会成为满足下面两条性质的最大集合：

1. Z 中的所有状态都满足 f。
2. 对于所有的公正性限制 $P_k \in F$ 和所有的状态 $s \in Z$，存在一个长度为 1 或更大的状态序列，这个序列始于 s，并到达 Z 中的某个满足 P_k 的状态，此序列上的所有状态都满足 f。

上面的描述不同于引理 1 中显式状态的情况，它更适合于符号模型检测，因为它能够用下面的不动点表达：

$$\mathbf{EG}\ f = \nu Z\ .\ f \wedge \bigwedge_{k=1}^{n} \mathbf{EX}\ \mathbf{E}[\,f\ \mathbf{U}\ (Z \wedge P_k)] \tag{6.1}$$

需要注意的是，这个公式既使用了 CTL 运算符也使用了不动点运算符，因此它不能用 CTL 直接表达。第 7 章中将给出一种更具表现力的逻辑，称为 μ 演算，它同时包含了最小和最大不动点运算符。上面给出的混合公式，即 **EG** 的公正性版本，能够很容易地转化成 μ 演算。

下面来证明式(6.1)的正确性。可以把证明过程分解成两个引理，第一个引理说明 **EG** f 是下面公式的不动点：

$$Z = f \wedge \bigwedge_{k=1}^{n} \mathbf{EX}\ \mathbf{E}[\,f\ \mathbf{U}\ (Z \wedge P_k)] \tag{6.2}$$

因此 **EG** 包含于最大不动点。第二个引理说明公式的最大不动点包含在 **EG** f 中。综合这两个部分将得出 **EG** f 是最大不动点。

引理 14　公正性条件下，**EG** f 是式(6.2)中的不动点。

证明　设 $s \in \mathbf{EG}\, f$，那么 s 是一条公正性路径的初始状态，并且在这条路径上所有状态都满足 f。设 s_i 是这条路径上第一个满足 $s_i \in P_i$ 并且 $s_i \neq s$ 的状态，那么 s_i 也是一条公正性路径的初始状态，沿着这条路径，所有状态都满足 f，因此 $s_i \in \mathbf{EG} f$。从而对于所有 i，

$$s \models f \wedge \mathbf{EX}\,\mathbf{E}[f\,\mathbf{U}\,(\mathbf{EG}\,f \wedge P_i)]$$

进而

$$s \models f \wedge \bigwedge_{k=1}^{n} \mathbf{EX}\,\mathbf{E}[f\,\mathbf{U}\,(\mathbf{EG}\,f \wedge P_k)]$$

所以，$\mathbf{EG}\,f \subseteq f \wedge \bigwedge_{k=1}^{n} \mathbf{EX}\,\mathbf{E}[f\,\mathbf{U}\,(\mathbf{EG}\,f \wedge P_k)]$。

为了说明

$$f \wedge \bigwedge_{k=1}^{n} \mathbf{EX}\,\mathbf{E}[f\,\mathbf{U}\,(\mathbf{EG}\,f \wedge P_k)] \subseteq \mathbf{EG}\,f$$

成立，我们注意到：如果 $s \models f \wedge \bigwedge_{k=1}^{n}\mathbf{EX}\,\mathbf{E}[f\,\mathbf{U}(\mathbf{EG}\,f \wedge P_k)]$，那么存在一条始于 s、终于 s' 的有限路径，使得 $s' \models (\mathbf{EG}\,f \wedge P_k)$，且 s 到 s' 的路径上每个状态都满足 f，同时 s' 是一条公正性路径的初始状态，所以路径上的每一个状态都满足 f。因此，$s \models \mathbf{EG}\,f$，这样 **EG** f 是不动点。

引理 15　式(6.2)中的最大不动点包含在 **EG** f 中。

证明　设 Z 是式(6.2)中的任意不动点，证明 Z 包含在 **EG** f 中。假定 $s \in Z$，那么 s 满足 f。此外，它的后继 s' 是一个到达状态 s_1 的路径的初始状态，在这条路径上的所有状态都满足 f，并且 s_1 满足 $Z \wedge P_1$。因为 $s_1 \in Z$，可以用同样的推理得出：存在一条从状态 s_1 到 P_2 中的状态 s_2 的路径。应用这个推理 n 次，可以得出：s 是一条路径的初始状态，沿着这条路径所有状态都满足 f，且该路径经过 $P_1,\cdots,P_n$，此外这条路径的最后一个状态在 Z 中。因此，存在一条路径从这个状态返回到 P_1 中的某个状态，这样的构造可以重复进行。

由上可知，存在一条始于状态 s 的路径，在这条路径上所有状态都满足 f，每个公正性限制都无限次成立。因此，s 在 **EG** f 中。因为 Z 是任意的不动点，所以得出结论：最大不动点包含在 **EG** f 中。

从不动点特征可知，在公正性限制 $F = \{P_1,\cdots,P_n\}$ 下，满足 **EG** f 的状态集合可以按照下面的不动点特征通过调用过程 *CheckFairEG*($f(\bar{v})$) 计算求得

$$\nu Z(\bar{v})\,.\,f(\bar{v}) \wedge \bigwedge_{k=1}^{n} \mathbf{EX}(\mathbf{EU}(f(\bar{v}),\, Z(\bar{v}) \wedge P_k))$$

不动点的计算过程同以前类似，二者的主要区别是每次上述表达式被赋值之前，都需要进行若干次嵌套的不动点计算(在 *CheckEU* 的内部)。

公正性限制下 **EX** f 和 **E**[f **U** g]的检验与标记算法也是相似的。公正性计算的初始状态的集合为

$$fair(\bar{v}) = CheckFair(\mathbf{EG}\ True)$$

公正性限制下 **EX** f 在状态 s 处为真，当且仅当该状态存在一个后继状态 s' 满足 f，并且 s' 是某公正性计算路径的起点，进而公式 **EX** f（公正性限制下）与公式 $\mathbf{EX}(f \wedge fair)$（不带有公正性限制）等价。因此我们定义

$$CheckFairEX(f(\bar{v})) = CheckEX(f(\bar{v}) \wedge fair(\bar{v}))$$

类似地，公式 $\mathbf{E}[f\ \mathbf{U}\ g]$（公正性限制下）与公式 $\mathbf{E}[f\ \mathbf{U}\ (g \wedge fair)]$（不带有公正性限制）等价。因此有如下定义：

$$CheckFairEU(f(\bar{v}), g(\bar{v})) = CheckEU(f(\bar{v}), g(\bar{v}) \wedge fair(\bar{v}))$$

6.4 反例和诊断信息

CTL 模型检测算法的一个重要特性就是它具有生成反例和诊断信息的能力。当模型检测器检测出包含全称量词的公式为假时，它能够找到一条计算路径，说明公式为假的原因；当然，在检测出包含存在量词的公式为真时，也能够找到一条计算路径，说明此公式为什么为真。例如，假设模型检测器发现公式 **AG** f 为假，它将产生一条路径，沿这条路径将能到达某个使 $\neg f$ 成立的状态；同样，如果检测器发现公式 **EF** f 为真，它也将产生一条路径，沿这条路径将到达某个使 f 成立的状态。可以看出全称量化公式的反例就是对偶形式的存在量化公式的诊断信息，利用这个特点可将研究限制在寻找三种基本 CTL 运算符 **EX**、**EG** 和 **EU** 的诊断信息上。

为了说明程序如何为 CTL 公式寻找诊断信息，先来考虑由 Kripke 结构表示的状态变迁图中的强连通分量。从概念上讲，可以把所研究的状态变迁图看成由强连通分量作为节点的新图。此图中从一个强连通分量 a 到另一个强连通分量 b 存在一条边，当且仅当在状态变迁图中存在一条从 a 中的某个状态到 b 中的某个状态的边，新图将不包含任何回路，原状态变迁图中的所有回路都包含在强连通分量中。此外，因为只考虑有限 Kripke 结构，所以每一条无限路径都必然有一个仅在某个强连通分量中出现的后缀。

以在公正性限制 $F = \{P_1, \cdots, P_n\}$ 下为公式 **EG** f 寻找诊断信息为例，用使 P_i 为真的状态集合来标识每一个 P_i，前面已经说明满足具有公正性限制 F 的公式 **EG** f 的状态集合可由下面的公式给出：

$$\nu Z\,.\, f \wedge \bigwedge_{k=1}^{n} \mathbf{EX}(\mathbf{E}[f\ \mathbf{U}\ Z \wedge P_k]) \tag{6.3}$$

如前所述，用 **EG** f 表示公正性限制下满足 **EG** f 的状态集合 F，给定 **EG** f 中的一个状态 s，可以构造一条始于 s 的路径 π，π 上的所有状态都满足 f，且 n 能够访问每个集合 $P \in F$ 无限多次。这种路径是存在的，形式上它包含一个有限的前缀并且跟随一条重复的回路，可以通过递增构造路径前缀的方法来构造它。构造过程中将递增路径的长度直至找到一条回

路，过程中的每一步必须保证当前的前缀可以扩展到一条公正性路径上，并且在这条公正性路径上所有状态都满足 f 。这种不变性可以通过每次加入一个满足 **EG** f 的状态到当前前缀来实现。

首先来看上述不动点公式的赋值过程，在每次对外层不动点的计算进行迭代时，每个公正性限制 $P \in F$ 都计算一个关联于公式 $\mathbf{E}[f\,\mathbf{U}\,(Z \wedge P)]$的最小不动点集合，所以对每个限制 P，都可以得到一个近似值的递增序列 $Q_0^P \subseteq Q_1^P \subseteq Q_2^P \subseteq \cdots$，其中 Q_i^P 符合下述条件的状态集合：从此状态出发，能够以 i 步或更少的步数到达 $Z \wedge P$ 中的状态，同时此状态满足 f 。在 $Z = \mathbf{EG} f$ 的最后一次外层不动点的迭代中，每个 $P \in F$ 对应的近似值 Q_i^P 都被保存。

现在假定一个满足 **EG** f 的初始状态 s，那么 s 属于式(6.3)计算的状态集合，因此对每个 $P \in F$，状态 s 必然有一个后继在 $\mathbf{E}[f\,\mathbf{U}(\mathbf{EG}\,f \wedge P)]$ 中。为了减少诊断信息路径的长度，选择从 s 出发到达的第一个公正性限制，这可以通过在每个 $P \in F$ 对应的 Q_0^P 中寻找 s 的后继状态 t 来完成。如果没有找到这样的后继状态 t，就查找每个 $P \in F$ 对应的 Q_1^P ，如果仍然没有找到后继状态 t，再查找 Q_2^P ，以此类推。因为 s 在 **EG** f中，所以终究能够找到这样的后继状态 t，使得 $t \in Q_i^P$ 。因为 t 到 $(\mathbf{EG}\,f) \wedge P$ 中的某个状态的路径长度为 i，所以 t 也在 **EG** f 中。如果 $i > 0$，就能在 Q_{i-1}^P 中找到 t 的后继，具体方法是寻找 t 的后继集合与 Q_{i-1}^P 的交集，并从交集中任选一个元素。重复这个过程直到 $i = 0$，就能得到一条从初始状态 s 到 $(\mathbf{EG}\,f) \wedge P$ 中某个状态 u 的路径。接下来将去掉 P，并从 u 开始重复上述过程，直到所有的公正性限制都被访问过。设 s' 是目前为止在路径上找到的最后一个状态。

为了构造回路，需要一条从状态 s' 到状态 t 的非平凡路径，在这条路径上每个状态都满足 f。换句话说，需要一个诊断信息来证明公式 $\{s'\} \wedge \mathbf{EX}\,\mathbf{E}[f\,\mathbf{U}\{t\}]$ 成立。如果这个公式为真，就找到了状态 s 的证明路径。这种情况如图 6.4 所示。

如果公式为假，可以采取如下几种策略。最简单的策略就是使用整个公正性集合 F，并从最终状态 s' 重新启动此过程。因为 $\{s'\} \wedge \mathbf{EX}\,\mathbf{E}[f\,\mathbf{U}\{t\}]$ 为假，所以 s' 不在包含 t 的强连通分量中。然而 s' 在 **EG** f 中，因此如果要继续此策略，必须在有向无环图中考察各强连通分量，最终，或者找到了一个回路 π ，或者到达了最后的强连通分量 f。在后者的情况下，因为无法从最后的强连通分量中跳出，所以保证能够找到一个回路。这种情况如图 6.5 所示。

一个稍复杂的方法是预计算 $\mathbf{E}\,[f\,\mathbf{U}\{t\}]$ 。第一次先退出此集合，因为已知此回路没能完成，所以在状态 s' 重新启动计算。这给出了一个启发式的方法，即这些方法本身就趋向于寻找短小的反例(可能因为强连通分量的数目本身就比较小)，所以没有必要尝试去寻找最短的回路。

最后来看如何为公正性限制下的公式 $\mathbf{E}[f\,\mathbf{U}\,g]$ 和 **EX** f 寻找诊断信息。公正性可以看成公正性限制 F 下满足 **EG** *True* 的状态集合。通过采用标准的 CTL 模型检测算法(不带公正性限制)计算 $\mathbf{E}[f\,\mathbf{U}\,(g \wedge fair)]$，可以得出公正性限制 F 下 $\mathbf{E}[f\,\mathbf{U}\,g]$ 的结果。类似地，通过采用标准的 CTL 模型检测算法计算 $\mathbf{EX}(f \wedge fair)$，可以计算 **EX** f 的结果。公正性限制下 **EG** *True* 的诊断方法可以用来将 $\mathbf{E}[f\,\mathbf{U}\,g]$ 和 **EX** f 扩展到无限公正性路径上。

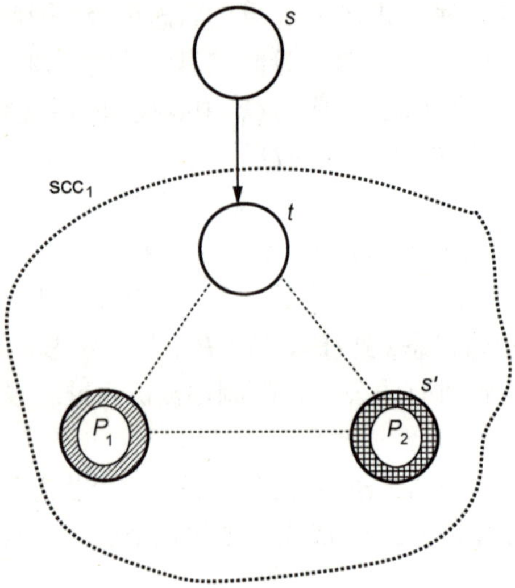

图 6.4 第一个强连通分量中的诊断信息

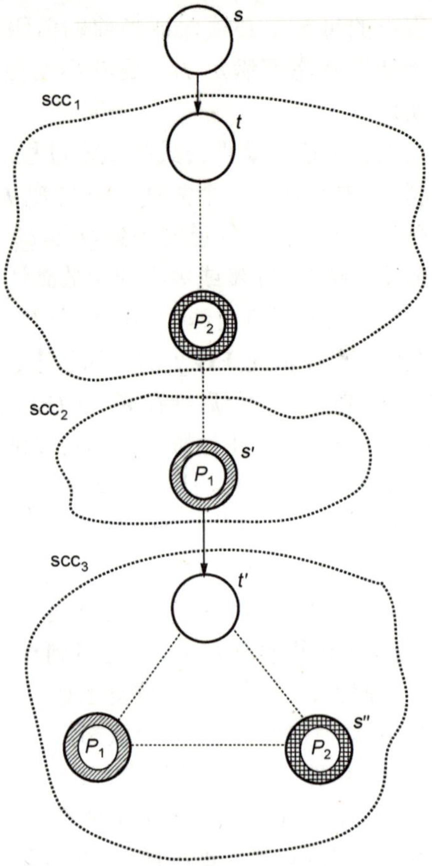

图 6.5 跨越三个强连通分量的诊断信息

6.5 一个 ALU 的例子

本节介绍若干采用符号方法的实验结果，从中可以看出符号方法的效果。下面从一个用 CTL 刻画的简单流水电路开始介绍。

这个流水电路可以进行三地址的算术逻辑运算，其操作数存放在寄存器队列中，是对文献[45]中相应电路的泛化。图 6.6 给出了该电路的描述，描述中流水寄存器的数量可变，令 r 代表流水寄存器的数量，那么执行一条指令将需要 $r+2$ 个周期。

1. 在第 1 个指令周期，操作数从寄存器队列读入指令寄存器中。
2. 在第 2 个指令周期，运算结果计算出来后存放在第一个流水寄存器中。
3. 在第 3 个到第 $r+1$ 个指令周期，结果沿着其余的流水寄存器一直传递下去(如果只有一个流水寄存器，那么这些步骤可以忽略)。
4. 在最后一个指令周期，结果写回寄存器队列中。

电路的输入刻画了将要执行的操作以及源与目的寄存器，只有到第 $r+2$ 个周期以后才会影响寄存器队列，因为在第 $r+2$ 个周期以后，操作的结果才被写回到寄存器队列中。

除了地址和操作输入，流水电路还有一个停转(stall)输入，表示指令无效且应该忽略。更确切地讲，如果停转输入为真，那么指令的地址寄存器将不会受到影响。举例来说，停转信号可能用来指出某指令高速缓存的丢失，因此该信号会持续有效直到从主存中读取一条指令。为了保证结果在存入到寄存器队列之前能够使用，数据可以从 ALU 的输出或任意流水寄存器反馈到 ALU 的操作数寄存器。在文献[45]中描述了多种不同版本的流水电路的实验，通过改变寄存器的数量、寄存器的宽度、流水的级数和操作的数量来研究它们之间的区别。

下面采用 CTL 公式来刻画流水电路，为了方便起见，这里仅给出两个通用寄存器和一个流水寄存器的电路刻画，并且假定电路仅完成异或操作(见图 6.6)。在文献[45]中可以找到具有更多操作和更加复杂的电路验证方法。流水电路的刻画包含两部分：第一部分指明寄存器队列中目的寄存器正确更新，可用下述形式的公式集合描述：

$$\mathbf{AG}\left(\neg stall \rightarrow ((src1op_i \oplus src2op_i) \equiv result_i)\right)$$

这里 $src1op_i$ 和 $src2op_i$ 表示两个源操作数第 i 位的值，而 $result_i$ 表示写入寄存器队列的结果的第 i 位的值。整个公式表明，如果流水电路没有停转，那么当前操作结果的第 i 位应该是两个源操作数第 i 位的异或。

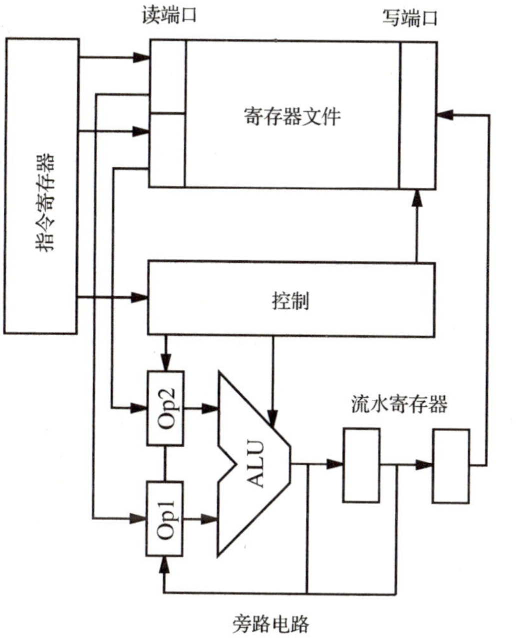

图 6.6　流水电路框图

为了表达 $src1op_i$、$src2op_i$ 和 $result_i$，必须考虑流水电路的等待时间(latency)。例如当操作开始时，仍在处理中的操作可以更新一个或多个源寄存器，此时所需的源操作数的值可能还没有被写入到寄存器队列中。但只要等待两个周期，任何对源寄存器的更新都能完成，因此可以用一种方法来表达若干周期之后存储在寄存器中某一位的值。首先考虑只有一个流水寄存器的情况，以前发出的操作只有在 3 个时钟周期后才能影响寄存器队列中的状态，可以用 CTL 的 **AX** 运算符来表示将来的值。在 $k(k\leqslant 3)$ 个周期内，寄存器 j 的第 i 位值可以用下面的 CTL 表示：

$$\underbrace{\mathbf{AX}\,\mathbf{AX}\ldots\mathbf{AX}}_{k}\, reg_{j,i}$$

其缩写形式为 $\mathbf{AX}^k reg_{j,i}$。通过验证当 k 为 3 时 $\mathbf{EX}^k reg_{j,i}$ 和 $\mathbf{AX}^k reg_{j,i}$ 的等价性，可以验证这种假设在前 3 个时钟周期，输入不会影响寄存器状态。这时 $src1op_i$ 不是 $\mathbf{AX}^2\, reg_{0,i}$ 就是 $\mathbf{AX}^2\, reg_{1,i}$，取决于第一个源地址是 0 还是 1。正如前面讨论的，$\mathbf{AX}^2$ 说明了流水电路的反应时间；在两个周期内，当前计算的所有值都将被写回到寄存器队列中。因此，可以得到

$$src1op_i = (\neg src1addr_i \wedge \mathbf{AX}^2\, reg_{0,i}) \vee (src1addr_i \wedge \mathbf{AX}^2\, reg_{1,i})$$

这里 $src1addr_i$ 是第一个源地址的第 i 位，$src2op_i$ 与之类似。$result_i$ 与上述类似，只是使用 3 个时钟周期之后的寄存器值(在操作完成之后)，并且基于目的地址寄存器 *destaddr* 来选择：

$$result_i = (\neg destaddr \wedge \mathbf{AX}^3\, reg_{0,i}) \vee (destaddr \wedge \mathbf{AX}^3\, reg_{1,i})$$

刻画的另一部分描述了没有进行写入操作的寄存器(或当流水电路停转时的所有寄存器)。这些寄存器不能被当前的操作改变。例如，对于寄存器 1，

$$\mathbf{AG}\big((stall \vee \neg destaddr) \rightarrow (\mathbf{AX}^2\, reg_{1,i} \equiv \mathbf{AX}^3\, reg_{1,i})\big)$$

需要说明的是许多通用的子公式(如 $\mathbf{AX}^k reg_{j,i}$)会出现在整个刻画过程中。在下面描述的实验中，每个满足子公式的状态集合都只计算一次并被保存起来。

在其中的一个实验中，CTL 模型检测算法被用来验证具有 4 个通用寄存器、1 个流水寄存器和 1 个操作的 8 位宽的流水电路。这个例子拥有 10^{20} 个状态，变迁关系大约需要表示 41 000 个 OBDD 节点，在 Sun 3 机器上执行验证大约需要 22 分钟的 CPU 时间。

这个结果说明，相对于显式状态的模型检测算法(标记方法)，符号方法的效率已经有了实质性的提高。通过采用下一节描述的优化技术，还有可能做得更好。

6.6 关系积的计算

符号模型检测算法中用到的大多数运算在 OBDD 乘积的规模上是呈线性增长的，但计算 $\mathbf{EX}\,h$ 的关系积操作却是个例外，如下所示：

$$\exists \bar{v}'[h(\bar{v}') \wedge R(\bar{v}, \bar{v}')]$$

虽然可以用合取和一系列的存在量词来实现这一操作，但实际执行时这个运算却相当低效。此外，公式 $h(\bar{v}') \wedge R(\bar{v}, \bar{v}')$ 的 OBDD 通常要比最终结果的 OBDD 大很多，在算法中需要尽可

能避免构造这种形式的运算。基于上述原因，下面将介绍一个特殊的算法，以便从 h 和 R 的 OBDD 中用一步就能计算出关系积操作的 OBDD。图 6.7 假定两个 OBDD（f和g）给出了算法的实现。

```
function RelProd(f, g : OBDD,  E : setofvariables) : OBDD
    if f = 0 ∨ g = 0 then
        return 0;
    else if f = 1 ∧ g = 1 then
        return 1;
    else if (f, g, E, r) 在结果缓存器中 then
        return r;
    else
        设 x 为 f 的栈顶变量;
        设 y 为 g 的栈顶变量;
        设 z 为 x 和 y 的最大值;
        r0 := RelProd(f|z←0, g|z←0, E);
        r1 := RelProd(f|z←1, g|z←1, E);
        if z ∈ E then
            r := Or(r0, r1);
                /* OBDD for r0 ∨ r1 */
        else
            r := IfThenElse(z, r1, r0);
                /* OBDD for (z ∧ r1) ∨ (¬z ∧ r0) */
        end if;
        在结果缓存器中插入 (f, g, E, r);
        return r;
    end if;
end function
```

图 6.7　关系积的算法伪码

像大多数的 OBDD 算法一样，*RelProd* 也使用了一个存放结果的高速缓存。在这个算法中，高速缓存的记录格式为(f,g,E,r)，其中 E 是量化后的变量集合，f、g 和 r 是 OBDD。如果高速缓存中存在一个记录，那么意味着以前有一个对 $RelProd(f,g,E)$ 的调用，其返回结果为 r。

上述算法在实际中运行良好，但在最差情况下，其复杂度却是指数级的。通过观测，具有这种复杂度的大多数情况中，相对于参数 $f(\overline{v})$ 和 $g(\overline{v})$ 的 OBDD，结果 OBDD 是以指数形式增长的。这时计算关系积的任何方法都具有指数级的复杂度。

6.6.1　基于划分的变迁关系

前面描述的关系积算法将 $R(\overline{v},\overline{v}')$ 处理成一个整体式变迁关系，并由一个 OBDD 表示。5.2 节已经描述了为同步和异步电路构造这种 OBDD 的方法，遗憾的是，在许多实际的例子中这种 OBDD 的规模都非常巨大。划分的变迁关系可以提供一个简明的表示，但是它不能直接用于

图 6.7 给出的关系积算法。同步电路和异步电路的变迁关系可以看成由许多具有 $R_i(\overline{v},\overline{v}')$ 式的片段以合取或析取方式构成，每个片段都可以用较小的 OBDD 表示。大量经验表明，这些 OBDD 通常少于 100 个节点，有的甚至更少，所以不对完整的、由 $R_i(\overline{v},\overline{v}')$ 构成的合取或析取式来生成 $R(\overline{v},\overline{v}')$，而是保持这些隐式合取或析取的多个小型 OBDD 来表示电路，其效果更好，这称之为划分的变迁关系[42, 43]。

对于同步电路，R_i 的形式为

$$R_i(\bar{v},\bar{v}')=(v_i'\equiv f_i(\bar{v}))$$

其中，f_i 是计算变量 v_i 的函数，可通过组合电路直接得出，R 是所有 R_i 的合取。如果变迁关系表示成一组 R_i，R_i 间隐式合取，则把这种变迁关系称为合取型划分的变迁关系。

对于异步电路，R_i 的形式为

$$R_i(\bar{v},\bar{v}')=\big(v_i'\equiv f_i(\bar{v})\big)\wedge\bigwedge_{j\neq i}(v_j'\equiv v_j)$$

变迁关系 R 的 OBDD 是 R_i 的析取式，把隐式析取的一组 R_i 称为析取型划分的变迁关系。在这种情况下，R_i 的 OBDD 要比 f_i 的 OBDD 大很多(能达到以 n 为指数的规模，其中 n 代表编码电路状态所需的变量数)，但是存在一种能够高效表示这种变迁关系的技术。

设 $N_i(\overline{v},v_i')=v_i'\equiv f_i(\overline{v})$，符号对 $(N_i(\overline{v},v_i'),i)$ 表示 $R_i(\overline{v},\overline{v}')$，即 v_i' 受限于 N_i，并且如果 $j\neq i$，那么 v_j' 将受限地等于 v_j。利用这种表示，就可以在关系积计算中等价地表示为

$$\exists\bar{v}'[h(\bar{v}')\wedge R_i(\bar{v},\bar{v}')]=\exists\bar{v}'[h(\bar{v}')\wedge(N_i(\bar{v},v_i')\wedge\bigwedge_{j\neq i}(v_j'\equiv v_j))]$$

等价替换后，可得

$$\exists v_i'[h(v_1,\cdots,v_{i-1},v_i',v_{i+1},\cdots,v_n)\wedge N_i(\bar{v},v_i')]$$

尽管基于划分的变迁关系通常比构建整体的变迁关系要高效些，但并不是通用的。只要 OBDD 规模不是太大，最好能恰当地构建合取式或析取式，将一些 R_i 合并到同一个 OBDD 中。因为如果这些 R_i 在根附近的结构相似，那么它们的合并形式可能仅需要少量的 OBDD，也就是合并一部分 OBDD 也可能更有利于加速关系积的计算。后面将介绍扩展基本的关系积算法，以融入划分的变迁关系。

析取型划分

对于析取型划分的变迁关系，其关系积通常都具有下面的形式：

$$\exists\bar{v}'\big[h(\bar{v}')\wedge(R_0(\bar{v},\bar{v}')\vee\cdots\vee R_{n-1}(\bar{v},\bar{v}'))\big]$$

可在析取式上分配存在量词，避免计算这种关系积时构造整个变迁关系的 OBDD，

$$\exists\bar{v}'\left[h(\bar{v}')\wedge R_0(\bar{v},\bar{v}')\right]\vee\cdots\vee\exists\bar{v}'\left[h(\bar{v}')\wedge R_{n-1}(\bar{v},\bar{v}')\right]$$

因此，整个关系积的计算问题化简成一系列相对较小的 OBDD 的关系积的计算。不使用整体变迁关系，而采用这种表示方法，就可以验证更大规模的异步电路。

合取型划分

当采用合取型划分的变迁关系时，其关系积通常具有下面的形式：

$$\exists \bar{v}' \left[h(\bar{v}') \wedge (R_0(\bar{v}, \bar{v}') \wedge \cdots \wedge R_{n-1}(\bar{v}, \bar{v}')) \right] \tag{6.4}$$

在不构建合取式的情况下，计算此关系积的主要困难是存在量词不能在合取式上分配。下面要描述的方法可以解决此问题。

文献[42,43]中介绍的技术基于下面的两点观察：首先，电路呈现出局部特性，即大多数的 R_i 仅依赖于 $\bar{v}$ 和 $\bar{v}'$ 中的少数几个变量(以前从电路中抽取变迁关系时，每个关系 R_i 仅涉及一个次态变量，但在 6.6.2 节，将多个关系片段合并到一起可能更加有利，此时的关系就会涉及多个次态变量)。其次，尽管存在量词不能在合取式上分配，但是如果子公式不依赖于被量化的变量，那么子公式本身可以移出存在量词的限制域。基于上面两点，将 $h(\bar{v}')$ 定义的次态变量对应的 $R_i(\bar{v},\bar{v}')$ 一次合并，然后再利用“早期量化”技术，消除与 $R_i(\bar{v},\bar{v}')$ 无关的次态变量 v'_j。

回顾 2.2.1 节描述的模 8 计数器

$$R_0(\bar{v}, v'_0) = (v'_0 \Leftrightarrow \neg v_0)$$
$$R_1(\bar{v}, v'_1) = (v'_1 \Leftrightarrow v_0 \oplus v_1)$$
$$R_2(\bar{v}, v'_2) = (v'_2 \Leftrightarrow (v_0 \wedge v_1) \oplus v_2)$$

此时 **EX** h 的关系积为

$$\exists v'_0\, \exists v'_1\, \exists v'_2 \left[h(\bar{v}') \wedge (R_0(\bar{v}, v'_0) \wedge R_1(\bar{v}, v'_1) \wedge R_2(\bar{v}, v'_2)) \right]$$

可以将上面的公式改写为以下形式：

$$\exists v'_2\, \exists v'_1\, \exists v'_0 \left[((h(\bar{v}') \wedge R_0(\bar{v}, v'_0)) \wedge R_1(\bar{v}, v'_1)) \wedge R_2(\bar{v}, v'_2) \right] \tag{6.5}$$

现在采用这种方法实现合取式和存在量词的原因就很清晰了。如前所述，如果子公式不依赖于被量化的任何变量，那么子公式可以移到存在量词的作用域之外。因为 $R_2(\bar{v},v'_2)$ 不依赖于 v'_0 和 v'_1，可以按照下面的形式重新表示关系积：

$$\exists v'_2 \left[\exists v'_1\, \exists v'_0 \left[(h(\bar{v}') \wedge R_0(\bar{v}, v'_0)) \wedge R_1(\bar{v}, v'_1) \right] \wedge R_2(\bar{v}, v'_2) \right]$$

又因为 $R_1(\bar{v},v'_1)$ 不依赖于 v'_0，所以可以得到

$$\exists v'_2 \left[\exists v'_1 \left[\exists v'_0 \left[(h(\bar{v}') \wedge R_0(\bar{v}, v'_0) \right] \wedge R_1(\bar{v}, v'_1) \right] \wedge R_2(\bar{v}, v'_2) \right]$$

后续就可从 $h(\bar{v}')$ 开始，每一步都将上步结果同每个关系 $R_i(\bar{v},\bar{v}')$ 合并，然后将适当的变量移出量词作用域。计算整个关系积的问题就转化成计算一系列小关系积的过程。需要注意的是，中间结果可能既依赖于 $\bar{v}$ 中的变量，又依赖于 $\bar{v}'$ 中的变量。

按照式(6.5)选择的合取顺序的原因是，我们希望将 $R_i(\bar{v},\bar{v}')$ 排成特定序列，以便 $\bar{v}'$ 中的变量能够尽快移出量词作用域，而 $\bar{v}$ 中的变量应尽可能慢地被加进来。这在减少中间 OBDD 所依赖的变量数并因此大大减少这些 OBDD 的规模等方面是必需的。在上面的例子中，$\bar{v}'$ 中的变量一次去掉一个并且与 $R_i(\bar{v},\bar{v}')$ 无关，因此 $R_i(\bar{v},\bar{v}')$ 的最佳顺序就由如何使 $\bar{v}$ 中的变量尽

可能慢地加进来而决定。对于 $\overline{v}$ 中的每个变量 v_i，考虑依赖于 v_i 的 R_j 的数量：三个全部依赖于 v_0，两个依赖于 v_1，一个依赖于 v_2。因此通过先处理 R_0，可以只引进一个新的变量 v_0，并同时消去变量 v_0'。这就是为什么在计算的第一步选择将 $h(\overline{v}')$ 和 $R_0(\overline{v},\overline{v}')$ 进行组合的原因。类似地，在下一步选择 $R_1(\overline{v},\overline{v}')$ 是因为它只引进一个新的变量 v_1，且消去变量 v_1'。

前面的例子围绕 **EX** h 的关系积计算展开，计算了状态集合的前驱。有时也需要计算状态集合的后继，此时关系积的计算与上述方法非常类似，区别在于在计算关系积时，不是量化次态变量，而是量化现态变量。当采用合取型划分时，这个变化可能会影响 $R_i(\overline{v},\overline{v}')$ 的最佳顺序。为方便说明，再来考虑模 8 计数器。计算后继关系积的形式为

$$\exists v_0\,\exists v_1\,\exists v_2\left[h(\bar{v}) \wedge (R_0(v_0,\bar{v}') \wedge R_1(v_0,v_1,\bar{v}') \wedge R_2(v_0,v_1,v_2,\bar{v}'))\right]$$

关系 R_i 中，现态变量将显式写出，次态变量会隐式表示。因为合取式是可交换和可结合的，可以把上式改写为

$$\exists v_0\,\exists v_1\,\exists v_2\left[((h(\bar{v}) \wedge R_2(v_0,v_1,v_2,\bar{v}')) \wedge R_1(v_0,v_1,\bar{v}')) \wedge R_0(v_0,\bar{v}')\right]$$

因为 $R_0(v_0,\overline{v}')$ 不依赖于 v_1 和 v_2，得到

$$\exists v_0\left[\exists v_1\,\exists v_2\left[(h(\bar{v}) \wedge R_2(v_0,v_1,v_2,\bar{v}')) \wedge R_1(v_0,v_1,\bar{v}')\right] \wedge R_0(v_0,\bar{v}')\right]$$

而 $R_1(v_0,v_1,\overline{v}')$ 不依赖于 v_2，得到

$$\exists v_0\left[\exists v_1\left[\exists v_2\left[(h(\bar{v}) \wedge R_2(v_0,v_1,v_2,\bar{v}')\right] \wedge R_1(v_0,v_1,\bar{v}')\right] \wedge R_0(v_0,\bar{v}')\right]$$

在这个例子中，中间生成的 OBDD 中新增次态变量 v_i' 的数量不依赖于 $R_i(\overline{v},\overline{v}')$ 的顺序，但遗留在每一阶段中，旧的现态变量的数量与此顺序有关，但可以通过给定的顺序化简为最小。需要注意的是，这个顺序与式(6.5)不同。

上面描述的关于模 8 计数器的关系积的计算方法，可以推广到任意具有 n 个状态变量的合取型划分的变迁关系中。然而用户必须选择在 $\{0,\cdots,n-1\}$ 上排列 ρ，此排列将会确定每个划分 $R_i(\overline{v},\overline{v}')$ 被合并的顺序。对于每个 i，设 D_i 是 $R_i(\overline{v},\overline{v}')$ 依赖的变量 v_i' 的集合，又设

$$E_i = D_{\rho(i)} - \bigcup_{k=i+1}^{n-1} D_{\rho(k)}$$

因此，对于每个大于 i 的 k，E_i 是包含在 $D_{\rho(i)}$ 中但不在 $D_{\rho(k)}$ 中的变量集合。E_i 是两两不相交的，但是它们的并集包含所有的变量。**EX** h 的关系积可以这样计算，

$$h_1(\bar{v},\bar{v}') = \exists_{v_j' \in E_0}\left[h(\bar{v}') \wedge R_{\rho(0)}(\bar{v},\bar{v}')\right]$$

$$h_2(\bar{v},\bar{v}') = \exists_{v_j' \in E_1}\left[h_1(\bar{v},\bar{v}') \wedge R_{\rho(1)}(\bar{v},\bar{v}')\right]$$

$$\vdots$$

$$h_n(\bar{v}) = \exists_{v_j' \in E_{n-1}}\left[h_{n-1}(\bar{v},\bar{v}') \wedge R_{\rho(n-1)}(\bar{v},\bar{v}')\right]$$

关系积的结果是 h_n。注意，如果某个 E_i 为空，计算 $h_{i+1}(\bar{v},\bar{v}')$ 时不会使用存在量词。则

$$h_{i+1}(\bar{v},\bar{v}')=\left[h_i(\bar{v},\bar{v}')\wedge R_{\rho(i)}(\bar{v},\bar{v}')\right]$$

ρ 的顺序对计算过程中状态变量移出量词域的时机具有重大影响，进而影响到所构造的 OBDD 的规模和整个验证过程的效率。因此就像 OBDD 的变量顺序一样，选择好的 ρ 是非常重要的。

采用贪婪算法来找出一种较好的消除变量 v_i 的序列 ρ。变量上的每个序列，都能对应一个关系 R_i 上的可见序列，当使用这种特殊的关系序后，变量可以按照贪婪算法给定的顺序而依次消掉。

图 6.8 中给出了基本的贪婪算法。从候选删除的变量集 V 和关系 R_i 依赖的变量集 $D_i\in\mathcal{C}$ 的超集 $\mathcal{C}$ 开始，每次消除一个具有最小代价的变量，并同时更新 V 和 $\mathcal{C}$。

while $(V\neq\phi)$ **do**
　　对每个 $v\in V$ 计算消除 v 的代价；
　　利用更新 $\mathcal{C}$ 和 V 消除最小代价的变量；
end while;

图 6.8　变量消除法的算法伪码

现在剩下的问题就是确定所采用的代价度量。下面介绍三种不同的代价度量方法。为了简化讨论，用 R_v 来标记一类特殊的关系，这个关系产生于通过合取所有依赖于 v 的 R_i 来消去变量 v，而后将 v 移出量词的过程中，此外还需要用 D_v 标记 R_v 依赖的变量集合。

最小规模以 $|D_v|$ 作为消除变量 v 的代价。则用这个代价函数，总能保证创建的新关系依赖于最少的变量数。

最小增长消除变量 v 的代价为

$$|D_v|-\max_{A\in\mathcal{C},v\in A}|A|$$

即 D_v 规模与包含 v 的最大 D_i 规模的差。直觉上这样可以消除具有潜在地从小关系创建大关系的能力的变量。换句话说就是更趋向于对已有的大关系在规模上做少量增长，而不是创建一个新的大关系。

最小和消除变量 v 的代价是

$$\sum_{A\in\mathcal{C},v\in A}|A|$$

它是对包含 v 的所有 D_i 的规模做简单求和。因为合取式的代价依赖于参数的规模，所以通过 R_i 依赖的变量数来近似求此代价。

以上三种方法的总体目标是缩小变量消除过程中将会创建的最大 BDD 的规模。简言之，可以解释为寻找一个适当的序列，以便缩小在处理过程中产生最大 D_v 集合的规模。通常仅做局部最佳选择并不能保证全局最佳，并且对于上述的每种代价函数都存在反例。事实上，寻找最佳解决方案的问题被证明是NP完全的。然而最小和代价函数似乎最好地反映了实际BDD的运算开销，并且在实践中它也具有最好的性能。

6.6.2 合并划分

前面通过一组变迁关系 $R_i(\overline{v},\overline{v}')$ 描述了表示某同步电路的方法，每个变迁都仅依赖于 $\overline{v}'$ 中的一个变量。同时指出了合并某些 R_i 到一个 OBDD 中，也能得到一个整体规模较小的表示方法。利用这种方式合并部分变迁关系，可以显著地加速关系积的计算。

例如，考虑 n 位计数器的情况。利用常规的变量序列，无论是整体还是完全划分的情况下，表示变迁关系的 OBDD 节点的规模在 n 上都呈线性增长。假设 $h(\overline{v}')$ 表示计数器的一个状态，用完全划分方式计算关系积需要 n 个 OBDD 运算，每个运算的复杂度都是 $O(n)$，得到整体的复杂度是 $O(n^2)$。另一方面，如果用整体式的变迁关系，那么只需完成一个 OBDD 运算，其复杂度是 $O(n)$。实际上合并所有给定寄存器的OBDD后，不会显著地增加变迁关系的OBDD节点数量，而算法得到了加速。

6.6.3 回顾 ALU 例子

现在来看一些实验结果，以说明使用划分的变迁关系后的效果。先来考虑用划分的变迁关系来验证 6.5 节提到的 ALU 电路。从 ALU 组成框图中可以看出，电路非常自然地分解为若干部分。对于某些部分，如寄存器队列，对应了较大的 OBDD，这时就可以把它分解成小部分；还可以发现有些部分合并到一起并不会显著增加整体 OBDD 节点的数量，如大多数的流水寄存器。最终的分解具有如下几部分：

1. 控制逻辑。
2. 第一个流水寄存器。
3. 其他的流水寄存器。
4. 第一个 ALU 操作数寄存器。
5. 第二个 ALU 操作数寄存器。
6. 寄存器队列中的每个通用寄存器。

上述顺序也将成为处理变迁关系时用到的次序。采用这种次序，中间结果的变量数量永远都不会超出寄存器的宽度对变量数量的限制。而且可以发现采用此序列能使中间结果的规模在每一步都单调增加。因此，把变迁关系划分成若干片段后，状态集合的 OBDD 的规模不会比整体式 OBDD 的规模大。认识这一点很重要，因为在许多包含 OBDD 的应用中，恰恰是中间结果的节点数量限制了我们能够处理的问题规模。

当改变寄存器的数量、寄存器的宽度、流水的级数和流水操作的数量时，验证的时间对于电路中组件的数量呈多项式增长。多项式的验证时间在文献[45, 46]中得到了证明。在文献[23]中，作者通过符号技术说明了验证时间虽然能够在系统的状态数量上呈线性增长，然而在组件的数量上却仍然是呈指数增长的。

对具有 8 个通用寄存器、2 个流水寄存器和 1 个操作的 32 位宽度的流水电路而言，采用整体式验证时，这种流水电路有 406 个状态变量、10^{120} 个可达状态，验证时在 SPARC 1+工作站花费了 1 小时 20 分钟的 CPU 时间。采用划分的表示后，所需要的变迁关系少于 750 个节点，相对于整体式在量级上得到了超过两级的化简。此外，验证所需要的时间大约只有以前的 1/10。

另一个例子是互斥访问共享资源的异步电路的验证(Martin[189, 96])，这种电路由若干元件构成的环组成，每个元件都要与同一个资源使用者和该元件所在环的左右邻居保持通信。互斥操作通过在环中传递的单一“令牌”得到保证。使用者必须拥有“令牌”才能访问元件。分布式互斥电路具有复杂控制但没有数据通路的异步电路。

再来研究可达性分析的复杂度如何随元件的数量变化而变化，组成单个元件的所有门电路的变迁关系都已经合并在一起，所以划分过程中变迁关系的数量就等于电路元件的个数。所验证的最大电路具有 16 个元件、256 个布尔状态变量和超过 10^{16} 个可达状态。它在 SPARC 1+工作站上找到可达状态，花费了稍少于 30 分钟的 CPU 时间。结论是表示变迁关系所需的 OBDD 节点总数和状态集合都随元件的数量呈线性增长。

6.7　符号化的 LTL 模型检测

再来看看线性时序逻辑(LTL)的模型检测问题是如何用符号化的技术解决的，下面还将对技术的正确性进行形式化证明，其中涉及的一些定理和引理都相当专业，第一次读到此部分时，这些证明可以先跳过。

$\mathbf{A}\,f$ 是一个线性时序逻辑公式，所以 f 是一个受限的路径公式，其中状态子公式只能是原子命题。我们希望能够确定对于所有的 s， $s \in S$ 且 $M,s \vDash \mathbf{A}\,f$ 。因为 $M,s \vDash \mathbf{A}\,f$ 当且仅当 $M,s \vDash \neg\mathbf{E}\neg f$ ，所以只需验证受限的路径公式 f 构成的如 $\mathbf{E}\,f$ 的正确性就足够了。

在第 4 章我们描述了这类问题的 Lichtenstein-Pnueli 算法[173]，它与模型 M 的大小呈线性关系，与公式 f 的长度呈指数关系。尽管上述算法与模型的大小呈线性关系，但由于状态爆炸，此算法对于较大规模的问题还是不实际的。但是就像前面介绍的 CTL 模型检测过程一样，将变迁关系表示成 OBDD 就可以使 LTL 模型检测应用到规模大很多的例子中。Lichtenstein-Pnueli 算法依据公式长度之所以会产生指数级的复杂度，是由于 tableau 结构的构造过程可能需要公式长度的指数级空间。但幸运的是，tableau 结构也可以用 OBDD 来表示。为了获得时间和空间上的额外约简，将使用一种稍微修改过的 tableau 结构[46, 65]来表示 LTL 公式，这种修正的结构可以使 tableau 结构的状态数量大为减少。

先对这种模型检测算法进行非形式化描述。对于给定的公式 $\mathbf{E}\,f$ 和 Kripke 结构，为路径公式 f 构造一个 tableau 结构 T 。T 是一个 Kripke 结构，其中包含了每一条满足 f 的路径。将 T 与 M 组合，就能得到既出现在 T 中、又出现在 M 中的路径集合。M 中的一个状态满足公式 $\mathbf{E}\,f$ ，当且仅当它是这个组合中一条满足 f 的路径的初始状态。6.3 描述的 CTL 模型检测过程就用于找到这些状态。

现在开始描述 tableau 结构 T 的构造细节。设 AP_f 是公式 f 的原子命题的集合。f 的 tableau 结构为 $T=(S_T, R_T, L_T)$，其中 AP_f 是其原子命题的集合。与 Lichtenstein-Pnueli 算法不同，不使用公式的全闭包。每个 tableau 结构中的状态是从 f 中获得的基本公式的集合。f 的基本子

公式的集合记为 $el(f)$，其递归定义如下：

- 如果 $p \in AP_f$，那么 $el(p) = \{p\}$
- $el(\neg g) = el(g)$
- $el(g \vee h) = el(g) \cup el(h)$
- $el(\mathbf{X}\, g) = \{\mathbf{X}\, g\} \cup el(g)$
- $el(g\, \mathbf{U}\, h) = \{\mathbf{X}(g\, \mathbf{U}\, h)\} \cup el(g) \cup el(h)$

因此 tableau 结构的状态集合 S_T 是 $\mathcal{P}(el(f))$。标记函数 L_T 将每个状态标记为包含在此状态中的原子命题的集合。

为了构造变迁关系 R_T，需要引入一个额外的函数 sat，以建立起 f 的各子公式 g 到 S_T 的联系。顾名思义，$sat(g)$就是所有满足 g 的状态的集合。

- $sat(g) = \{s \mid g \in s\}$，其中 $g \in el(f)$
- $sat(\neg g) = \{s \mid s \notin sat(g)\}$
- $sat(g \vee h) = sat(g) \cup sat(h)$
- $sat(g\, \mathbf{U}\, h) = sat(h) \cup (sat(g) \cap sat(\mathbf{X}(g\, \mathbf{U}\, h)))$

我们期望变迁关系具有的性质是状态上的所有基础公式都在那个状态下为真。很明显，如果 $\mathbf{X}\, g$ 在某个状态 s 中，那么所有 s 的后继状态都满足 g。而且因为处理的是 LTL 公式，如果 $\mathbf{X}\, g$ 不在状态 s 中，那么 s 应该满足 $\neg \mathbf{X}\, g$，此时 s 的所有后继状态都不满足 g。所以 R_T 定义为

$$R_T(s, s') = \bigwedge_{\mathbf{X} g \in el(f)} s \in sat(\mathbf{X}\, g) \Leftrightarrow s' \in sat(g)$$

再来考虑以前引用的微波炉的例子，设 $g = (\neg heat)\mathbf{U}\, close$ 是微波炉的一个性质。图 6.9 给出了公式 $\neg g$ 的 tableau 结构的变迁关系 R_T。为了减少边的数量，对于两个状态 s 和 s'，如果它们之间既存在 s 到 s' 的边又存在 s' 到 s 的边，就用一个双向的箭头将这两个状态连接起来。每个 $el(g)$ 的子集是 T 中的一个状态。标记图 6.9 时，$heat$ 简写为 h，$close$ 简写为 c。为了清楚起见，我们将原子命题的否定形式也包含进来。注意到 $sat(\mathbf{X}\, g) = \{1,2,3,5\}$，是因为这几个状态都包含了公式 $\mathbf{X}\, g$。$sat(g) = \{1,2,3,4,6\}$，因为这些状态或者包含 $close$，或者包含 $\neg heat$ 和 $\mathbf{X}\, g$。$sat(\neg g) = \{5,7,8\}$ 是 $sat(g)$ 的补集。每个 $sat(\mathbf{X}\, g)$ 里的状态到每个 $sat(g)$ 里的状态以及每个 $sat(\mathbf{X}\, g)$ 的补集里的状态到 $sat(g)$ 的补集里的状态都存在变迁关系，这是因为 R_T 的定义是一个当且仅当条件的合取形式。

但 R_T 的定义不能保证最终性质的满足，可在图 6.9 中看到这个行为。尽管状态 3 属于 $sat(g)$，然而永远在状态 3 自循环的那条路径却不满足公式 g，因为 $close$ 在这条路径上永远得不到满足，所以需要一个额外条件来定义保持 f 为真的路径。一条开始于状态 $s \in sat(f)$ 的路径 π 满足 f，当且仅当

- 对于每个 f 的子公式 $g\ \mathbf{U}\ h$ 和每个 π 上的状态 s，如果 $s \in sat(g\, \mathbf{U}\, h)$，那么或者 $s \in sat(h)$，或者 π 上存在一个后继状态 t 使得 $t \in sat(h)$。

为了说明 tableau 结构的关键性质，还需要引入一些新的符号。令 $\pi' = s_0', s_1', \cdots$ 是 Kripke 结构 M 中的一条路径，那么 $label(\pi') = L(s_0'), L(s_1'), \cdots$。令 $l = l_0$，l_1 是集合 AP 的子集的序列，再令 $AP' \subseteq AP$，那么 l 对 AP' 的限制记为 $l|_{AP'}$，此限制是一个序列：$m_0, m_1, \cdots$，其中对于每个 $i \geqslant 0$，都有 $m_i = l_i \cap AP'$。此外用 $sub(f)$ 标记所有 f 的子公式。下面的定理说明了 T 包含所有满足 f 的路径。

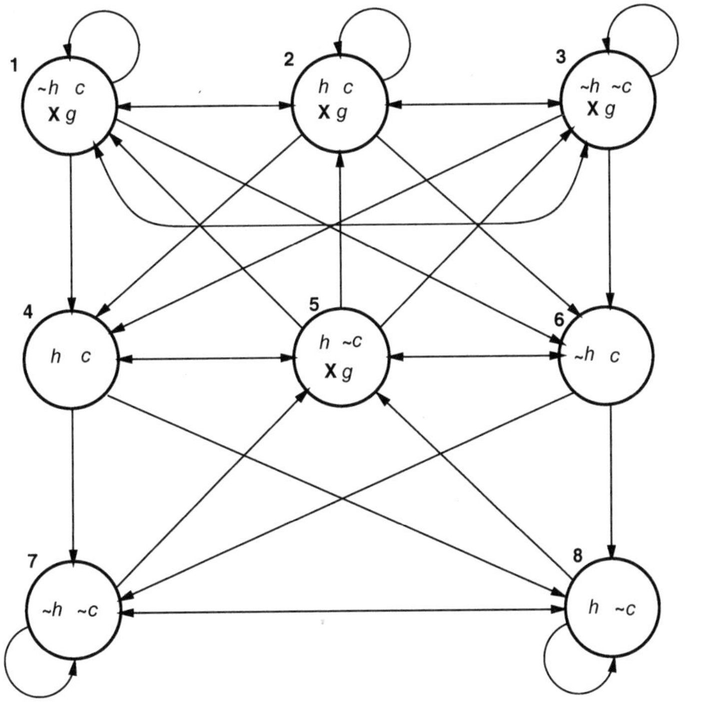

图 6.9　公式 $(\neg heat)\mathbf{U}\, close$ 的 tableau 结构

定理 4　令 T 是路径公式 f 的 tableau 结构，对于任意 Kripke 结构 M 和 M 中的每条路径 π'，如果 $M, \pi' \vDash f$，那么 T 中存在一条路径 π，它始于 $sat(f)$ 中的一个状态，使得 $label(\pi')|_{AP_f} = label(\pi)$。

为了证明这个定理，需要引入下面的两个引理。本章后续部分用 $\pi' = s_0', s_1', \cdots$ 表示 M 中的一条路径。将 π' 中从 s_i' 开始的一个后缀记为 π_i'，也就是说 $\pi_i' = s_i', s_{i+1}', \cdots$。对于 π_i'，定义

$$s_i = \{\psi | \psi \in el(f) \quad 且 \quad M, \pi_i' \vDash \psi\} \tag{6.6}$$

因此，s_i 包含了所有的基本公式，而这些基本公式满足 π' 的后缀 π_i'，而 s_i 是 T 中的一个状态。

引理 16　对于所有的 $g \in sub(f) \cup el(f)$，$M, \pi_i' \vDash g$ 当且仅当 $s_i \in sat(g)$。

证明　证明是按照公式的结构递归进行的。

1. 令 $g \in el(f)$。根据 s_i 的定义，很容易看出 $M, \pi_i' \vDash g$ 当且仅当 $g \in s_i$。又根据 sat 的定义，

$g \in s_i$ 当且仅当 $s_i \in sat(g)$。需要注意的是，这个基本情况包含了所有原子公式和任意 LTL 路径公式 g 的所有形如 $\mathbf{X}\,g$ 的公式。

2. 令 $g = \neg g_1$ 或者 $g = g_1 \vee g_2$。根据归纳假设和 sat 的定义，很容易证明这些情况。
3. 令 $g = g_1 \,\mathbf{U}\, g_2$。根据 $\mathbf{U}$ 的定义，$M,\pi_i' \vDash g_1 \,\mathbf{U}\, g_2$ 当且仅当 $M,\pi_i' \vDash g_2$ 或者($M,\pi_i' \vDash g_1$ 并且 $M,\pi_i' \vDash \mathbf{X}(g_1 \,\mathbf{U}\, g_2)$)。根据归纳假设和 s_i 的定义，$M,\pi_i' \vDash g_2$ 或者($M,\pi_i' \vDash g_1$ 并且 $M,\pi_i' \vDash \mathbf{X}(g_1 \,\mathbf{U}\, g_2)$)当且仅当 $s_i \in sat(g_2) \vee (s_i \in sat(g_1) \wedge s_i \in sat(\mathbf{X}(g_1 \,\mathbf{U}\, g_2)))$。注意 $\mathbf{X}(g_1 \,\mathbf{U}\, g_2)$ 是在 $el(f)$ 中的，因此在基本情况中已经处理过了。根据 sat 的定义，$s_i \in sat(g_2) \vee (s_i \in sat(g_1) \wedge s_i \in sat(\mathbf{X}(g_1 \,\mathbf{U}\, g_2)))$ 当且仅当 $s_i \in sat(g_1 \,\mathbf{U}\, g_2)$。

引理 17 令 M 中的一条路径为 $\pi' = s_0', s_1', \cdots$，对于所有的 $i \geqslant 0$，如果 s_i 是式(6.6)中定义的 tableau 状态，那么在 T 中存在一条路径 $\pi = s_0, s_1, \cdots$。

证明 显然，对于所有的 $i, s_i \in S_T$，根据引理 16 和 $\mathbf{X}$ 的定义，很容易得到下面的关系：$s_i \in sat(\mathbf{X}\,g)$ 当且仅当 $M,\pi_i' \vDash \mathbf{X}\,g$，又当且仅当 $M,\pi_{i+1}' \vDash g$，又当且仅当 $s_{i+1} \in sat(g)$。根据 R_T 的定义，如果 $s_i \in sat(\mathbf{X}\,g) \Leftrightarrow s_{i+1} \in sat(g)$，那么 $(s_i, s_{i+1}) \in R_T$。因此 $\pi = s_0, s_1, \cdots$ 是 T 中的一条路径。

现在可以证明定理 4 了。

定理 4 的证明 假设对于 M 中的一条路径 π'，$M,\pi' \vDash f$。根据引理 17 得：在 T 中可以找到一条路径 $\pi = s_0, s_1, \cdots$，根据引理 16 得 $s_0 \in sat(f)$。又根据式(6.6)中给出的 s_i 的定义，$L(s_i')|_{AP_f} = L_T(s_i)$。因此 $label(\pi')|_{AP_f} = label(\pi)$。这就证明了定理 4。

接下来将计算 tableau 结构 $T = (S_T, R_T, L_T)$ 和 Kripke 结构 $M = (S_M, R_M, L_M)$ 的积 $P = (S, R, L)$：

- $S = \{(s,s') \mid s \in S_T, s' \in S_M$ 并且 $L_M(s')|_{AP_f} = L_T(s)\}$
- $R((s,s'),(t,t'))$ 成立，当且仅当 $R_T(s,t)$ 和 $R_M(s',t')$ 同时成立
- $L((s,s')) = L_T(s)$

这个乘积的变迁关系可能会不完全。如果发生不完全的情况，可以将 S 中所有没有后继的状态去掉，并将关系 R 限制在剩余状态中。

下一个引理说明了积 P 中，如果包含的序列 π'' 既与 T 中的路径 π 相同，也与 M 中的路径 π' 一致，那么这两条路径具有 AP_f 中同样的命题标记。

引理 18 $\pi'' = (s_0, s_0'), (s_1, s_1') \cdots$ 是 P 中的一条路径，并且对于所有的 $i \geqslant 0$，$L_P((s_i, s_i')) = L_T(s_i)$ 当且仅当在 T 中存在一条路径 $\pi = s_0, s_1, \cdots$，在 M 中存在一条路径 $\pi' = s_0', s_1', \cdots$，并且对于所有的 $i \geqslant 0$，都有 $L_T(s_i) = L_M(s_i')|_{AP_f}$。

这个引理的证明过程非常直接。对于给定的 P 中的路径 π''，π 和 π'，可以将路径上的每个状态映射到相应的结构上而获得。对于证明的另一个方向，因为 π 和 π' 对于限制在 AP_f 上

的标记函数一致，所以对于所有的 $i \geqslant 0$，(s_i, s_i') 是 P 中的一个状态。此外在 (s_i, s_i') 和 (s_{i+1}, s_{i+1}') 之间存在变迁关系。

现在将函数 *sat* 的定义扩展到乘积 P 的状态集合上，即 $(s,s') \in sat(g)$ 当且仅当 $s \in sat(g)$。

下面应用 CTL 模型检测并寻找 P 中所有的状态 V（$V \subseteq sat(f)$），并且对于下面的公正性限制公式，**EG** *true* 成立。

$$\{ sat(\neg(g\,\mathbf{U}\,h) \vee h) \mid g\,\mathbf{U}\,h \text{ 存在于} f \text{中}\} \tag{6.7}$$

每个 V 中的状态都在 $sat(f)$ 中，而且是满足所有上述公正性限制的无限路径的初始状态。在这些无限路径上，当 h 为假时，形如 $g\,\mathbf{U}\,h$ 的子公式在某条路径上恒为假。这种构造的正确性由下面的定理给出。

定理 5　$M,s' \vDash \mathbf{E} f$ 当且仅当在 T 中存在一个状态 s，使得 $(s,s') \in sat(f)$ 且 $P,(s,s') \vDash \mathbf{EG}\,True$ 满足公正性限制 $\{sat(\neg(g\,\mathbf{U}\,h) \vee h) \mid g\,\mathbf{U}\,h$ 存在于 f 中$\}$。

设 $M,s' \vDash \mathbf{E} f$，令 π' 是以 s' 开始的一条路径，满足 $\pi' \vDash f$。令 $\pi = s_0, s_1, \cdots$ 是 tableau 中的一条路径，其中每个状态 s_i 符合式(6.6)的定义。下述三个引理描述了 π 的性质。引理 19 证明这条路径满足公正性限制。引理 20 说明如果 $s \in sat(g_1\,\mathbf{U}\,g_2)$，那么所有的后继状态仍在 $sat(g_1\,\mathbf{U}\,g_2)$ 中，直到有一个 $sat(g_2)$ 中的后继状态出现为止。最后，引理 21 证明如果 tableau 中的一条路径是公正的，那么这条路径满足 f 的一个充分必要条件是它的初始状态在 $sat(f)$ 中。最后的引理告诉我们，为了得到 tableau 中满足 f 的那些路径，只需要找到以 $sat(f)$ 中的状态为初始状态的那些公正性路径就足够了。这样自然就得到了乘积 P。

引理 19　在式(6.7)中给定的公正性限制下，上面定义的路径 π 满足 $\mathbf{G}\,True$。

证明　为了说明在公正性限制下 $\pi \vDash \mathbf{G}\,True$，需要证明 f 的每个形如 $g\,\mathbf{U}\,h$ 的子公式在 π 上存在无穷多的状态 s_i，使得 $s_i \in sat(\neg(g\,\mathbf{U}\,h) \vee h)$。假如不是如此，那么存在 i_0，使得对于所有的 $i \geqslant i_0$，$s_i \notin sat(\neg(g\,\mathbf{U}\,h) \vee h)$。因此 $s_i \in sat(g\,\mathbf{U}\,h)$ 并且 $s_i \notin sat(h)$。根据引理 16，对于所有的 $i \geqslant i_0$，$\pi_i' \vDash g\,\mathbf{U}\,h$ 并且 $\pi_i' \nvDash h$。因为 $\pi_i' \vDash g\,\mathbf{U}\,h$ 意味着对于某些 $j \geqslant i$，$\pi_j' \vDash h$，从而推出矛盾。

引理 20　假设对于所有的 $k \geqslant j$，$s_k \in sat(g_1) \Leftrightarrow \pi_k \vDash g_1$ 并且 $s_k \in sat(g_2) \Leftrightarrow \pi_k \vDash g_2$。如果 $\pi_j \nvDash g_1\,\mathbf{U}\,g_2$ 并且 $s_j \in sat(g_1\,\mathbf{U}\,g_2)$，那么对于所有的 $k \geqslant j$，$\pi_k \nvDash g_1\,\mathbf{U}\,g_2$ 并且 $s_k \in sat(g_1\,\mathbf{U}\,g_2)$。

证明　首先证明如果 $s_j \in sat(g_1\,\mathbf{U}\,g_2)$ 并且 $\pi_j \nvDash g_1\,\mathbf{U}\,g_2$，那 $s_{j+1} \in sat(g_1\,\mathbf{U}\,g_2)$ 并且 $\pi_{j+1} \nvDash g_1\,\mathbf{U}\,g_2$。根据 *sat* 的定义，$s_j \in sat(g_1\,\mathbf{U}\,g_2)$ 蕴含着 $s_j \in sat(g_2)$ 或者（$s_j \in sat(g_1)$ 且 $s_j \in sat(\mathbf{X}(g_1\,\mathbf{U}\,g_2))$）。根据假设和 R_T 的定义可以得出

$$\pi_j \vDash g_2 \text{ 或 } (\pi_j \vDash g_1 \quad \text{和} \quad s_{j+1} \in sat(g_1\,\mathbf{U}\,g_2)) \tag{6.8}$$

因为 $\pi_j \nvDash g_1\,\mathbf{U}\,g_2$ 蕴含着 $\pi_j \nvDash g_2$，所以式(6.8)可以简化成

$$\pi_j \vDash g_1 \text{ 和 } s_{j+1} \in sat(g_1\,\mathbf{U}\,g_2) \tag{6.9}$$

从前面可知$\pi_j \models g_1$，又从假设可知$\pi_j \not\models g_1 \mathbf{U} g_2$。如果$\pi_{j+1}$满足$g_1 \mathbf{U} g_2$，那么因为$\pi_j \models g_1$，可以得出结论：$\pi_j \models g_1 \mathbf{U} g_2$。但这是不可能的，所以一定有$\pi_{j+1} \not\models g_1 \mathbf{U} g_2$。类似地可以得到：对于所有的$k = j+2, j+3, j+4\cdots$，有$s_k \in sat(g_1 \mathbf{U} g_2)$并且$\pi_k \not\models g_1 \mathbf{U} g_2$。

引理 21 令$\pi \models \mathbf{G}\, True$在公正性限制下成立，那么$T, \pi \models f$当且仅当$s_0 \in sat(f)$。

证明 按照公式的结构进行递归，可以证明对于所有的j，$T, \pi_j \models g$，每个$g \in sub(f) \cup el(f)$当且仅当$s_j \in sat(g)$。

1. 令$g = p \in AP_f$。根据s_j和sat的定义，容易看出如下关系：$\pi_j \models p$当且仅当$p \in L_T(s_j)$，又当且仅当$p \in s_j$，又当且仅当$s_j \in sat(p)$。
2. 令$g = \neg g_1$或者$g = g_1 \vee g_2$。根据归纳假设和$\neg$以及$\vee$的定义，很容易证明这些情况。
3. 令$g = \mathbf{X}\, g_1$，根据R_T的定义和归纳假设，可以得到如下关系：$s_j \in sat(\mathbf{X}\, g_1)$当且仅当$s_{j+1} \in sat(g)$，又当且仅当$\pi_{j+1} \models g$，又当且仅当$\pi_j \models \mathbf{X}\, g$。
4. 令$g = g_1 \mathbf{U} g_2$。对于第一个方向，假设$\pi_j \models g_1 \mathbf{U} g_2$，那么对于某些$l \geqslant j$有$\pi_l \models g_2$，并且对于所有的$j \leqslant i < l$有$\pi_i \models g_1$。根据归纳假设，$s_l \in sat(g_2)$，因此$s_l \in sat(g_1 \mathbf{U} g_2)$。根据$R_T$的定义，可以得出$s_{l-1} \in sat(\mathbf{X}(g_1 \mathbf{U} g_2))$。但是$\pi_{l-1} \models g_1$，所以通过归纳，$s_{l-1} \in sat(g_1)$，因此$s_{l-1} \in sat(g_1 \mathbf{U} g_2)$。通过在$(l-j)$上进行归纳，最终可以得到$s_j \in sat(g_1 \mathbf{U} g_2)$。

对于另一个方向，假设$s_j \in sat(g_1 \mathbf{U} g_2)$并且$\pi_j \not\models g_1 \mathbf{U} g_2$。归纳假设保证了引理 20 的成立。因此，对于所有的$k \geqslant j$，$s_k \in sat(g_1 \mathbf{U} g_2)$并且$\pi_k \not\models g_1 \mathbf{U} g_2$。这蕴含着$\pi_k \not\models g_2$，因此根据归纳假设$s_k \notin sat(g_2)$。最终对于所有的$k \geqslant j$，$s_k \in sat(g_1 \mathbf{U} g_2)$并且$s_k \notin sat(g_2)$。这就引出了一个矛盾，因为$\pi \models \mathbf{G}\, True$确保存在无穷多个状态$s_k$，使得$s_k \in sat(\neg(g_1 \mathbf{U} g_2) \vee g_2)$。因此如果$s_j \in sat(g_1 \mathbf{U} g_2)$，那么$\pi_j \models g_1 \mathbf{U} g_2$。现在可以证明定理 5。

定理 5 的证明 对于第一个方向，因为$M, s_0' \models \mathbf{E}\, f$那么$\exists \pi' \models f$。根据定理 4 和引理 19，可以证明，对于$T$中的路径$\pi$，$T, \pi \models \mathbf{G}\, True$并且$label(\pi) = label(\pi')|_{AP_f}$。根据引理 18，$P$中存在一条路径$\pi''$，使得$label(\pi'') = label(\pi)$。因为$label(\pi) = label(\pi')|_{AP_f}$并且$\pi' \models f$，我们可以得到$\pi \models f$。又因为$\pi \models \mathbf{G} True$，根据引理 21，$s_0 \in sat(f)$。因此$(s_0, s_0') \in sat(f)$。因为$label(\pi) = label(\pi'')$并且$\pi \models \mathbf{G}\, True$，明显地有$\pi'' \models \mathbf{G}\, True$。因此$P, (s_0, s_0') \models \mathbf{EG}\, True$。

对于另一个方向，因为$(s_0, s_0') \in sat(f)$，并且$(s_0, s_0') \models \mathbf{EG}\, True$，那么$\exists \pi'' \models \mathbf{G}\, True$。根据引理 18，存在路径$\pi \in T$和$\pi' \in M$，并且$label(\pi'') = label(\pi) = label(\pi')|_{AP_f}$。因为$\pi'' \models \mathbf{G}\, True$并且$label(\pi) = label(\pi'')$，我们可以得到$\pi \models \mathbf{G}\, True$。因为$(s_0, s_0') \in sat(f)$，所以$s_0 \in sat(f)$。根据引理 21，$\pi \models f$。因为$label(\pi) = label(\pi')|_{AP_f}$，所以$\pi' \models f$。因此$M, s_0' \models \mathbf{E}\, f$。

为了说明这个构造过程，再来研究微波炉的例子，并考察 Kripke 结构M中的公式$g = \neg((\neg heat)\, \mathbf{U}\, close)$。这个公式的 tableau 结构$T$如图 6.9 所示。如果按照前面描述的方法计算乘积P，可以得到图 6.10 中的 Kripke 结构。乘积中的每个状态都通过一个状态对(s', s)标识，其

中 $s' \in T$，$s \in M$。对于乘积结构，在图中省略了状态(4, 4)、(4, 7)、(6, 3)、(6, 5)、(6, 6)、(7, 1)和(7, 2)，因为它们不是一条无穷路径的起始节点。用 CTL 模型检测算法在 $sat(\neg g)$ 中寻找状态集合 V，使得其中的状态在公正性限制 $sat(\neg((\neg heat)\,\mathbf{U}\,close) \vee close)$ 下满足 $\mathbf{EG}\,True$。因为 $sat(\neg g) = \{(7,1),(7,2)\}$，但是这些状态都不是一条无穷路径的开始，所以 $V = \emptyset$。因此，可以得出结论：M 中没有状态满足 $\mathbf{E}\neg((\neg heat)\,\mathbf{U}\,close)$。可知所有的状态都能满足 $\mathbf{A}((\neg heat)\,\mathbf{U}\,close)$。

再来看看以上的过程是如何用 OBDD 实现的。假设 M 的变迁关系已经表示为 OBDD 形式，该 OBDD 定义在 M 的原子命题集合 AP 上。为了用 OBDD 的形式表示 T 的变迁关系，将每个基本公式都与一个状态变量 v_g 联系起来。如果 g 是原子命题，那么 v_g 就是 g 本身。因此 M 和 T 都从 AP_f 中的变量和其他一些状态变量中构造。

利用状态变量的两个版本 $\overline{v}$ 和 $\overline{v}'$，可以将变迁关系 R_T 描述成布尔公式。然后将布尔公式再转换成 OBDD，从而得到 tableau 结构的精简表示。在构造 P 时很容易将 AP_f 中出现的状态变量分离。符号 $\overline{p}$ 用于标记给这些状态变量赋值的布尔向量。因此每个 S_T 中的状态可以表示成向量对 $(\overline{p},\overline{r})$，其中布尔向量 $\overline{r}$ 将对出现在 tableau 中而不在 AP_f 中的状态变量赋值。S_M 中的一个状态被标记成向量对 $(\overline{p},\overline{q})$，其中布尔向量 $\overline{q}$ 对 M 中的状态变量赋值，而该向量并不包含于 f。两个 Kripke 结构的乘积的变迁关系 R_P 如下：

$$R_P(\bar{p},\bar{q},\bar{r},\bar{p}',\bar{q}',\bar{r}') = R_T(\bar{p},\bar{r},\bar{p}',\bar{r}') \wedge R_M(\bar{p},\bar{q},\bar{p}',\bar{q}')$$

用处理公正性限制的符号模型检测算法可以寻找满足 $\mathbf{EG}\ True$ 的状态集合 V，这种状态集合也满足式(6.7)中的公正性限制。V 中的每个状态都用形如 $(\overline{p},\overline{q},\overline{r})$ 的布尔向量表示。因此 M 中的状态 $(\overline{p},\overline{q})$ 满足 $\mathbf{E}\,f$ 当且仅当存在 $\overline{r}$，并且 $(\overline{p},\overline{q},\overline{r}) \in V$ 和 $(\overline{p},\overline{r}) \in sat(f)$。

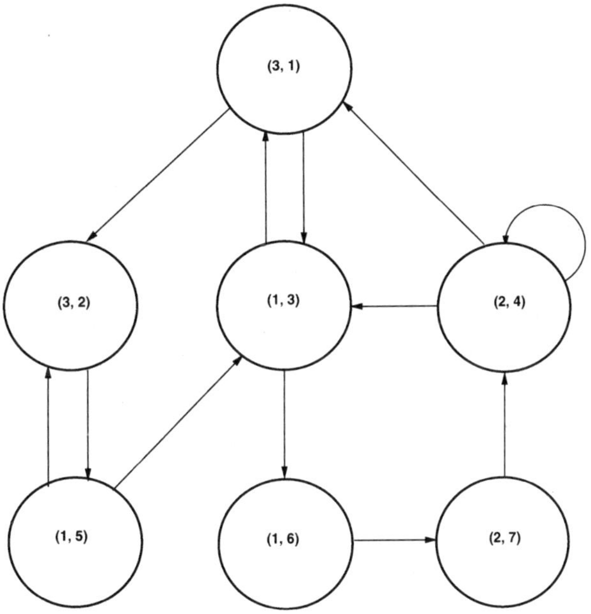

图 6.10　微波炉 M 与 tableau 结构 T 的乘积 P

第7章 基于μ演算的模型检测

7.1 简介

基于命题的μ演算是一种功能强大的语言，它使用最大不动点和最小不动点运算符来表达变迁系统的性质。计算机辅助验证领域的研究者们已经对μ演算产生了很大的兴趣，一方面是由于很多时序逻辑可以转换成μ演算；另一方面已经提出了一些基于这种演算的高效模型检测算法，因而很多验证过程可以转换成μ演算进行验证。另外，二叉判定图的广泛应用更提升了基于不动点的模型检测的重要性。

我们介绍的模型检测算法主要参考 Kozen[157]的μ演算方法，这种演算使用闭公式表示状态集合，目前很多研究中都提出了评判闭公式的高效算法，这些已经提出的算法通常可以分为两大类：局部的和全局的。

局部算法用于证明变迁系统中一个特定的状态满足给定的公式。因此没有必要去检查变迁系统中的所有状态，但是这些算法还没有与 BDD 结合起来。Cleaveland[75]，Stirling 和 Walker[236]以及 Winskel[247]提出了基于 tableau 的局部化方法。最近 Andersen[11]和 Larsen[169]为μ演算的一个子集建立了有效的局部方法。Mader[183]提出了对 Stirling 和 Walker 的基于 tableau 算法的改进。

本章只介绍全局的μ演算模型检测。这种基于 BDD 的全局算法在实际中非常有效，这些过程通常是沿着公式自下而上递归求解子公式的值。同以前一样，计算不动点的时候会用到迭代，因为不动点算法中迭代的嵌套，一个简单的全局算法需要$O(n^k)$次迭代才能完成，其中n是变迁系统中状态的个数，k是不动点的嵌套深度。后来 Emerson 和 Lei[107]指出连续嵌套的同类型不动点并不增加计算的复杂度，并据此提出了对算法的相应改进，他们用交替深度的概念形式化表示以上的研究结果。直觉上，交替深度就是公式中最小不动点和最大不动点运算符的交替次数，他们提出了一个只需$O(n^d)$次迭代的算法，其中d是交替深度，但此算法还需额外添加值记录、集合运算或时间需求引出的系数n。后来 Andersen，Cleaveland，Klein 和 Steffen[11, 73, 74]简化了上述的额外复杂度，但迭代的总次数依然保持在$O(n^d)$。文献[178]提出了只需要$O(n^{d/2})$次迭代的算法，其中d为交替深度，此算法的时间复杂度相当于前面算法复杂度的平方根。

下面将介绍命题μ演算理论和通用的计算μ演算公式值的一些算法。此外还提供了一些可以用μ演算语言描述验证问题并进行验证的例子。

7.2 命题μ演算

μ演算中的公式将用于分析变迁系统。为了能够区别系统的变迁关系，需要对 Kripke 结构稍做修改。用一个变迁关系的集合T代替单个变迁关系R。为简单起见，称每个T的元素为一个变迁。形式上，$M=(S,T,L)$由以下部分组成：

- 非空的状态集合S。
- 变迁的集合T，对于每个$a\in T$，$a\subseteq S\times S$。
- 映射$L:S\to 2^{AP}$，给出在状态中为真的原子命题集合。

令$VAR=\{Q,Q_1,Q_2,\cdots\}$是关系变量的集合。每个关系变量$Q\in VAR$可被赋值成S的一个子集。现在，μ演算公式可以按照如下规则构造：

- 如果$p\in AP$，那么p是一个公式。
- 一个关系变量是一个公式。
- 如果f和g是公式，那么$\neg f$，$f\wedge g$，$f\vee g$都是公式。
- 如果f是公式而且$a\in T$，那么$[a]f$和$\langle a\rangle f$是公式。
- 如果$Q\in VAR$且f是一个公式，那么若f在Q中是语法单调的(即公式f中出现的所有关系变量Q，在f中其外层只能嵌套偶数个否定)，则$\mu Q.f$和$\nu Q.f$是公式。

μ演算中的变量或者是自由的，或者被不动点运算限制。所谓闭公式是指不带自由变量的公式。为了强调公式f包含自由关系变量$Q_1,\cdots,Q_n$，通常把它记为$f(Q_1,\cdots,Q_n)$。

公式$\langle a\rangle f$的直观意义是“可以通过a变迁到达f为真的状态”。类似地，$[a]f$表示“通过a变迁到达的状态都保持f”。μ和ν运算符分别用来表示最小和最大不动点。空状态集合记为$False$，全状态集合记为$True$。另外在后续部分用$s\xrightarrow{a}s'$更直观地表示$(s,s')\in a$。

公式f可以解释成一些状态的集合f在这些状态为真，可以将上述状态记为$[\![f]\!]_M e$，其中M是变迁系统，$e:VAR\to 2^S$是环境。新的环境记为$e[Q\leftarrow W]$，它与环境e的区别在于满足$e[Q\leftarrow W](Q)=W$。集合$[\![f]\!]_M e$是按下面递归定义的：

- $[\![p]\!]_M e=\{s\mid p\in L(s)\}$
- $[\![Q]\!]_M e=e(Q)$
- $[\![\neg f]\!]_M e=S\setminus[\![f]\!]_M e$
- $[\![f\wedge g]\!]_M e=[\![f]\!]_M e\bigcap[\![g]\!]_M e$
- $[\![f\vee g]\!]_M e=[\![f]\!]_M e\bigcup[\![g]\!]_M e$
- $[\![\langle a\rangle f]\!]_M e=\{s\mid\exists t[s\xrightarrow{a}t\text{而且}t\in[\![f]\!]_M e]\}$

  $[\![[a]f]\!]_M e=\{s\mid\forall t[s\xrightarrow{a}t\text{蕴含着}t\in[\![f]\!]_M e]\}$
- $[\![\mu Q.f]\!]_M e$是谓词转换τ：$2^S\to 2^S$的最小不动点，其中τ的定义是$\tau(W)=[\![f]\!]_M e[Q\leftarrow W]$
- $[\![\nu Q.f]\!]_M e$是谓词转换τ：$2^S\to 2^S$的最大不动点，其中τ的定义是$\tau(W)=[\![f]\!]_M e[Q\leftarrow W]$

限制公式中的否定运算，不但可以保证单调性，还可以更好地定义不动点。形式上看除了否定运算，其他每个逻辑运算符都是单调的（$f \rightarrow f'$ 蕴含了 $f \wedge g \rightarrow f' \wedge g$，$f \vee g \rightarrow f' \vee g$，$\langle a \rangle f \rightarrow \langle a \rangle f'$ 和 $[a]f \rightarrow [a]f'$），而且可以用 De Morgan 定律和对偶性规则将公式变为所有的否定符号紧跟在原子命题的前面，即 $\neg[a]f \equiv \langle \alpha \rangle \neg f$，$\neg \langle a \rangle f \equiv [a] \neg f$，$\neg \mu Q.f(Q) \equiv \nu Q.\neg f(\neg Q)$，$\neg \nu Q.f(Q) \equiv \mu Q.\neg f(\neg Q)$。而受限的变量在偶数个否定的限制下，经过上面的过程后这些变量就不再受否定的限制了。因此出现在不动点运算符中的公式都是单调的，进而 τ 函数也是单调的（即 $S \subseteq S'$ 蕴含了 $\tau(S) \subseteq \tau(S')$），这就充分保证了不动点的存在性[240]。此外，因为是在有限的变迁系统中计算公式的值，τ 的单调性隐含着 τ 也是交连续和并连续的（参见第 6 章引理 5）。所以最大和最小不动点可以通过迭代求值进行计算，

$$[\![\mu Q.f]\!]_M e = \bigcup_i \tau^i(False) \qquad [\![\nu Q.f]\!]_M e = \bigcap_i \tau^i(S)$$

$\tau^i(Q)$ 是根据 $\tau^0(Q) = Q$ 以及 $\tau^{i+1}(Q) = \tau(\tau^i(Q))$ 递归定义的。因为域 S 是有限的，因此迭代一定会在有限步骤内停止（根据第 6 章引理 7）。更精确地说，存在某些 $i, j \leqslant |S|$，使得最小不动点等于 $\tau^i(False)$，最大不动点等于 $\tau^j(True)$。求解这些不动点的方法是：从 $False$ 或者 $True$ 开始反复应用 τ，直到结果不发生变化为止。

公式的交替深度[107]指在否定运算只应用于命题的情况下，最大和最小不动点嵌套中的交替次数。我们以形式化方法来定义交替深度，首先定义 μ 演算公式的顶层 ν 子公式和 μ 子公式。f 的顶层 ν 子公式的形式为 $\nu Q'.g$，它不包含在 f 中的其他最大不动点子公式中。例如：$f = \mu Q' \cdot (\nu Q_1 \cdot g_1 \vee \nu Q_2 \cdot g_2)$ 的顶层 ν 子公式是 $\nu Q_1 \cdot g_1$ 和 $\nu Q_2 \cdot g_2$。f 的顶层 μ 子公式定义与之类似。交替深度的形式化定义如下：

- 原子命题或者关系变量的交替深度是 0。
- 形如 $f \wedge g, f \vee g, \langle a \rangle f$ 和 $[a]f$ 的公式的交替深度是 f 和 g 子公式的交替深度的最大值。
- $\mu Q.f$ 的交替深度是下面这些项的最大值：
  1. 常数 1
  2. f 的交替深度
  3. 1 加上 f 的各个顶层 ν 子公式的最大交替深度
- $\nu Q.f$ 的交替深度的定义与上面相似。

现在来研究变迁系统，其中 $T = \{a\}$，之前已经讨论了带公正性限制 h 的公式 $\mathbf{EG}\, f$，它在某状态为真的条件是存在一条从这个状态开始一直满足 f 的路径，且 h 能在此路径上无限次成立。我们已经用不动点公式表示过此性质（参见 6.1 节）。

$$\mathbf{EG}\, f = \nu Z\,.\, f \wedge \mathbf{EX}(\mathbf{E}[f\, \mathbf{U}\, (Z \wedge h)]) \tag{7.1}$$

应用 **EU** 不动点的性质，得到

$$\mathbf{E}[f\, \mathbf{U}\, (Z \wedge h)] = \mu Y\,.\, (Z \wedge h) \vee (f \wedge \mathbf{EX}\, Y) \tag{7.2}$$

将式(7.2)的右部用式(7.1)代替，可以得到

$$\nu Z.\,(f \wedge \mathbf{EX}(\mu Y.\,(Z \wedge h) \vee (f \wedge \mathbf{EX}\,Y)))$$

接着用$\langle a\rangle$代替 **EX**，就能得到μ演算公式

$$\nu Z.\,(f \wedge \langle a\rangle(\mu Y.\,(Z \wedge h) \vee (f \wedge \langle a\rangle Y))) \tag{7.3}$$

这个公式的交替深度为 2。

由对偶性可知$\nu Q.f(\cdots,Q,\cdots) = \neg\mu Q.\neg f(\cdots,\neg Q,\cdots)$，所以我们已经能够用最小不动点运算符和否定运算符定义命题μ演算了。需要注意的是，有时为了得到更简洁的表达，需要用对偶的公式表达，仔细研究上述步骤以后，交替次数定义也非常简单。

7.3　求不动点公式的值

此部分将给出μ演算的模型检测算法，同以前一样，检测算法将寻找模型中满足公式的状态集合。图 7.1 给出了求μ演算公式的基本的、直接的递归算法，其复杂度是公式长度的指数级。下面来分析算法的复杂度，先来分析嵌套不动点计算时算法的行为。算法通过反复计算近似值来计算不动点，这些连续的近似值形成了一个满足包含关系的集合链。因为这种链中包含关系的个数受限于状态个数，所以判定循环(或者是在第 14 行至第 17 行的最小不动点，或者是在第 22 行至第 25 行的最大不动点)最多会执行$n+1$次($n=|S|$)。循环的每一次迭代都用一个递归调用计算不动点的值，如果需要计算的子公式也包含不动点，那么这个不动点计算也包含循环，这个循环将$n+1$次递归调用内层的子公式。通常最内层的不动点会计算$O(n^k)$次，其中k是公式中不动点运算的最大嵌套深度。

需要注意的是，在计算不动点值的时候，只考虑了需要迭代的次数，而不是计算一个μ演算公式需要的步骤数。尽管每个不动点仅有$O(n)$次迭代，但每个单独的迭代可能需要$O(|M|\cdot|f|)$步，其中模型$M=(S,T,L)$，

```
1  function eval(f, e)

2  if f = p then return {s | p ∈ L(s)};
3  if f = Q then return e(Q);
4  if f = g1 ∧ g2 then
5       return eval(g1, e) ∩ eval(g2, e);
6  if f = g1 ∨ g2 then
7       return eval(g1, e) ∪ eval(g2, e);
8  if f = ⟨a⟩g then
9       return { s | ∃t [s –a→ t and t ∈ eval(g, e)] };
10 if f = [a]g then
11      return { s | ∀t [s –a→ t implies t ∈ eval(g, e)] };

12 if f = μQ.g(Q) then
13      Q_val := False;
14      repeat
15           Q_old := Q_val;
16           Q_val := eval(g, e [Q ← Q_val]);
17      until Q_val = Q_old;
18      return Q_val;
19 end if;

20 if f = νQ.g(Q) then
21      Q_val := True;
22      repeat
23           Q_old := Q_val;
24           Q_val := eval(g, e [Q ← Q_val]);
25      until Q_val = Q_old;
26      return Q_val;
27 end if;
28 end function
```

图 7.1　基本算法的伪码

$|M|=|S|+\sum_{\alpha\in T}|a|$。于是，通常此算法的时间复杂度为$O\left[|M|\cdot|f|\cdot n^k\right]$。

Emerson 和 Lei[107]的一个结论指出不动点公式的值可以在$O((|f|\cdot n)^d)$次的迭代内计算得到，其中 d 是 f 的交替深度。除了不动点直接嵌套在另一个同类型的不动点时，不动点计算有所不同，他们的算法与上面描述的基本算法类似。基本思想是使用具有相同类型的不动点序列来简化算法的复杂度。因此，当计算外层不动点的新近似值时，就没有必要用 *False*（对于小不动点）或 *True*（对于最大不动点）去重新初始化内层不动点的计算。

一个简单的例子充分体现了这个思路，用$Q_1,\cdots,Q_k$ 作为不动点变量，其中Q_1是最外层的，Q_k是最里层的。用$Q_j^{i_1\cdots i_j}$ 表示Q_j的第 i_j 个近似值（此时对Q_l的第i_l个近似值已经计算完毕），其中$1\leqslant l<j$。我们用$i_j=\omega$表示计算Q_j的最终近似值（实际不动点的值）。例如Q_1^ω不动点Q_1的值：Q_2^{30}是在已经计算完Q_1的第三个近似值之后Q_2的初始近似值。考虑公式

$$\mu Q_1 . g_1(Q_1, \mu Q_2 . g_2(Q_1, Q_2))$$

其子公式$\mu Q_2.g_2(Q_1,Q_2)$定义了一个单调的谓词转换函数τ，将一个集合（Q_1的值）映射到另一个集合（Q_2的最小不动点值），也就是$\tau(Q_1)=\mu Q_2.g_2(Q_1,Q_2)$。

计算外层不动点时，从初始近似值开始$Q_1^0=False$，然后计算$\tau(Q_1^0)$。内层不动点的近似值的计算也是从$Q_2^{00}=False$开始，直至到达不动点$Q_2^{0\omega}$。现在Q_1增加到Q_1^1，$g_1(Q_1^0,Q_2^{0\omega})$的计算结果是

$$Q_1^1=g_1(Q_1^0, Q_2^{0\omega})$$

接下来计算最小不动点$\tau(Q_1^1)$。因为$Q_1^0\subseteq Q_1^1$，根据单调性可知$\tau(Q_1^0)\subseteq\tau(Q_1^1)$。因为$\tau$是单调的且$S$为有限集合，所以$\tau$是$\cup$连续的，因此很容易递归证明下面的引理：

引理 22 如果$W\subseteq\bigcup_i\tau^i(False)$，那么$\bigcup_i\tau^i(W)=\bigcup_i\tau^i(False)$。

换句话说，为了计算一个最小不动点，只需要从这个不动点下的任何已知的近似值开始迭代就可以了。

因此，计算不动点$Q_2^{1\omega}$时，可以从$Q_2^{10}=Q_2^{0\omega}=\tau(Q_1^0)$开始迭代，而不是$Q_2^{10}=False$，下面计算$Q_1$的新近似值$Q_1^2$，$g_1(Q_1^1,Q_2^{1\omega})$的计算结果是

$$Q_1^2=g_1(Q_1^1, Q_2^{1\omega})$$

另外$Q_1^1\subseteq Q_1^2$蕴含了$\tau(Q_1^1)\subseteq\tau(Q_1^2)$。但是$\tau(Q_1^1)=Q_2^{1\omega}$，即最后一个内层不动点的值，$\tau(Q_1^2)=Q_2^{2\omega}$，是下一个要计算的不动点。而我们可以从这个不动点下的任何近似值开始迭代。因此，计算$Q_2^{2\omega}$可以从$Q_2^{20}=Q_2^{1\omega}=\tau(Q_1^1)$开始。通常计算$Q_2^{i\omega}$总是从$Q_2^{i0}=Q_2^{(i-1)\omega}$开始的。因为不需要重新计算内层不动点，所以在内层不动点变量的值上至多有 n 次增加。整体上计算这种表达仅需$O(n)$次迭代，而不是$O(n^2)$。因为只在公式含有交替不动点的时候才开始内层不动点的计算，所以这种简化通常使得不动点公式计算的时间复杂度在交替深度值的指数级内。

上述算法的伪码在图 7.2 中给出。假设公式 f 有 N 个不动点子公式。此算法用数组

$A[1...N]$ 存放不动点的近似值。开始时如果第 i 个不动点公式是最小不动点，那么 $A[i]$ 置为 False；反之则置为 True。当子公式的主运算符不是最小或者最大不动点时，算法和最初的基本算法相同。但与基本算法不同的是，计算子公式 $\mu Q_i.g(Q_i)(\nu Q_i.g(Q_i))$ 时不会将近似值 $A[i]$ 简单重置，而是将 g 中所有的顶层最大或者最小不动点变量重置为 True（False）。这就保证了在计算相同类型的顶层不动点子公式时，不需要重新从 False 或者 True 开始计算，而是和例子中一样，从先前的计算结果开始。

```
1   function eval(f, e)

2   if f = p then return {s | p ∈ L(s)};
3   if f = Q then return e(Q);
4   if f = g₁ ∧ g₂ then
5       return eval(g₁, e) ∩ eval(g₂, e);
6   if f = g₁ ∨ g₂ then
7       return eval(g₁, e) ∪ eval(g₂, e);
8   if f = ⟨a⟩g then
9       return { s | ∃t [s →ᵃ t and t ∈ eval(g, e)] };
10  if f = [a]g then
11      return { s | ∀t [s →ᵃ t implies t ∈ eval(g, e)] };

12  if f = μQᵢ.g(Qᵢ) then
13      forall top-level greatest fixpoint subformulas νQⱼ.g'(Qⱼ) of g
14          do A[j] := True;
15      repeat
16          Q_old := A[i];
17          A[i] := eval(g, e [Qᵢ ← A[i]]);
18      until A[i] = Q_old;
19      return A[i];
20  end if;

21  if f = νQᵢ.g(Qᵢ) then
22      forall top-level least fixpoint subformulas μQⱼ.g'(Qⱼ) of g
23          do A[j] := False;
24      repeat
25          Q_old := A[i];
26          A[i] := eval(g, e [Qᵢ ← A[i]]);
27      until A[i] = Q_old;
28      return A[i];
29  end if;
30  end function
```

图 7.2 Emerson 和 Lei 算法的伪码

现在说明算法的迭代次数是 $O((|f|\cdot n)^d)$ 的原因。首先应该注意公式规模 $|f|$ 以 f 中相同类型的连续不动点的个数为上界。因为在计算同类型外层不动点的新近似值时，从来不去重新初始化它的内层不动点，所以每个近似值序列的迭代次数应该是 $O(|f|\cdot n)$，而不是简单算法

中的 $n^{|f|}$。算法只在两个不同类型近似值序列的边界重新进行初始化。因此有 d 个交替序列的情况下，一共存在 $O((|f|\cdot n)^d)$ 次迭代。

文献[178]中研究了具有严格交替特性的含有最大和最小不动点运算符的公式，此项研究结果表明了通过存储更多的中间变量，计算不动点公式的时间复杂度可以降低到 $O(n^{\lfloor d/2\rfloor+1})$，其中 d 是公式的交替深度，而 $|f|$ 用 1 代替。

7.4 用 OBDD 表示 μ 演算公式

这部分讲述如何在先前描述的模型检测算法中应用 OBDD。同以前一样，首先需要说明怎样将变迁系统 $M=(S,T,L)$ 编码成 OBDD，这里的编码方法与 5.2 节所讲的编码方式类似。域 S 被编码成 n 个布尔变量 $x_1,\cdots,x_n$ 值的集合，也就是说，S 编码后是长度为 n 的布尔向量空间。每个变量 x_i 有一个对应的变量 x_i'。通常向量记为标记 $\bar{x}$ 而不是写为 $x_1,\cdots,x_n$。按照下面的方式构造对应于封闭的 μ 演算公式的 OBDD:

- 每个原子公式 p 有一个与之关联的 OBDD。将这个 OBDD 记为 $\mathrm{OBDD}_p(\bar{x})$。$\mathrm{OBDD}_p(\bar{x})$ 的性质是：$\bar{y}\in\{0,1\}^n$ 满足 OBDD_p，当且仅当 $\bar{y}\in L(p)$。
- 每个变迁关系 a 有一个与之关联的 $\mathrm{OBDD}_a(\bar{x},\bar{x}')$。布尔向量($\bar{y}$，$\bar{z}$)$\in\{0,1\}^{2n}$ 满足 OBDD_a，当且仅当($\bar{y}$，$\bar{z}$) $\in a$。

下面来看看如何将公式转换为 OBDD。假设有含有自由关系变量 $Q_1,\cdots,Q_k$ 的 μ 演算公式 f。函数 **assoc**$[Q_i]$ 给出了与关系变量 Q_i 相关的状态集合对应的 OBDD。**assoc**$\langle Q\leftarrow B_Q\rangle$ 通过增加一个新的关系变量 Q 建立了新的关联，它将 OBDD B_Q 与 Q 联系起来。换句话说 **assoc** 可以被看成是含有 OBDD 表示的环境。下面的过程 B 根据 μ 演算公式 f 和关联列表 **assoc**（**assoc** 将 OBDD 赋值为 f 中出现的每个自由关系变量）返回一个与 f 的语义相对应的 OBDD。

- $B(p,\mathbf{assoc})=\mathrm{OBDD}_p(\bar{x})$
- $B(Q_i,\mathbf{assoc})=\mathbf{assoc}[Q_i]$
- $B(\neg f,\mathbf{assoc})=\neg B(f,\mathbf{assoc})$
- $B(f\wedge g,\mathbf{assoc})=B(f,\mathbf{assoc})\wedge B(g,\mathbf{assoc})$
- $B(f\vee g,\mathbf{assoc})=B(f,\mathbf{assoc})\vee B(g,\mathbf{assoc})$
- $B(\langle a\rangle f,\mathbf{assoc})=\exists\bar{x}'(\mathrm{OBDD}_a(\bar{x},\bar{x}')\wedge B(f,\mathbf{assoc})(\bar{x}'))$，其中 $B(f,\mathbf{assoc})(\bar{x}')$ 是每个布尔变量 x_i 都被 x_i' 替换了的 OBDD
- $B([a]f,\mathbf{assoc})=B(\neg\langle a\rangle\neg f,\mathbf{assoc})$，这个等式对 $[a]$ 使用了对偶形式的表示
- $B(\mu Q.f,\mathbf{assoc})=FIX(f,\mathbf{assoc},\text{FALSE-BDD})$
- $B(\nu Q.f,\mathbf{assoc})=FIX(f,\mathbf{assoc},\text{TRUE-BDD})$

布尔函数 *False* 和 *True* 的 OBDD 形式分别记为 FALSE-BDD 和 TRUE-BDD，f 有一个额外的自由关系变量 Q。图 7.3 中描述了 *FIX* 算法。这个算法与前面提到的 *Lfp* 和 *Gfp* 相似(参见 6.1 节)。

```
function FIX(f, assoc, B_Q)

result-bdd := B_Q;
repeat
    old-bdd := result-bdd;
    result-bdd := B(f, assoc⟨Q ← old-bdd⟩);
until (equal(old-bdd, result-bdd));
return(result-bdd);
end function
```

图 7.3　*FIX* 算法的伪码

下面给出一个简单的例子来说明上述方法的重点。令状态空间 S 用 n 个布尔变量 $x_1,\cdots,x_n$ 进行编码，考虑下面的公式：

$$f = \mu Z.((q \wedge Y) \vee \langle a \rangle Z)$$

变量 Y 在 f 中是自由的。令 $\mathrm{OBDD}_q(\vec{x})$ 是 q 的解释。类似地应用变迁 a 的 OBDD 就是 $\mathrm{OBDD}_a(\vec{x},\vec{x}')$。假设给定了关联列表 **assoc** 使 OBDD $B_Y(\vec{x})$ 与 Y 是对应的。在 *FIX* 程序中，result-bdd 被初始化成

$$N^0(\vec{x}) = \text{FALSE-BDD}$$

在 *FIX* 程序中，令 N^i 是第 i 次循环迭代后 result-bdd 的值。result-bdd 最后的迭代值可以通过下面的式子给出：

$$N^{i+1}(\vec{x}) = (\mathrm{OBDD}_q(\vec{x}) \wedge B_Y(\vec{x})) \vee \exists \vec{x}'(\mathrm{OBDD}_a(\vec{x},\vec{x}') \wedge N^i(\vec{x}'))$$

当 $N^i(\vec{x}) = N^{i+1}(\vec{x})$ 时迭代终止。

7.5　将 CTL 公式转化为μ演算

这部分给出了 CTL 公式到μ演算的转换方法。算法 *Tr* 的输入是 CTL 公式，输出是只有一个变迁 a 的对应的μ演算公式。

- $Tr(p) = p$
- $Tr(\neg f) = \neg Tr(f)$
- $Tr(f \wedge g) = Tr(f) \wedge Tr(g)$
- $Tr(\mathbf{EX}\, f) = \langle a \rangle Tr(f)$
- $Tr(\mathbf{E}[f\ \mathbf{U}\ g]) = \mu Y \cdot (Tr(g) \vee (Tr(f) \wedge \langle a \rangle Y))$
- $Tr(\mathbf{EG}\, f) = \nu Y \cdot (Tr(f) \wedge \langle a \rangle Y)$

所有生成的μ演算公式都是封闭的，因此可以从变迁中省略环境 e。例如：$Tr(\mathbf{EG}(\mathbf{E}[p\ \mathbf{U}\ q]))$ 是通过μ演算公式 $\nu Y.(\mu Z.(q \vee (p \wedge \langle a \rangle Z)) \wedge \langle a \rangle Y)$ 给定的。

将满足 f 的状态记为 $[\![f]\!]_M$。使用 6.1 节中提到的方法，很容易证明下面的定理。

定理 6 令 $M=(S,T,L)$ 是一个 Kripke 结构，假设转换算法 Tr 中的变迁 a 是 Kripke 结构的变迁关系 T。令 f 是一个 CTL 公式，那么对于所有的 $s\in S$ 均有

$$M,s\models f \Leftrightarrow s\in [\![Tr(f)]\!]_M$$

7.6 复杂度问题

到目前为止，μ 演算模型检测的复杂度问题还没有完全解决，已知的对此类问题的最有效算法的复杂度呈公式中交替深度值的指数级。我们猜测对于 μ 演算模型检测问题，不存在多项式时间内的算法。这个问题是 NP∩co-NP [22,112,178]的。如果这个问题是 NP 完全的，那么 NP 等同于 co-NP，这是不可能的。这也从侧面说明证明以上猜测是相当困难的。

为了弄清楚 μ 演算模型检测问题是 NP∩co-NP 的，考虑下面的非确定算法，从最深层嵌套的不动点开始，反复猜测最大不动点和计算最小不动点，可以很容易地检查对最大不动点的猜测，从而判断它是否是不动点。此外，尽管不能验证它是不是一个最大不动点，但是我们知道最大不动点一定包含任何已经验证了的猜测。根据单调性，这个非确定算法最终计算出的值将会是公式真解的一个子集。而且已经存在计算满足 μ 演算公式的状态集合的算法。因此，一个状态 s 满足此公式当且仅当它属于此算法计算所得的集合。结果 μ 演算公式的模型检测问题变成 NP 难题。当然可以对公式进行否定运算，那么判断状态是否满足公式的算法复杂度与判断状态是否不满足公式的算法复杂度是相同的。因此，此问题属于 NP 与 co-NP 的交集。

第 8 章　实践中的模型检测

8.1　SMV 模型检测器

符号化模型验证器(SMV，Symbolic Model Verifier)[191]用来检测有限状态系统是否满足给定的 CTL 性质规约，这种检测器使用 6.2 节所述的基于 OBDD 的符号模型检测技术。SMV 也定义了相应的输入语言，这种语言可以描述复杂有限状态系统，其主要特征如下：

- 模块　使用者可以将复杂有限状态系统分解为多个模块，模块可以实例化多次。模块可以引用其他模块的变量，使用层次结构设计中标准的可见性规则来命名变量。模块可以有参数，参数可以是状态组件、表达式或其他模块。模块中可以定义任意 CTL 公式表示的公正性约束(参见 6.3 节)。
- 同步和交织的组合　SMV 模块可以用同步和交织两种形式组合在一起。同步组合时，在组合中执行一步对应着每个组件各执行一步。交织组合时，在组合中执行一步只对应了一个组件的执行。如果在模块实例之前定义了关键字 `process`，则使用交织的方式，否则按同步的方式进行。
- 不确定变迁　模型中的状态变迁既可以是确定的也可以是不确定的。不确定性反映了对系统真实动作的建模，可以用来描述隐藏了细节的更抽象模型。虽然许多硬件描述语言无法刻画非确定性，但对于建立高度抽象的模型而言，非确定性起着关键的作用。
- 变迁关系　模块的变迁关系可以用表示现态和次态变量值的布尔关系显式地刻画，也可以用并行赋值语句隐式地表示。并行赋值语句根据现态值定义次态值。

本章不提供 SMV 语言的形式化语法或者语义，如果对此感兴趣，可以查阅 McMillan 的博士论文[191]。我们来看一个简单的两进程互斥程序(参见图 8.1)，每个进程或者处在非临界区，或者在等待区，或者在临界区。开始时两个进程都处在非临界区，程序要求两个进程不能同时进入临界区，并且请求进入临界区的进程最终能够进入。进程进入等待区表示它等待进入临界区，如果一个进程在等待区而另一个在非临界区，那么这个进程就能立即进入临界区。如果两个进程都处在等待区，用布尔变量 *turn* 来确定哪个进程进入临界区。如果 *turn* 的值为 0，那么进程 0 可以进入临界区并将 *turn* 的值改为 1：如果 *turn* 的值为 1，那么进程 1 可以进入临界区并将 *turn* 的值改为 0。假设一个进入临界区的进程必须最终离开临界区，但进程可以永远处在非临界区。

根据图 8.1 中的程序来详细描述 SMV 的语法。模块定义以关键字 `MODULE` 开始，`main` 模块为顶级模块，模块 `prc` 有形参 `state0`，`state1`，`turn` 和 `turn0`。变量声明使用关键字 VAR。在这个例子中，turn 为布尔变量，变量 s0 和 s1 的取值为下列三值之一：noncritical，trying 及 critical。如第 6 行和第 7 行所示，VAR 语句也可用来实例化模块。本例中模块 prc 实例化了两次，一次为 pr0，一次为 pr1。因为这两次实例化都用到了 process 关键字，所以 pr0 和 pr1 的交织组合形成了总体模型。

```
1  MODULE main  --two process mutual exclusion program

2  VAR
3  s0: noncritical, trying, critical;
4  s1: noncritical, trying, critical;
5  turn: boolean;
6  pr0: process prc(s0, s1, turn, 0);
7  pr1: process prc(s1, s0, turn, 1);

8  ASSIGN
9  init(turn) := 0;

10 FAIRNESS   !(s0 = critical)
11 FAIRNESS   !(s1 = critical)

12 SPEC   EF((s0 = critical) & (s1 = critical))
13 SPEC   AG((s0 = trying) -> AF (s0 = critical))
14 SPEC   AG((s1 = trying) -> AF (s1 = critical))
15 SPEC   AG((s0 = critical) -> A[(s0 = critical) U
16          (!(s0 = critical) & !E[!(s1 = critical) U (s0 = critical)])])
17 SPEC   AG((s1 = critical) -> A[(s1 = critical) U
18          (!(s1 = critical) & !E[!(s0 = critical) U (s1 = critical)])])

19 MODULE prc(state0, state1, turn, turn0)

20 ASSIGN
21 init(state0) := noncritical;
22 next(state0) :=
23   case
24    (state0 = noncritical) : trying,noncritical;
25    (state0 = trying) & (state1 = noncritical): critical;
26    (state0 = trying) & (state1 = trying) & (turn = turn0):  critical;
27    (state0 = critical) : critical,noncritical;
28    1: state0;
29   esac;
30 next(turn) :=
31   case
32    turn = turn0 & state0 = critical: !turn;
33    1: turn;
34   esac;

35 FAIRNESS   running
```

图 8.1　拥有两个互斥进程的 SMV 代码

ASSIGN 语句用来定义初始状态和模型的变迁。例子中布尔变量 turn 的初始值为 0，

state0 的下一个状态值通过第 23 行至第 29 行的 case 语句给出，turn 的下一个状态值通过第 31 行至第 34 行的 case 语句给出。通过依次执行语句，case 语句的值便可以求出。由冒号分开的条件和表达式构成了子句。如果条件在第一个子句中成立，相应表达式的值就决定了 case 语句的值，否则计算下一个子句。子句中的表达式可以是值的集合(如第 24 行和第 27 行)。当集合赋给一个变量时，变量值从集合中不确定地选出。

公正性限制由 FAIRNESS 语句给出。在模块 prc 的公正性限制中，命题 running 限制了只有在 prc 实例中的计算才可以无限制地执行。若没加入其他限制，则第 27 行的不确定选择将允许一个进程永远停留在临界区中，第 10 行和第 11 行的公正性限制正是用来禁止这种可能性的。待验证的 CTL 性质由 SPEC 语句给出。第一条性质(第 12 行)用于检测互斥要求，第二条和第三条性质(第 13 行和第 14 行)检测想要进入临界区的进程是否能最终进入。最后两条性质(第 15 行和第 17 行)用于描述进程是否能严格地轮流进入临界区，即当一个进程离开临界区后，如果另一个没有进入临界区，那么这个进程就不能再次进入。

SMV 执行图 8.1 的程序，可以得到图 8.2 的结果。可以看到检测的结果是两个程序不会违反互斥，并且也不会出现“饥饿”的情况。因为最后两个性质为假，所以严格地轮流进入临界区是不能保证的。SMV 对最后两种情况生成了反例的计算路径。图 8.3 给出了一个反例，这个反例演示了进程 0 在进程 1 未进入临界区时多次进入临界区。计算路径就是状态变量的一系列变化。因此，如果反例中某状态的状态变量未被提及，则意味着这个状态变量的值未发生改变。虽然第一条性质为假，其反例却未生成。带存在路径量词的公式的反例将带有全称路径量词，因而没有一个计算路径可以作为反例。

```
-- specification EF (s0 = critical & s1 = critical) is false

-- specification AG (s0 = trying -> AF s0 = critical) is true

-- specification AG (s1 = trying -> AF s1 = critical) is true

-- specification AG (s0 = critical -> A(... is false

-- specification AG (s1 = critical -> A(... is false

resources used:
user time: 1.15 s, system time: 0.3 s
BDD nodes allocated: 2405
BDD nodes representing transition relation: 56 + 1
```

图 8.2　互斥程序的 SMV 输出结果

```
-- specification AG (s0 = critical -> A(... is false
-- as demonstrated by the following execution sequence
state 2.1: s0 = noncritical
           s1 = noncritical
           turn = 0
```

```
state 2.2: [executing process pr0]

state 2.3: [executing process pr0]
           s0 = trying

state 2.4: s0 = critical

state 2.5: [executing process pr0]

state 2.6: s0 = noncritical
           turn = 1

state 2.7: [executing process pr0]

state 2.8: [executing process pr0]
           s0 = trying

state 2.9: s0 = critical
```

图 8.3 严格轮流进入临界区性质的反例

8.2 一个实际的例子

本节简要描述对 IEEE Futurebus+标准(IEEE Standard 896.1-1991)[147]缓存一致性协议进行形式化检测的过程。首先用 SMV 语言构造此协议的精确模型，然后检测这个模型是否满足缓存一致性的性质。在形式化建模、刻画和检测协议的过程中，我们找出了许多错误和一些模棱两可的描述，这也是第一个使用形式化方法发现 IEEE 标准中重要错误的工作。最终通过模型检测得到了一个简明的、清晰的缓存一致性协议。这一经验表明，使用硬件描述语言和模型检测技术可以设计实际的工业标准。对于这个例子更详尽的介绍，可参阅文献[66]。

Futurebus+是一种用于高性能计算机的总线架构，设计 Futurebus+架构的委员会想要为此架构定义一个总线协议的标准，使这个协议不受限于特定的处理器或设备，并能被更多生产商接受和实现。Futurebus+缓存一致性协议要求由总线相连的多个处理器和缓存组成的分层系统中的数据能够保持一致。这种协议相当复杂，因而很难排除错误。实际上，Futurebus+是第一个拥有这种强大能力的总线标准。早期对这个协议的验证基本上使用非形式化的方法[101]，而上述对此系统进行形式化刻画，以及使用自动验证系统来分析，都是从未有过的尝试。

这个工程主要包括用 SMV 语言开发缓存一致性协议的形式化模型，并且根据协议标准的文本描述对此协议的正确性进行 CTL 刻画。使用 SMV 对此协议建模后，生成的文本包含 2300 行的 SMV 代码(不包括注释)，所建立的模型具有高度不确定性。这样一方面通过隐藏细节，减小了验证的复杂度，另一方面可以将设计的一些可选特性(在协议标准中用单词 may 表示)也包括进去。SMV 模型检测器最终发现了层次协议中的几个潜在错误。被验证的最大配置包括 3 个总线、8 个处理器和超过 10^{30} 个状态。

Futurebus+协议通过监听各个缓存和所有总线事务来维持一致性。跨总线的一致性使用总线桥来维持，处于总线桥末端的特殊代理表示远端缓存和主存。为了提高性能，此协议还使用了事务分割。当事务被分割后，事务被延迟，总线被释放，一段时间后，发出显式响应以继续完成这个事务。这样当远端的请求正在进行处理的时候，本地的请求也就可以得到总线服务了。

为了说明这个协议的工作原理，我们考虑双处理器单缓存行(cache line)系统中的事务(参见图 8.4)。缓存行是一段连续的主存，出于一致性目的，就把这段数据作为一个单元来处理。初始条件下，两个处理器的缓存中都没有行数据，它们处于一个 *invalid* 状态。处理器 P1 发出 *read-shared* 事务来获得主存 M 中数据的一份可读副本，处理器 P2 可以监听到这个事务，如果 P2 愿意，它也可以保存这份可读副本，这称之为 *snarfing*，最后两个缓存都得到一份 *shared-unmodified* 数据。接下来 P1 需要往缓存行中写数据，那么为了维持一致性，P2 持有的那份副本将被消除。处理器 P1 向总线上发出 *invalidate* 事务，当 P2 监听到这个事务后就清除缓存中的行。最后，P1 拥有了一份 *exclusive-modified* 数据副本。Futurebus+标准刻画了每个处理器缓存行的可能状态，也刻画了事务中状态更新的规则。

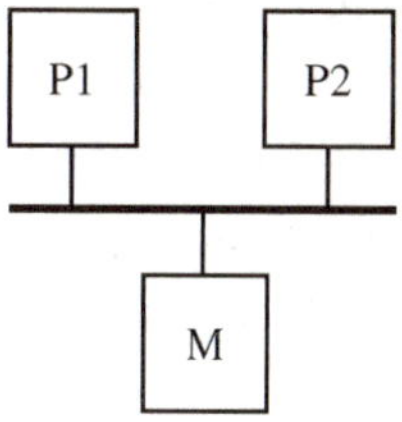

图 8.4　单总线系统

现在考虑双总线的例子来说明协议在层次化系统中是如何工作的，如图 8.5 所示。初始条件下，两个处理器缓存都在 *invalid* 状态。如果 P2 发出 *read-modified* 来获得数据的可读副本，总线 2 上的主存代理 MA 分割事务，因为它必须从总线 1 的主存中得到数据。命令传到缓存代理(CA)，CA 向总线 1 发出 *read-modified* 事务，主存 M 提供数据给 CA，CA 传给 MA，于是 MA 向总线 2 发出 *modified-response* 事务来完成早先被分割的事务。假设现在 P1 在总线 1 上发出 *read-shared* 命令。当 CA 知道远端缓存有一份 *exclusive-modified* 副本后，CA 就介入事务，并提供数据和分割事务，因为它必须先从远端缓存获得数据。CA 将 *read-shared* 传给 MA，MA 在总线 2 上再将它发出。P2 介入并提供数据给 MA，MA 再将数据传给 CA。CA 执行 *shared-response* 事务来完成早先 P1 发出的 *read-shared* 命令。Futurebus+标准包含了用英语书写的层次协议描述，但没有刻画缓存代理与主存代理之间的互动关系。

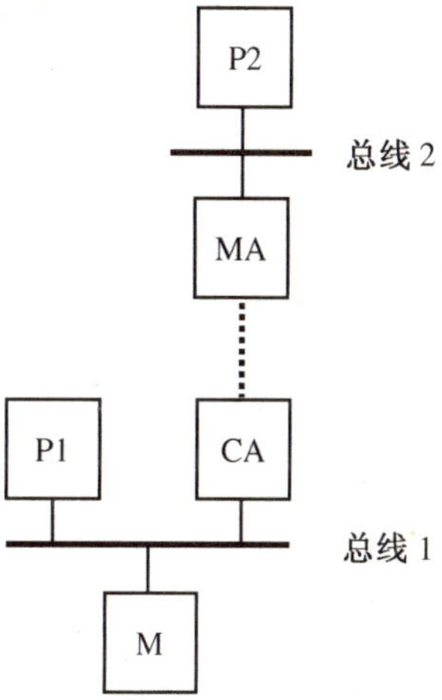

图 8.5　双总线系统

协议说明书[147]分为两部分来表述缓存一致性问题。第一部分是用英语书写的描述部分，此部分用非形式化语言描述，其可读性较强，主要包括协议工作原理概述。第二部分是规约部分，即真正的标准部分。这部分用布尔属性给出。布尔属性实质上是布尔变量以及设置、清除它的一些规则。虽然这些定义很准确，但读起来很晦涩，一个缓存或内存的行为使用了大约 300 个性质，其中有 45 个用于处理协议一致性。

为了使验证可行，需要做一些抽象处理。首先，关于模块如何通信的一些底层细节将不予考虑。简化模型中的一个变迁对应了真实系统中总线的一个事务，这就允许对命令发送时的握手信息进行隐藏。另一个例子与总线仲裁有关。标准刻画了两种仲裁方案，我们使用完全非确定性的主控总线模型。另外，标准也描绘了多种出错情况下模型的行为，比如当数据总线上可能发生的奇偶校验错误，这些条件也未被考虑进来。

第二类简化用来减小系统规模，比如只考虑涉及单缓存行的事务，因为单缓存行的事务不会影响其他缓存行的事务，同时每个缓存行的数据都被简化为一位。第三类的简化涉及消除 *read-invalid* 和 *write-invalid* 命令，这两个命令用于DMA和主存间的数据转移。当 *write-invalid* 事务发出的时候，协议不能保证缓存行的一致性。

最后一类抽象涉及使用不确定性来简化模型的一些组件，比如对于给定的一个缓存行处理器，假设它将不确定地发出读写请求。对于分割事务的响应，假设它将经过任意延迟后才能发出。另外总线桥的模型也是高度不确定的。

图 8.6 给出了部分用于处理器缓存建模的 SMV 程序代码，这部分代码决定了缓存行的状态是如何更新的。在代码中，大写的状态名(`CMD`, `SR`, `TF`)表示缓存行的状态的更新方式。在代码中，大写的状态名(`CMD`, `SR`, `TF`)表示对于缓存可见的总线信号，小写的状态名表示缓存控制下的信号。第一部分代码(第 3 行至第 13 行)刻画了当空闲周期到来时(`CMD=none`)可能出现的情况。如果缓存中有一份 *shared-unmodified* 缓存行副本，那么除非有明显的请求将缓存行改为 *exclusive-modified*，否则该缓存行可能被剔除出缓存。如果缓存中有一份 *exclusive-unmodified* 缓存行副本，那么可能剔除该缓存行或者改为 *exclusive-modified*。

第二部分代码(第 15 行至第 26 行)说明了当缓存发出一个 *read-shared* 事务时(`master=read-shared`, `CMD=read-shared`)，缓存行的状态是如何更新的。当缓存中没有缓存行副本的时候，这种更新不会发生。如果事务未被分割(`!SR`)，数据将提供给缓存。当没有其他缓存需要这个数据的时候，缓存将得到一份 *exclusive-unmodified* 副本，否则当其他缓存需要数据的时候，每个缓存都将得到 *shared-unmodified* 副本。若事务被分割了，则缓存行仍然处于 *invalid* 状态。

最后一段代码(第 30 行至第 39 行)表示当缓存观测到其他缓存发出了 *read-shared* 事务时是如何反应的。如果进行观测的缓存为 *invalid* 或者有一份 *shared-unmodified* 副本，则不能断定 `tf` 的输出，这可能意味着它不需要缓存行的副本。这种情况下，缓存行变为 *invalid*。或者缓存也可以尝试确定 `tf` 同时更新数据，此时如果事务未被分割(`!SR`)，缓存将获得一份 *shared-unmodified* 副本，否则缓存维持当前状态。

接下来，讨论在验证协议时使用的性质规约。第一类性质说明如果缓存中有一份 *exclusive-modified* 副本，那么其他缓存不应该有这份副本，即下面的公式

$$\mathbf{AG}(p1.writable \rightarrow \neg p2.readable)$$

p1 和 *p2* 为高速缓存。这里 *p1.writable* 是一个宏表达式(在 SMV 中以 `DEFINE` 语句给出)，当 *p1* 在 *exclusive-modified* 状态时为真。类似地，当 *p2* 不在 *invalid* 状态时，*p2.readable* 为真。

一致性被描述为如果两个缓存都有一个缓存行副本，那么该行上的数据应该一致：

$$\mathbf{AG}(p1.readable \wedge p2.readable \rightarrow p1.data = p2.data)$$

同样，如果主存有份最新的缓存行副本，那么任何有副本的缓存必须与主存中的一致：

$$\mathbf{AG}(p.readable \wedge \neg m.memory - line - modified \rightarrow p.data = m.data)$$

当主存即将被缓存行更新时，变量 *m.memory-line-modified* 为假。

```
next(state) :=
  case
  CMD=none:
    case
    state=shared-unmodified:
      case
      requester=exclusive: shared-unmodified;
      1: invalid, shared-unmodified;
      esac;
    state=exclusive-unmodified: invalid, shared-unmodified,
      exclusive-unmodified, exclusive-modified;
    1: state;
    esac;
  ⋮
  master:
    case
    CMD=read-shared:  -- Cache issues a read-shared
      case
      state=invalid:
        case
        !SR & !TF: exclusive-unmodified;
        !SR: shared-unmodified;
        1: invalid;
        esac;
      ⋮
      esac;
    ⋮
    esac;
  ⋮
  CMD=read-shared:  -- Cache observes a read-shared
    case
    state in invalid, shared-unmodified:
      case
      !tf: invalid;
      !SR: shared-unmodified;
      1: state;
      esac;
    ⋮
    esac;
  ⋮
  esac;
```

图 8.6　处理器缓存模型的部分程序代码

缓存总会对缓存行进行读/写访问，最后一类性质可用来对其进行检测。

$$\mathbf{AG\,EF}\ \ p.readable \wedge \ \mathbf{AG\,EF}\ \ p.writable$$

最后来看验证协议时发现的两个错误。第一个错误发生在单总线协议中。考虑图 8.4 所示的系统，下面的情况没有被标准排除在外。初始条件下，两个缓存都是 *invalid*，处理器 P1 获得一份 *exclusive-unmodified* 副本。接下来，P2 发出 *read-modified* 命令，P1 分割这个事务。主存 M 提供缓存行的副本给 P2，P2 变迁至 *shared-unmodified* 状态。这时，P1 仍然拥有一份 *exclusive-unmodified* 副本，于是 P1 变迁至 *exclusive-modified* 并写入缓存行。这样 P1 和 P2 就不一致了。避免这个错误的方法如下：即当 P1 由于 *invalid* 状态而分割事务的时候，要求 P1 变迁至 *shared-unmodified* 状态。这个改变同时也修正了几个相关的错误。

第二个错误发生在图 8.7 所示的分层配置中。P1、P2 和 P3 获得一份 *shared-unmodified* 的缓存行副本，P1 发出 *invalidate* 事务，P2 和 MA 就分割事务。P3 发出一条 *invalidate* 命令，CA 分割它。总线桥探测到一个 *invalidate-invalidate* 冲突发生，即 P3 试图使 P1 无效，而 P1 试图使 P3 无效。当这种情况发生时，协议规定通过主存代理无效化 P1 来解决这种冲突。当主存代理试图发出一条 *invalidate* 命令时，P2 看到对于这个缓存行已经有一个事务在进行，于是在总线上发出忙信号，MA 观察到并得到 *requester-waiting* 性质。当一个模块具有这个性质时，在重发命令前，它将等待直至看到一个完整的响应事务。现在，P2 完成了无效化并发出 *modified-response*，这被 MA 分割，因为 P3 仍然无效。然而 MA 仍然维持 *requester-waiting* 属性。由于 MA 等待一个无法完成的响应，它便不再发出命令，从而出现死锁。所以当 MA 发现 P2 已经完成无效化时，及时清除 *requester-waiting* 性质就可以避免死锁。

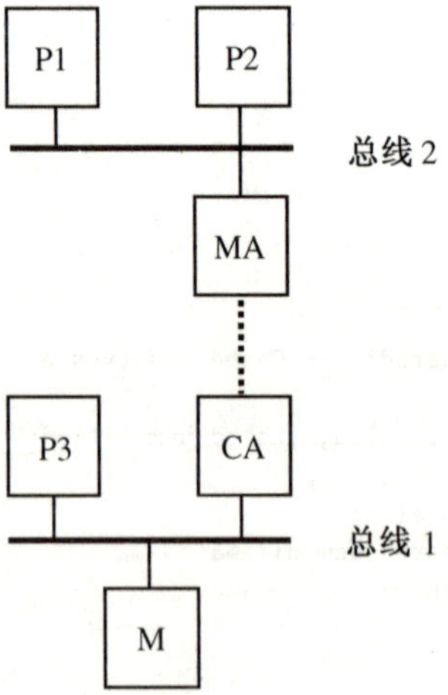

图 8.7　分层配置中的错误

第 9 章　模型检测和自动机理论

本章将重温自动机的基础理论，并探索自动机框架中模型检测的原理。特别是通过 LTL 公式转化为自动机的方法，然后引入一种全新的、可以快速执行的 LTL 模型检测办法。在这种执行过程中，待检测性质作为系统建模的参考来构建状态图，显而易见，这种方法可以避免构建规模庞大的状态图。

9.1　有限字与无限字上的自动机

有穷状态自动机是一种理论机器模型，拥有不依赖于输入形式的常数大小的记忆单元规模。后面将考虑有限字上的有穷状态自动机和无限字上的有穷状态自动机(也称为 ω 自动机)。

形式上，有穷状态自动机 $\mathcal{A}$ 是一个五元组 $\langle \Sigma, Q, \Delta, Q^0, F \rangle$，它满足以下条件：

- Σ 是一个有限的字母表。
- Q 是一个有限的状态集合。
- $\Delta \subseteq Q \times \Sigma \times Q$ 代表变迁关系。
- $Q^0 \subseteq Q$ 是初始状态的集合。
- $F \subseteq Q$ 是终止状态的集合。

一个自动机可以表示为标记变迁图，图中的节点集为 Q，边集为 Δ。图 9.1 是一个自动机的例子，其中 $\Sigma = \{a,b\}$，$Q = \{q_1, q_2\}$，$Q^0 = \{q_1\}$，$F = \{q_1\}$。初始状态节点由箭头指示，终止状态节点由双圈标记。

假设 v 是 Σ^* 上的一个字，长度为 $|v|$，$\mathcal{A}$ 在 v 上的运行就是一个映射 $\rho : \{0,1,\cdots,|v|\} \mapsto Q$，并满足以下条件：

- 第一个状态是初始状态，即 $\rho(0) \in Q^0$。
- 根据变迁关系，第 i 次输入字母 $v(i)$ 时从状态 $\rho(i)$ 变迁到状态 $\rho(i+1)$，即对于 $i < |v|$，$(\rho(i), v(i), \rho(i+1)) \in \Delta$。

$\mathcal{A}$ 在 v 上的运行(run) ρ 对应于在自动机图上从初始状态 $\rho(0)$ 到状态 $\rho(|v|)$ 的一条路径，在这条路径上边依照 v 中的字母来标记，并说 v 是自动机 $\mathcal{A}$ 的一个输入或者说 $\mathcal{A}$ 读入 v。如果在 v 上的运行 ρ 结束于终止状态，那么 ρ 称为可接受的，即 $\rho(|v|) \in F$。一个自动机 $\mathcal{A}$ 接受字 v，当且仅当 $\mathcal{A}$ 在 v 上有一个可接受的运行 ρ。例如，在图 9.1 中的自动机接受了字 $aabba$，因为在它之上有一个经过状态序列 $q_1 q_1 q_1 q_2 q_2 q_1$ 的运行。

$\mathcal{A}$ 的语言表示为 $\mathcal{L}(\mathcal{A}) \subseteq \Sigma^*$，即包含所有被 $\mathcal{A}$ 接受的字。图 9.1 中自动机所接受的语言可

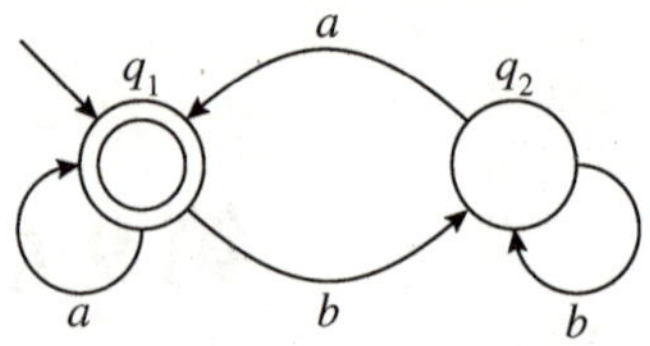

图 9.1　有穷状态自动机

以用一个表达式描述成 $\varepsilon+(a+b)^{*}a$，即可以是空字 ε 或者是包含任意数目的 a 或者 b 并且以 a 结束的字。算子+表示选择，算子*表示无限次重复。

因为当前的并发系统在设计时都不允许正常执行时发生中断，所以一般用无限序列的状态模型来对系统建模。本章主要关注无限字上的有穷状态自动机，这种自动机与有限字上的有穷状态自动机的结构相同。它们识别 Σ^{ω} 中的字，上标 ω 表示无限次重复。

无限字上最简单的自动机是 Büchi 自动机[39]。Büchi 自动机与有限字上自动机的结构是一样的。需要注意的是，F 被称为接受状态而不是终止状态。Büchi 自动机 $\mathcal{A}$ 在一个无限字 $v\in\Sigma^{\omega}$ 上的运行与以前定义的运行含义相似，只是现在 $|v|=\omega$。这样，运行的范围就扩大到所有自然数的集合。运行同样对应于自动机的一条路径，只不过现在的路径有可能是条无限路径。

在运行 ρ 中无限次频繁出现的状态集合用 $inf(\rho)$ 表示。在一个无限字上 Büchi 自动机 $\mathcal{A}$ 的运行 ρ 被称为可接受的当且仅当有 $inf(\rho)\cap F\neq\emptyset$ 成立，即有些接受状态在 ρ 中无限次频繁出现。

图 9.1 表示的结构可以用一个 Büchi 自动机来表示。在这个自动机中，$(ab)^{\omega}$ 是一个可接受的字，即一个从 a 开始的带有可选多个 a 和 b 的无限序列。这个自动机所接受的语言是一个无限字的集合，可以用 ω 正则表达式表示为 $(b^{*}a)^{\omega}$。

9.2　使用自动机进行模型检测

有穷状态自动机可以用于为并发系统和交互式系统建模。状态 Q 和字母表 Σ 都可以用来表示待建模系统状态的集合。在模型检测中使用自动机的最主要的好处，就是可以将系统和待检测的性质用同一种方式来表示。一个 Kripke 结构直接对应于一个使用 ω 规则的自动机，此自动机的所有状态都是接受状态。那么系统 M 行为的集合就是对应的自动机 $\mathcal{A}$ 所接受的语言 $\mathcal{L}(\mathcal{A})$。特别是对于 Kripke 结构 $\langle S,R,S_0,L\rangle$，其中 $L:S\to 2^{AP}$，可以将其转化为自动机 $\mathcal{A}=\langle\Sigma,S\cup\{\iota\},\Delta,\{\iota\},S\cup\{\iota\}\rangle$，其中 $\Sigma=2^{AP}$。对于 $s,s'\in S$ 有 $(s,\alpha,s')\in\Delta$，当且仅当 $(s,s')\in R$ 并且 $\alpha=L(s')$ 满足时。另外只有当 $s\in S_0$ 并且 $\alpha=L(s)$ 时才有 $(\iota,\alpha,s)\in\Delta$。图 9.2 是一个 Kripke 结构和其相对应的自动机。

在相同的字母表上同样可以为待检测的性质构造一个自动机 $\mathcal{S}$，那么语言 $\mathcal{L}(\mathcal{S})$ 就表示允许行为的集合，我们将会用 Büchi 自动机给出几个例子。在图 2.2 中表示的性质是互斥的一个例子，在这个例子里用布尔表达式代替原子命题 AP 的子集来在边上做标记，每条边可能表示几个变迁关系，每个变迁关系对应一个使布尔表达式为真的原子命题 AP 的赋值。例如，当 $AP=\{X,Y,Z\}$，并且有条边被 $X\wedge\neg Y$ 标记，那么这条边符合被标记为 $\{X,Z\}$ 和 $\{X\}$ 的变迁关系。

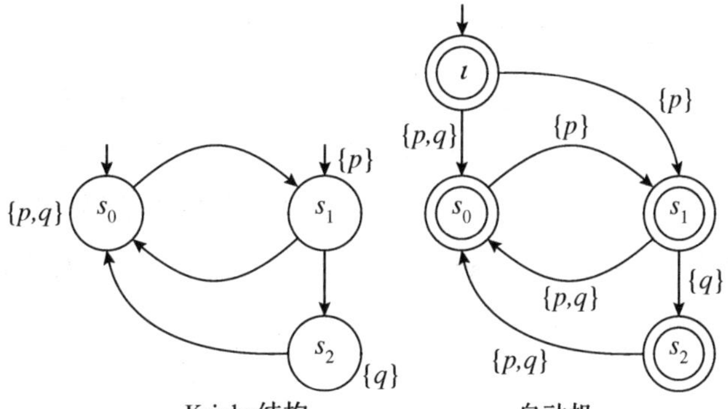

图 9.2 Kripke 结构转化为自动机

在下面互斥的例子中，原子命题 AP 的集合对应着标记 CR_0 和 CR_1。例如，当进程 P_0 的程序计数器是 CR_0 时，命题 CR_0 成立。图 9.3 表示两个进程不能在同一时间进入临界区。这个性质可以用 LTL 路径公式 $\mathbf{G}\,\neg(CR_0 \wedge CR_1)$ 来表示，此性质显然可以被这个互斥的例子所接受。

图 9.4 表示的自动机刻画的性质是进程 P_0 总会进入到它的临界区内，可以用 LTL 路径公式 $\mathbf{F}\,CR_0$ 表示。这条性质在例子中不成立，因为有可能 P_0 从不试图进入其临界区。

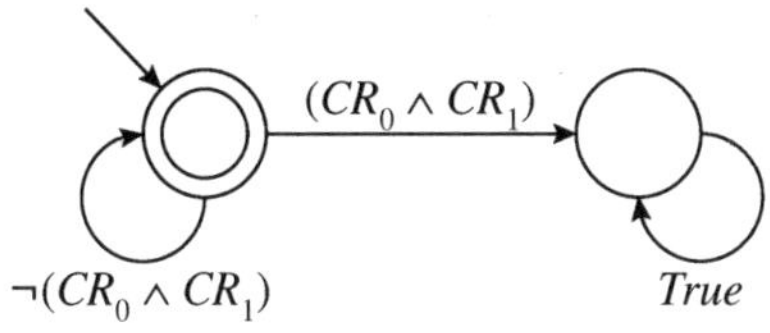

图 9.3 互斥性

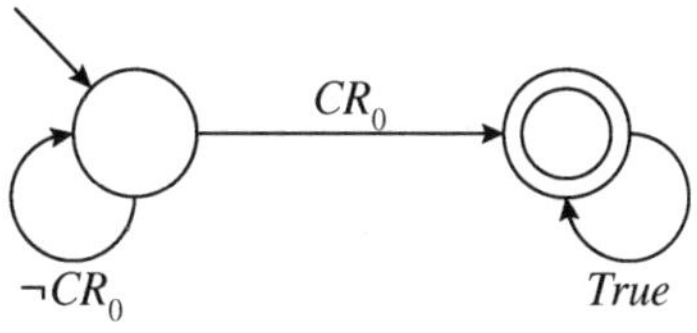

图 9.4 活性

在以下条件成立时，系统 $\mathcal{A}$ 满足性质规约 $\mathcal{S}$，

$$\mathcal{L}(\mathcal{A}) \subseteq \mathcal{L}(\mathcal{S}) \tag{9.1}$$

也就是说，被建模系统的行为集合都包含在该性质规约所允许的行为集合中。设语言 $\overline{\mathcal{L}(\mathcal{S})} = \Sigma^{\omega} - \mathcal{L}(\mathcal{S})$，式(9.1)可以表示为

$$\mathcal{L}(\mathcal{A}) \cap \overline{\mathcal{L}(\mathcal{S})} = \emptyset \tag{9.2}$$

也就是对于性质规约$\mathcal{S}$不允许的行为，$\mathcal{A}$ 不会去做，如果交集不为空，那么其中任何一个行为都可作为反例。

Büchi 自动机在交和补运算下是封闭的[39]，所以存在一个自动机，它能正确识别两个自动机所表示的语言的交集。另外，还有一个能正确识别给定自动机表示语言的补集的自动机。后面将会阐述识别两个 Büchi 自动机所接受语言的交自动机的构造过程。计算 Büchi 自动机的补自动机是有点难度的，关于这一点可以参阅文献[226, 234]。

根据式(9.2)所表示的标准，基于自动机$\mathcal{S}$的模型检测步骤如下：

1. 构造$\mathcal{S}$的补自动机，即构造一个自动机 $\overline{\mathcal{S}}$，使之能够识别的语言是 $\overline{\mathcal{L}(\mathcal{S})}$。

2．构造一个能接受语言 $\mathcal{L}(\mathcal{A})$ 和语言 $\overline{\mathcal{L}(\mathcal{S})}$ 的交集的自动机。

如果交集为空，那么就说性质 $\mathcal{S}$ 被 $\mathcal{A}$ 接受，否则就给出一个反例。后面将会讲到如何将交集中的无限字用有限的方式表示。特别是对于形如 $u\,v^{\omega}$ 的反例，其中 u 和 v 是有限的字。

在一些应用(例如 SPIN[138, 140])中，用户需要直接提供性质$\mathcal{S}$的补自动机而不是性质$\mathcal{S}$的自动机本身，即用这种方法，用户提交的是不希望发生的行为。另一种方式是使用 ω 正则自动机[162]，这样构造自动机的补就会简单一些。

还有一种方法是通过转换诸如 LTL 的性质规约语言得到自动机$\mathcal{S}$。这样就不用将一条性质 φ 转换为$\mathcal{S}$再去求$\mathcal{S}$的补，可以简单地通过 $\neg\varphi$ 得到接受语言补集的自动机[参见式(9.2)]。后面将介绍一种将 LTL 转换为 Büchi 自动机的高效转换算法。

设 $\mathcal{B}_1=\langle\Sigma,Q_1,\Delta_1,Q_1^0,F_1\rangle$，$\mathcal{B}_2=\langle\Sigma,Q_2,\Delta_2,Q_2^0,F_2\rangle$，可以构造一个接受 $\mathcal{L}(\mathcal{B}_1)\cap\mathcal{L}(\mathcal{B}_2)$ 的自动机如下：

$$\mathcal{B}_1\cap\mathcal{B}_2=\langle\Sigma,Q_1\times Q_2\times\{0,1,2\},\Delta,Q_1^0\times Q_2^0\times\{0\},Q_1\times Q_2\times\{2\}\rangle$$

$(\langle r_i,q_j,x\rangle,a,\langle r_m,q_n,y\rangle)\in\Delta$ 当且仅当以下条件成立：

- $(r_i,a,r_m)\in\Delta_1$ 并且 $(q_j,a,q_n)\in\Delta_2$，即局部变量同意 $\mathcal{B}_1$ 和 $\mathcal{B}_2$ 的转换。
- 第三个变量 x 或 y 受到 $\mathcal{B}_1$ 和 $\mathcal{B}_2$ 接受条件的影响：
  - 如果 $x=0$ 且 $r_m\in F_1$，那么有 $y=1$。
  - 如果 $x=1$ 且 $q_n\in F_2$，那么有 $y=2$。
  - 如果 $x=2$，那么有 $y=0$。
  - 其他情况下，$y=x$。

第三个变量负责保证 $\mathcal{B}_1$ 和 $\mathcal{B}_2$ 的接受状态能够无限次频繁出现。注意两个自动机里的接受状态都可以各自无限次频繁出现，但它们同时出现的次数是有限多的。因此设定 $F=F_1\times F_2$ 时，将不能构造出合法的自动机。第三个变量初始化为 0，当出现第一个自动机的接受状态时从 0 变为 1，当出现第二个自动机的接受状态时从 1 变为 2，并且在下一个状态返回到 0，只有在第一个自动机 F_1 和第二个自动机 F_2 的可接受状态均无限次出现的情况下，才能构造出正确的自动机。图 9.6 显示的是图 9.5 中自动机的交，这里只画出了从初始状态开始可以到达的状态。

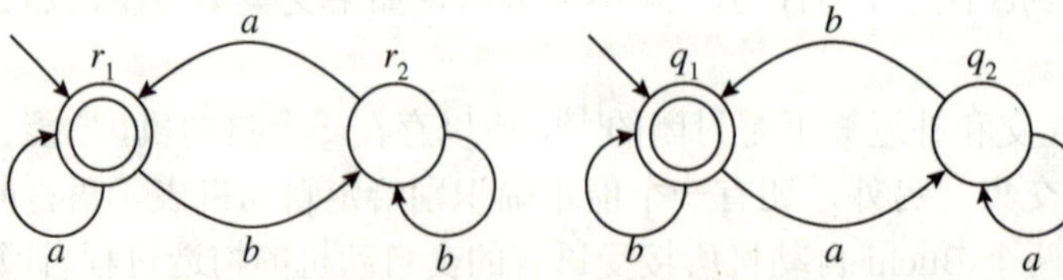

图 9.5 识别无限个 a 的自动机(左)和识别无限个 b 的自动机(右)

如果一个自动机的所有状态都是接受状态，那么交自动机的构造将会很简单。以前出现过这样的交自动机，例如在式(9.2)中，被建模系统的所有状态都是接受状态，假定 $\mathcal{B}_1$ 的所有状态都是接受状态，F_2 是 $\mathcal{B}_2$ 的接受状态，那么它们的交集定义如下所示：

$$\mathcal{B}_1 \cap \mathcal{B}_2 = \langle \Sigma,\ Q_1 \times Q_2,\ \Delta',\ Q_1^0 \times Q_2^0,\ Q_1 \times F_2 \rangle$$

其中接受状态是 $Q_1 \times F_2$ 中的一个对，对中的第二项是一个接受状态。此外，$(r_i,a,r_m) \in \Delta_1$ 且 $(q_j,a,q_n) \in \Delta_2$ 当且仅当 $(\langle r_i,q_j \rangle,a,\langle r_m,q_n \rangle) \in \Delta'$。

对于带公正性限制的系统检测而言，计算交集的一般算法也是很有用的。在这种情况下，系统对应的自动机 $\mathcal{B}_1$ 的一些状态可能不是接受状态。

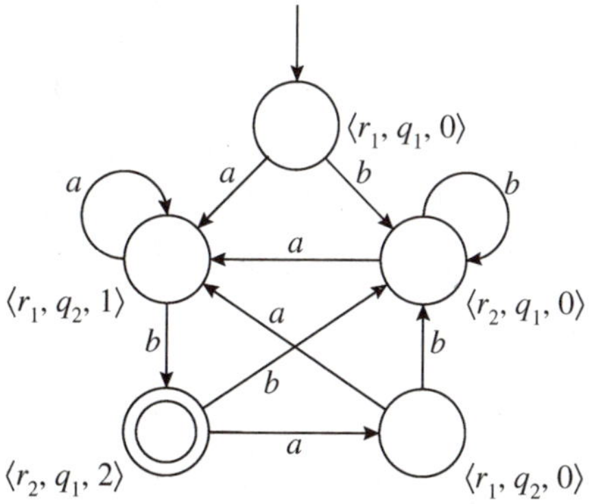

图 9.6　能识别包含无限个 a 和无限个 b 的字的自动机

9.2.1　非确定的 Büchi 自动机

无论是一般的自动机还是 Büchi 自动机，都允许变迁关系Δ是非确定的。也就是说存在变迁关系 (q,a,l)，$(q,a,l') \in \Delta$，其中 $l \neq l'$。有限字上的任意非确定有穷状态自动机都可以转换为一个等价的确定自动机，即转换后的确定自动机能识别相同的语言，可以用子集法来完成转换。对一个非确定的自动机 $\mathcal{M} = \langle \Sigma,Q,\Delta,Q^0,F \rangle$，构造一个确定的自动机 $\mathcal{M}' = \langle \Sigma,2^Q,\Delta',\{Q^0\},F' \rangle$，即 $\Delta' \subseteq 2^Q \times \Sigma \times 2^Q$ 包含 (Q_1,a,Q_2)，其中

$$Q_2 = \bigcup_{q \in Q_1} \{q' \mid (q,a,q') \in \Delta\}$$

集合 F' 同样可以定义为 $\{Q' \mid Q' \subseteq Q \wedge Q' \cap F \neq \emptyset\}$。因为 $\mathcal{M}'$ 是确定的自动机，所以 Δ' 可以表示为一个函数 $\Delta' : 2^Q \times \Sigma \to 2^Q$。$\mathcal{M}'$ 的每一个状态都对应于 $\mathcal{M}$ 读入给定输入串后所能到达的一个状态集合。

对有限字上非确定自动机的求补，可以用子集法先将其转换为确定自动机，然后交换接受状态和非接受状态来得到结果。但对于 Büchi 自动机而言，情况是不一样的，并不是每个非确定 Büchi 自动机都有一个相对应的确定 Büchi 自动机。一个确定 Büchi 自动机 $\mathcal{B}$ 所识别的语言中的每个字 $v \in \Sigma^\omega$ 都满足以下条件：如果 v 中存在一种有限字母序列，这种序列不但对应了到达某接受状态的运行，并且无限多次出现，则字 v 就属于 $\mathcal{B}$ 识别的语言。如果这个自动机是确定的，那么对于字的每一个有限前缀都存在一个唯一的运行。假定字 v 中的有限次字

母序列无限多次出现，并且此字母序列对应的有限的运行都能到达接受状态，那么 v 就由无限多个这种有限运行对应的字母序列组成。根据定义，v 对应的字母序列是唯一的，并且是可接受的。

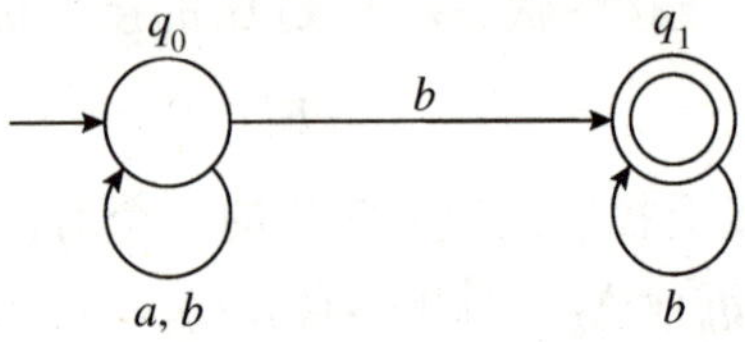

图 9.7　能识别字中包含有限个 a 的自动机

再来考虑图 9.7 中的自动机，它接受 $\Sigma=\{a,b\}$ 上无限字的语言，这个语言所包含的字只有有限多个 a。这是一个非确定自动机，但存在一个确定自动机能识别出这个语言。如果存在一个确定 Büchi 自动机能识别出这个语言，那么这个自动机在读入一个有限的串 b^{n_1}（$n_1 \geqslant 0$）后将到达某些接受状态，否则，字 b^{ω} 不会被接受。从这个状态继续下去，自动机在读入串 $b^{n_1}ab^{n_2}$（$n_2 \geqslant 0$）后一定会到达一个接受状态，等等。这样接受的字肯定是包含无限次 a 的 $b^{n_1}ab^{n_2}ab^{n_3}\cdots$ 的形式。值得注意的是此语言的补，换句话说，包含无限次 a 出现的无限字可以被一个确定 Büchi 自动机识别出来(参见图 9.5 中左边的自动机)。因此，被确定 Büchi 自动机所接受的语言集合在补运算下不是封闭的。

9.2.2　泛 Büchi 自动机

有时包含多个接受状态的 Büchi 自动机在操作时比较方便，并且不需要对其所接受的语言进行扩展。特别地，在以后我们会阐述如何将一个 LTL 的性质规约转换为一个泛 Büchi 自动机。泛 Büchi 自动机的接受状态是 $F \subseteq 2^{Q}$。Büchi 自动机上的运行 ρ 是可接受的，当且仅当对于任意一个 $P_i \in F$，有 $inf(\rho) \cap P_i \neq \phi$。前述的 Kripke 结构带有的多重公正性限制可以对应于泛 Büchi 自动机的接受状态。

以下是一个泛 Büchi 自动机 $\mathcal{B}=\langle\Sigma,Q,\Delta,Q^0,F\rangle$ 到 Büchi 自动机的简单转换过程。设 $F=\{P_1,\cdots,P_n\}$，构造

$$\mathcal{B}'=\langle\Sigma,\ Q\times\{0,\cdots,n\},\ \Delta',\ Q^0\times\{0\},\ Q\times\{n\}\rangle$$

变迁关系 Δ' 满足 $(\langle q,x\rangle,a,\langle q',y\rangle)\in\Delta'$，其中 $(q,a,q')\in\Delta$ 且 x 和 y 满足以下条件：

- 如果 $q' \in P_i$ 且 $x=i-1$，那么 $y=i$。
- 如果 $x=n$，那么 $y=0$。
- 其他情况下，$x=y$。

这个转换过程得到的自动机的规模将是原自动机的 $n+1$ 倍。如果泛 Büchi 自动机中 F 的集合为空，那么在 Σ 上所有的无限字都是可以接受的。

9.3　检查 Büchi 自动机接受的语言是否为空

检查一个 Büchi 自动机接受的语言是否为空也很简单。设 ρ 是 Büchi 自动机 $\mathcal{B}=\langle\Sigma,Q,\Delta,Q^0,F\rangle$ 的一个可接受的运行，那么 ρ 中包含无限多个 F 中的接受状态。因为 Q 是有限

的，所以 ρ 中一些前缀 ρ' 的每个状态都重复了无限多次，在 ρ' 中任意两个状态之间都是可达的。因此，ρ' 中的所有状态都包含在一个强连通图中，从初始状态出发可以到达这个强连通图，并且图中包含接受状态。反过来，如果一个强连通图可以从初始状态到达，并且包含接受状态，那么这个强连通图可以产生此自动机的一个可接受的运行。

检查 $\mathcal{L}(\mathcal{B})$ 的非空就等价于找到上述形式的强连通图，也就是说，语言 $\mathcal{L}(\mathcal{B})$ 是非空的当且仅当接受状态在一个环里出现。很明显在这样一个环里的节点必定在一个强连通图中。反过来，如果一个强连通图中包含接受状态，那么肯定能找到一个包含接受状态节点的环。这一结论的意义在于：如果语言 $\mathcal{L}(\mathcal{B})$ 是非空的，就可以用有限次运算得出一个证明，这个证明结果是一个运行 ρ，包括一个有限前缀和周期出现的状态序列。这种证明将应用于表示交集的自动机 $\mathcal{B}$，其中参加相交运算的是表示系统的自动机和表示待检测性质的补自动机（参见 9.2 节）。

Tarjan 提出的查找强连通分量的深度优先遍历算法（DFS）[239]可以在时间复杂度 $O(|Q|+|\Delta|)$ 内判定一个 Büchi 自动机是否为空。下面将介绍一种更加有效的算法[84, 141]来解决这个问题，此算法采用双 DFS 来查找带有接受状态的环。

这两个深度优先遍历是交替执行的，第一个遍历可以激活第二个遍历，第二个遍历有可能结束程序，或者在第一个遍历暂停的地方将其恢复。

当第一个 DFS 完成其后继的查询，准备从接受状态回滚时，第二个 DFS 开始执行查找通过这个状态的环，如果没有找到，那么第一个 DFS 在其暂停的地方恢复运行。

```
procedure emptiness
    for all q0 ∈ Q^0 do
        dfs1(q0);
    terminate(False);
end procedure

procedure dfs1(q)
    local q';
    hash(q);
    for all q 的后继 q' do
        if q' 不在哈希表中 then dfs1(q');
    if accept(q) then dfs2(q);
end procedure

procedure dfs2(q)
    local q';
    flag(q);
    for all q 的后继 q' do
        if q' 在堆栈 dfs1 中 then terminate(True);
        else if q' 未标记 then dfs2(q');
        end if;
end procedure
```

图 9.8　双 DFS 的算法伪码

图 9.8 的算法中将第一个 DFS 遍历过的节点加入一个哈希表中，这些节点被称为是经过哈希处理的。可以用一个布尔变量来标识一个状态节点是否被第二个 DFS 遍历过，如果是，那么称这个节点为标记过的。为了实现高效的操作，哈希表中的每一状态都用两个比特位来标识在哪一个 DFS 的查找栈中。

算法用 **terminate** 命令来结束程序并返回一个值。

如果返回值为真，那么就得到一个包含可达的接受状态的环，即用一个反例证明了非空。设 q_1 是第二个 DFS 开始遍历时的接受状态，那么有一条从初始状态到 q_1 的路径保存在第一个 DFS 的栈内，这条路径是反例中的有限长前缀。设 q_2 是第二个 DFS 结束时的状态，用以下步骤构造反复出现的部分：在第二个 DFS 的栈内有一条从 q_1 到 q_2 的路径；q_2 在第一个 DFS 的栈内出现过，并且在第一个 DFS 的栈内当 q_2 压栈后，紧接着压栈的状态正好可以到达 q_1，即构成一个环。

9.3.1 算法的正确性

下面这些我们所熟知的 DFS 的性质对证明算法的正确性非常重要。

引理 23 设 q 是一个不在环内出现的节点，那么从 q 出发能到达的节点被检测并回滚后，此 DFS 才会从 q 回滚。

显然这条引理对双 DFS 算法中的第一个 DFS 也是成立的。

定理 7 只有当语言 $\mathcal{L}(\mathcal{B})$ 不为空时，对于被检测的自动机 $\mathcal{B}$，此双 DFS 算法会返回一个证明 $\mathcal{L}(\mathcal{B})$ 为空的反例。

证明 当双 DFS 算法中返回一条环里有接受状态的路径时，也就找到了被检测自动机所接受语言为空的一个反例。如果此语言 $\mathcal{L}(\mathcal{B})$ 果真为空，查空操作就会变得复杂。

第二个 DFS 算法在遍历到一个状态时将其标记。假设第二个 DFS 算法从状态 q 出发，并且有一条路径从 q 到 p，p 在第一个 DFS 算法的栈内出现。那么这条路径可以构造一个环，环中其他的状态就是第一个 DFS 算法的栈内在 p 后面出现的状态。

这里有两种情况：

- 当第二个 DFS 算法从 q 开始遍历时，存在一条从 q 到第一个 DFS 栈内某个未标记节点的路径。在这种情况下，第二个 DFS 算法会找到预期的那个环。
- 从 q 到第一个 DFS 栈内节点的所有路径上都存在一个已经标记的状态节点 r。在这种情况下，就不存在从 q 出发的预期的环。

在这里说明第二种情况下为何不存在那样的环。利用反证法，假设有这样的一个环，第二个 DFS 算法从满足条件的接受状态开始遍历，没有找到它。设 q 是第一个满足条件的状态，假设第二个 DFS 算法从 q 开始遍历时能达到 r，并且 r 是第一个被标记过的状态，r 在包含 q 的一个环中，最后设 q' 是第一次碰到 r 时第二个 DFS 算法开始的那个接受状态。那么根据刚才的假设，在某次第二个 DFS 算法从 q 开始执行前，它就从 q' 开始执行了一次。这里有两种情况（参见图 9.9）：

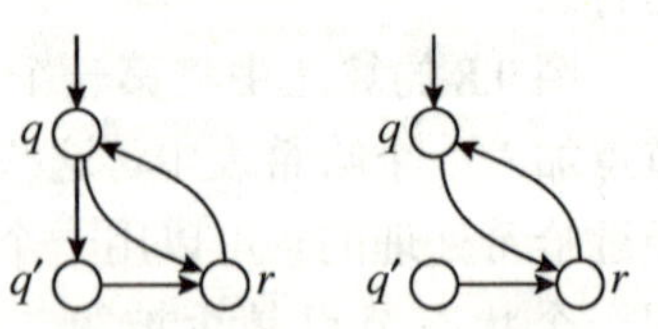

图 9.9 定理 7 中的两种情况

- 状态 q 到 q' 是可达的，即有一个环 $q' \to \cdots \to r \to \cdots \to q \to \cdots \to q'$ 存在，此环以前没有出现过，也就说在找到此环之前程序就已经结束了。这就与前面假设接受状态 q 是没找到环的第二个 DFS 算法的开始节点相矛盾。
- 状态 q 到 q' 是不可达的，如果 q' 在一个环上出现，那么在第二个 DFS 从 q 开始遍历时就已经忽略了此环，与之前的假设相反。根据假设，q 从 r 是可达的，因此 q 从 q' 也是可达的。从而有，如果 q' 没有在一个环上出现，根据引理 23，则必须在第一个 DFS 算法从 q' 回滚前就从 q 回滚并且已经发现了这个环。因此根据这个双 DFS 算法，必须在某次第二个 DFS 算法从 q' 开始执行前它就从 q 开始执行了一次。这违反了第二个 DFS 算法执行的规则，这也与我们的假设矛盾。

9.4 LTL 公式转化为自动机

在这一节介绍由 Gerth，Peled，Vardi 和 Wolper 提出的将一个 LTL 路径公式转化为泛 Büchi 自动机的算法[124]。可以认为这个算法是对 LTL 的 tableau 结构的应用。

在下面使用这个转化程序之前，必须将公式 φ 变为负范式，即否定只能应用在命题变量上。首先把 $\mathbf{F}\,\psi$ 形式的子公式重写为 $True\,\mathbf{U}\,\psi$，将 $\mathbf{G}\,\psi$ 形式的子公式重写为 $False\,\mathbf{R}\,\psi$。并且用布尔等价变换使得公式中只出现布尔算子与（$\wedge$）、或（$\vee$）、非（$\neg$），最后使用 $\neg(\mu\,\mathbf{U}\,\eta)=(\neg\mu)\mathbf{R}(\neg\eta)$，$\neg(\mu\,\mathbf{R}\,\eta)=(\neg\mu)\mathbf{U}(\neg\eta)$ 和 $\neg\mathbf{X}\,\mu=\mathbf{X}\neg\mu$ 等这些 LTL 等价公式；把否定放到内层。例如，公式 $(A\,\mathbf{U}\,B)\rightarrow\mathbf{F}\,C$，用析取替换得到 $\neg(A\,\mathbf{U}\,B)\vee\mathbf{F}\,C$，再将 $\mathbf{F}\,C$ 等价替换为 $True\,\mathbf{U}\,C$，得到公式 $\neg(A\,\mathbf{U}\,B)\vee(True\,\mathbf{U}\,C)$，最后将否定放到公式内层，得到公式 $((\neg A)\mathbf{R}(\neg B))\vee(True\,\mathbf{U}\,C)$。在本节的后面，我们默认公式 φ 已经是这种标准的负范式形式。

此算法中的基本数据结构称为节点，作为算法结果的自动机的状态被表示成节点。一个节点 q 包含以下一些成员：

记录节点=[*ID*：节点 ID，*Incoming*：节点 ID 列表，

Old：公式列表，*New*：公式列表，*Next*：公式列表]；

其中 *ID* 是区分节点的唯一标志符，*Incoming* 是一个已有节点的列表，在这个列表中的每个节点 r 都表示有一条从 r 到 q 的边。*Old*、*New*、*Next* 都是 φ 子公式的列表，直观上这些列表描述了计算中后缀的时序特性。这些列表中的子公式包含了计算 ξ 的后缀 ξ^i 的信息：

- ξ^i 在 *Old* 和 *New* 的所有子公式中都满足。
- ξ^{i+1} 在 *Next* 的所有子公式中都满足。
- 在处理当前节点时，*Old* 的所有子公式已经被处理过了，而 *New* 的所有子公式将被处理。

用符号 $\Leftarrow$ 来为一个节点的各位成员赋值。例如，$New\Leftarrow\{\varphi\}$ 就为当前节点把单个 φ 公式加入 *New* 的列表里。

程序对 *Nodes* 列表结构进行操作，列表中的节点与一个特殊的节点 *init* 一起构成待构造自动机的状态，节点 *init* 就是自动机的初始状态。*Nodes* 初始化为空。

下面的算法中，函数 $new\_ID()$ 在每次调用时都创建唯一的节点 ID 值。函数 *Neg* 定义为 $Neg(A)=\neg A$，$Neg(\neg A)=A$，其中 A 是命题，所以 $Neg(True)=False$，$Neg(False)=True$。

此算法从一个节点开始转换公式 φ，此节点从初始节点 *init* 一步可达，并且满足以下条件：$New=\{\varphi\}$ 和 $Old=Next=\emptyset$。

function *create_graph* (φ)

$expand([ID \Leftarrow new\_ID(),$

$Incoming \Leftarrow \{init\},$

$Old \Leftarrow \emptyset,$

$New \Leftarrow \{\varphi\},$

$Next \Leftarrow \emptyset], \emptyset);$

end function

例如，图 9.10 中最上面的那个节点就是算法为 $A\,\mathbf{U}(B\,\mathbf{U}\,C)$ 构造自动机的入口。

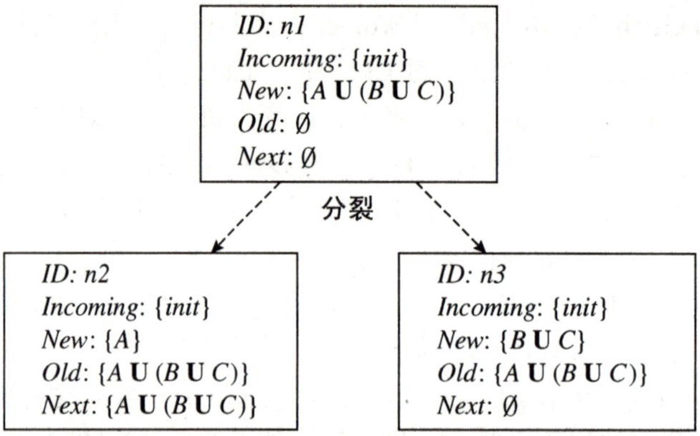

图 9.10 分裂一个节点

递归展开函数 *expand* 用来构造一个结果节点列表，此函数接收两个参数：当前节点和以前构造好的节点的列表，返回值为节点的列表。

function *expand*(q, *Nodes*)

对于当前节点 q，算法检查 q 的成员 *New* 是否为空，如果是，检查 q 是否能加入 *Nodes* 中。如果 *Nodes* 中有一个节点 r，并且 r 的成员 *Old* 和 *Next* 中都具有相同的 q 的子公式，则 r 的 *Incoming* 做如下变化：将 q 的 *Incoming* 加到 r 的 *Incoming* 上。如果在 *Nodes* 中没有这样的节点 r，那么就将 q 加入到 *Nodes* 中，并按以下步骤新建一个节点 q'：

- 从 q 到 q' 有一条边，即 q' 的 *Incoming* 设置为 $\{q\}$。
- q' 的成员 *New* 设置为 $Next(q)$。
- q' 的成员 *Old* 和 *Next* 都设置为空。

图 9.11 表示将节点 q 加入到 *Nodes* 中并构造出一个新节点 q'。

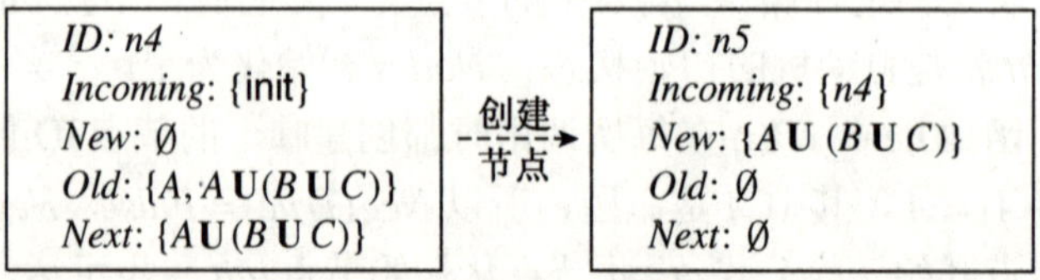

图 9.11 创建一个新节点

```
if New(q)为空 then
    if 存在一个节点 r in Nodes with
            Old(r) = Old(q) and Next(r) = Next(q) then
        Incoming(r) := Incoming(r) ∪ Incoming(q);
        return(Nodes);
    else expand([ID ⇐ new_ID(),
    Incoming ⇐ {ID(q)},
    Old ⇐ ∅,
    New ⇐ Next(q),
    Next ⇐ ∅], Nodes ∪ {q});
end if;
```

另外，如果 q 的 *New* 不为空，则将 *New* 中的公式 η 移出；若 η 已经在 *Old* 中出现，就将此节点展开。

```
else /* New(q)不为空*/
    let η ∈ New(q) ;
    New(q) := New(q) − {η};
    if η ∈ Old(q) then
        expand(q, Nodes);
```

假设现在 η 不在 $Old(q)$ 中，根据 η 中的主要运算将节点 q 分成两个节点 q_1 和 q_2，或者用一个新的节点 q' 代替 q。构造新节点时首先给出一个新名字，然后将 q 的 *Incoming*、*Old* 复制过来，接着将 η 加入到 *Old* 的公式列表中。此外，根据以下不同情况，有些公式将被加入 q_1, q_2 或者 q' 的 *New* 和 *Next* 中。

- η 或者是一个命题 p，或者是一个否定命题 $\neg p$，或者是布尔常量 *True* 和 *False*。若 η 是 *False* 或 $\neg\eta$ 在 *Old* 中（定义 $\neg\neg A = A$），那么当前节点 q 包含矛盾，将其丢弃。通过在返回 *Nodes* 列表时不加入 q，可以很容易实现这一点。

```
if η = False or Neg(η) ∈ Old(q) then return(Nodes);
```

  否则，像下面所示用 q' 代替 q。

```
q' := [ ID ⇐ new_ID(),
        Incoming ⇐ Incoming(q),
        Old ⇐ Old(q) ∪ {η},
        New ⇐ New(q),
        Next ⇐ Next(q)];
expand(q', Nodes);
```

- $\eta = \mu\,\mathbf{U}\,\psi$。因为 $\mu\,\mathbf{U}\,\psi$ 等价于 $\psi \vee (\mu \wedge \mathbf{X}(\mu\,\mathbf{U}\,\psi))$，节点 q 分成两个节点 q_1 和 q_2。在节点 q_1 中，μ 被加到 *New* 里，$\mu\,\mathbf{U}\,\psi$ 加到 *Next* 里，在节点 q_2 中，ψ 被加到 *New* 里，如图 9.10 所示，其中 $\mu = A$，$\psi = (B\,\mathbf{U}\,C)$。

```
q1 := [ID ⇐ new_ID(),
       Incoming ⇐ Incoming(q),
       Old ⇐ Old(q) ∪ {η},
```

$New \Leftarrow New(q) \cup \{\mu\}$,
$Next \Leftarrow Next(q) \cup \{\mu\, \mathbf{U}\, \psi\}$];
$q_2 := [ID \Leftarrow new\_ID()$,
$Incoming \Leftarrow Incoming(q)$,
$Old \Leftarrow Old(q) \cup \{\eta\}$,
$New \Leftarrow New(q) \cup \{\psi\}$,
$Next \Leftarrow Next(q)]$;
$expand(q_2, expand(q_1, Nodes))$;

- $\eta = \mu\, \mathbf{R}\, \psi$。分裂节点 q，因为 $\mu\, \mathbf{R}\, \psi$ 等价于 $\psi \wedge (\mu \vee \mathbf{X}(\mu\, \mathbf{R}\, \psi))$，可以转化为 $(\psi \wedge \mu) \vee (\psi \wedge \mathbf{X}(\mu\, \mathbf{R}\, \psi))$。因此，$\psi$ 被加到 q_1 和 q_2 的 *New* 里，μ 被加到 q_1 的 *New* 里，$\mu\, \mathbf{R}\, \psi$ 被加到 q_2 的 *Next* 里，程序代码与 $\eta = \mu\, \mathbf{U}\, \psi$ 的类似。
- $\eta = \mu \vee \psi$。分裂节点 q，μ 被加到 q_1 的 *New* 里，ψ 被加到 q_2 的 *New* 里，程序代码与 $\eta = \mu\, \mathbf{U}\, \psi$ 的类似。
- $\eta = \mu \wedge \psi$。用一个新的节点 q' 代替 q，因为只有当 μ 和 ψ 都为真时 η 才为真，所以把它们两个都加到 q' 的 *New* 里。

$q' := [ID \Leftarrow new\_ID()$,
$Incoming \Leftarrow Incoming(q)$,
$Old \Leftarrow Old(q) \cup \{\eta\}$,
$New \Leftarrow New(q) \cup \{\mu, \psi\}$,
$Next \Leftarrow Next(q)]$;
$expand(q', Nodes)$;

- $\eta = \mathbf{X}\ \mu$。用一个新的节点 q' 代替 q，μ 加到 q' 的 *Next* 里。

$q' := [ID \Leftarrow new\_ID()$,
$Incoming \Leftarrow Incoming(q)$,
$Old \Leftarrow Old(q) \cup \{\eta\}$,
$New \Leftarrow New(q)$,
$Next \Leftarrow Next(q) \cup \{\mu\}]$;
$expand(q', Nodes)$;

算法递归地扩展新的子公式，节点 q 被分裂或者用新节点代替时要回收分配给它的内存空间。这里不再详细讨论算法中的内存回收问题。

算法的正确性可以用两个不变性推出。设 $\bigwedge Y$ 代表集合 Y 中公式的合取。

1. 当节点 q 分裂成两个节点 q_1 和 q_2 时，保持以下不变性：

$$\left(\bigwedge Old(q) \wedge \bigwedge New(q) \wedge \mathbf{X} \bigwedge Next(q)\right)$$
$$\longleftrightarrow \Big(\big(\bigwedge Old(q_1) \wedge \bigwedge New(q_1) \wedge \mathbf{X} \bigwedge Next(q_1)\big) \vee$$
$$\big(\bigwedge Old(q_2) \wedge \bigwedge New(q_2) \wedge \mathbf{X} \bigwedge Next(q_2)\big)\Big)$$

2. 当节点 q 被新节点 q' 代替时，保持以下不变性：

$$\left(\bigwedge Old(q)\wedge\bigwedge New(q)\wedge\mathbf{X}\bigwedge Next(q)\right)$$

$$\longleftrightarrow\left(\bigwedge Old(q')\wedge\bigwedge New(q')\wedge\mathbf{X}\bigwedge Next(q')\right)$$

通过以上程序返回的节点的列表 *Nodes*，就可以将公式 φ 转化为一个泛 Büchi 自动机。此自动机各部分如下所示：

- 字母表 Σ 包含原子命题 *AP* 中命题的集合。$\alpha\in\Sigma$ 代表一个使在 α 中的命题为真且使不在 α 中的命题为假的赋值(实际上如图 9.3 和图 9.4 所示，可以通过在边上标记布尔表达式来表示一个变迁的集合)。
- 状态集合 Q 包含 *Nodes* 中的节点和初始节点 *init* 。
- $(r,\alpha,r')\in\Delta$ 当且仅当 $r\in Incoming(r')$ 且 α 满足在 $Old(r')$ 中否定与非否定命题的合取。
- 初始节点是 *init*，没有指向 *init* 的边。
- 接受状态集合 F 包含若干个独立的状态集合 P_i，$P_i\in F$ 对应于一个形如 $\mu\,\mathbf{U}\,\psi$ 的子公式，所以 P_i 包含所有满足 $\psi\in Old(r)$ 或者 $\mu\,\mathbf{U}\,\psi\notin Old(r)$ 的状态。综上所述，P_i 可以保证若 $\mu\,\mathbf{U}\,\psi$ 在某一可接受的运行的一些状态上成立，那么 ψ 肯定在此运行后续的某些状态上成立。

如果从 *New* 中移除形如 $\mu\vee\psi$，$\mu\wedge\psi$ 或 $\mathbf{X}\ \mu$ 的子公式，并且这些移除的子公式不在 $\mathbf{U}$(直到)的右边出现，那么不把它们存入 *Old* 中就能提高程序性能。很容易看出这些公式是多余的，例如，若 *Nodes* 中某些节点的 *Old* 含有 $\mu\vee\psi$，那也就包含 μ 或者 ψ。其他的公式类似。

此算法构造出的节点数目和算法时间复杂度随公式长度呈指数级增长，但经验表明构造出的自动机还是比较小的。

同 9.2 节讨论的情况一样，进行模型检测时我们需要一个表示不希望发生的行为的自动机，也就是这些行为不被性质 φ 所允许。将 φ 转换为一个自动机，而后做出补自动机，得到的自动机大小将会随公式长度呈双倍指数级增长。比较好的解决办法就是直接将 $\neg\varphi$ 转化为自动机，在最坏的情况下，得到的自动机规模相对于 φ 呈指数级增长。

9.5　采用“On-the-Fly”技术的模型检测

在前面章节里已经介绍了几种检测系统是否满足性质规约 φ 的算法，它们首先将待检测系统转化为对应的一个 Büchi 自动机 $\mathcal{A}$，接着将性质规约 φ 的否定转化为另一个自动机 $\mathcal{S}$，最后检测 $\mathcal{S}$ 与 $\mathcal{A}$ 的交集是否为空，若不为空，就会得到一个反例。这里将介绍如何挖掘机械化检测的潜力，使之能够更加有效地进行模型检测，现在我们不会为 $\mathcal{A}$ 与 $\mathcal{S}$ 都构造出自动机，只构造性质的自动机 $\mathcal{S}$，然后在计算交集时以它为指导构造系统的自动机 $\mathcal{A}$。通过这种方式，在为被检测性质找到一个反例之前，可能不会构造出系统对应的完整的自动机。

可以使用第 4 章介绍的模型检测技术，用图表示 Kripke 结构，用节点表示状态，用边表示变迁关系。在模型检测之前从当前系统抽取出这样的一个结构，有可能得到具有系统规模指数级的图。

在模型检测中加入本节所介绍的自动机理论，就可以在很多情况下避免为待测系统构造全状态空间。当检测$\mathcal{A}$与性质的自动机$\mathcal{S}$的交集是否为空时，只是在需要某些状态时，才在$\mathcal{A}$中建立这些状态对应的节点，这种策略称为“On-the-Fly”型的模型检测[84, 113]。

因此，利用“On-the-Fly”型的模型检测来检测$\mathcal{A}$与$\mathcal{S}$交集的一个好处，就是$\mathcal{A}$中的一些状态有可能永远不会建立。另一个好处就是在两个自动机交集构造完成前就有可能找到反例，只要找到一个反例，那么就没有必要构造它们的交集了。

假设用 9.3 节介绍的双 DFS 算法来检测$\mathcal{A}$与$\mathcal{S}$交集是否为空。使用一个对表示来构造这个交自动机状态，其中的两个状态分别来自$\mathcal{A}$与$\mathcal{S}$。注意$\mathcal{A}$中所有的状态都是接受状态，所以刻画交自动机的一个状态只有在它的$\mathcal{S}$状态成员是接受状态时，才表示为接受状态。

在“On-the-Fly”型的模型检测中，刻画交自动机的状态只有在双 DFS 算法需要时才进行计算。假设自动机$\mathcal{S}$刻画的性质是$\neg\varphi$，并且自动机$\mathcal{A}$中已经构造了一些检测所必需的状态。

设当前要检测的状态是$s=\langle r,q\rangle$，r是$\mathcal{A}$中的状态，q是$\mathcal{S}$中的状态，继续检测时每次构造一个s的后继。$\mathcal{S}$是构造好的，所以$\mathcal{S}$中q的后继$q_1,q_2,\cdots,q_n$已经构造完毕。设r'是下次需要计算的r的后继。若r到r'变迁关系上的标记与q到q_i变迁关系上的标记相同，且都包含在原子命题AP中，则得到后继$s_i=\langle r',q_i\rangle$，$1\leqslant i\leqslant n$。下面给出的是在“On-the-Fly”型的模型检测中减小状态空间的两种方法。

1. 若r'的标记与q的任何后继q_i的标记都不同，则算法不再检测所有r'的后继。
2. 在算法回滚到s之前就找到一个环，则算法在检测其他的s后继之前(这些后继有可能包括已经检测过的r的一些后继)就终止了。

在这两种情况下，通过自动机$\mathcal{S}$中已经被检测过的性质就构造出一个约简状态的自动机$\mathcal{A}$。

9.6 检测语言包含的符号方法

本节介绍使用符号模型检测技术来判定ω自动机之间的语言包含。虽然存在很多类型的ω自动机，本节的讨论仅限于 Büchi 自动机，其他类型自动机上的算法可参见相关书籍[60]。通常检测两个非确定ω自动机的语言包含的难度是 PSPACE 难的。所以我们对这种情况加以限制，要求刻画性质规约的自动机是确定的。若刻画性质规约的是非确定自动机，那么此算法将无法执行(参见 9.2.1 节)。假设两个自动机都已经构造完成。

设在相同字母表Σ上的两个 Büchi 自动机分别是$\mathcal{A}=(\Sigma,Q,\Delta,Q^0,F)$和$\mathcal{A}'=(\Sigma,Q',\Delta',Q^{0'},F')$，设$M(\mathcal{A},\mathcal{A}')$是在原子命题$AP=\{q,q'\}$上的一个 Kripke 结构$(Q\times Q',R,L)$。$q$，$q'$是两个新的符号，并满足以下条件：

$q\in L((s,s'))$，当且仅当$s\in F$。

$q'\in L((s,s'))$，当且仅当$s'\in F'$。

$(s,s')R(r,r')$，当且仅当$\exists\sigma\in\Sigma:(s,\sigma,r)\in\Delta$且$(s',\sigma,r')\in\Delta'$。

回顾 5.2 节中使用符号技术为 Kripke 结构编码的方法(在文献[60]使用的方法中，$\mathcal{A}'$ 是具有确定性的)。

$$\mathcal{L}(\mathcal{A}) \subseteq \mathcal{L}(\mathcal{A}') \Leftrightarrow M(\mathcal{A}, \mathcal{A}') \models \mathbf{A}(\mathbf{GF}q \Rightarrow \mathbf{GF}q')$$

注意上面这个公式不是一个 CTL 公式，其中时序算子没有紧跟在全称量词之后。此公式等价于在“q 无限次出现”的公正性情况下有 **AG AF** q'（“q' 无限次出现”）。可以使用 6.2 节提到的方法对上面给定公正性限制的公式进行处理。

定理 8　$\mathcal{L}(\mathcal{A}) \subseteq \mathcal{L}(\mathcal{A}')$ 当且仅当在公正性限制 q 下有 $M(\mathcal{A},\mathcal{A}') \models$ **AG AF** q' 成立。

第10章 偏序约简

本章介绍偏序约简的基本原理。偏序约简的目的是通过减少系统模型中的状态数目，来降低模型检测算法所搜索的状态空间的规模。偏序约简的依据是在系统中，可并发执行的变迁关系具有交换性，也就是说，当它们以不同的顺序执行时，都会到达同一个状态。因此，这种约简技术适合于异步系统(在同步系统中，并发的变迁关系同时执行而非交替执行)。

该方法只构建约简后的状态图，因为在很多情况下，全状态图的规模过于庞大，以至于无法载入内存，从而导致建模失败。就约简后的状态图而言，它表示的行为集合只是全状态图行为集合的一个子集，这就需要不在约简图中的行为集合不会影响模型检测的过程。更加精确地说，我们可以为系统行为定义一种等价关系，使得被检测的性质无法区分等价的行为。这就要求如果某个行为并不存在于约简图中，那么与它等价的行为必须要包含进去。

一些早期的算法也曾用到偏序约简技术，如基于程序执行的偏序模型算法[126,153,244]。因为验证可以通过行为等价类的表示来实现，所以基于行为的方法可以更好地描述涉及偏序约简的模型检测[210,212]。

本章中，系统的变迁关系是偏序约简的基础，这种约简方法正是建立在变迁关系之间的依赖关系之上的。此外，这种约简方法还指出了哪些变迁关系需要包含到约简模型中，哪些不需要。和第 7 章介绍的一样，需要对系统内不同种类的变迁关系进行区分。因此，本章对 Kripke 结构的定义做了轻微修改，用一个变迁关系的集合 T 代替原来的单个变迁关系 R。为了简单起见，我们称 T 中的每一个元素 α 为一个变迁，而非变迁关系。

状态变迁系统是一个四元组 (S,T,S_0,L)，其中 S 是所有状态的集合，S_0 是初始状态的集合，L 与 Kripke 结构中定义的标记函数相同，T 是变迁的集合，比如对于每一个 $\alpha \in T$，都有 $\alpha \subseteq S \times S$。Kripke 结构 $M=(S,R,S_0,L)$ 可以通过定义 R 来获得，例如 $R(s,s')$ 成立，仅当存在一个变迁 $\alpha \in T$，即 $\alpha(s,s')$。

对于变迁 $\alpha \in T$，如果有一个状态 s'，使得 $\alpha(s,s')$ 成立，则称 α 在 s 处是激活的；反之，则称 α 在 s 处是非激活的。在 s 处所有激活的变迁集合记为 $enabled(s)$。如果对于每一个 s 最多只有一个 s' 使得 $\alpha(s,s')$ 成立，则称这样的 α 为确定的。当 α 是确定的时，通常用 $s'=\alpha(s)$ 代替 $\alpha(s,s')$。此后，将只考虑确定的变迁。

在状态变迁系统中，从状态 s 出发的路径是一个有限或者无限的状态序列，具体定义如下：$\pi = s_0 \xrightarrow{\alpha_0} s_1 \xrightarrow{\alpha_1} \cdots$，其中 $s=s_0$，并且对于每一个 i，都有 $\alpha_i(s_i,s_{i+1})$ 成立。这里不要求路径是无限的。此外，一条路径的任何前缀也是一条路径。如果 π 是有限的，那么 π 的长度就是 π 中变迁的个数，记为 $|\pi|$。

10.1　异步系统中的并发

一般来说，异步并发系统对应了交替并发模型，这种模型中的并发事件可以按照任意次序执行。考虑一般情况，事件能够以所有可能的次序交替发生。在相互独立的变迁中，大部分次序是无意义的，然而通常的描述语言，包括一些时序逻辑，都对这些次序加以严格区分。我们的目标就是不区分这些无意义的次序，这样一来，偏序约简只需检查行为集合的一个子集。当然，为了保证验证的公正性，我们也要验证足够多的行为。

将并发事件以各种可能的次序组合的结果是指数级的，这会引起状态爆炸。现考虑 n 个可并发执行的变迁，在这种情况下，就会有 $n!$ 种的不同顺序和 2^n 不同的状态(每个状态都对应了一个变迁子集)。如果需求描述不需区分这些次序排列，则仅需考虑其中任意一种次序，这个次序仅包含 $n+1$ 个状态。图 10.1 是 $n=3$ 时的情况。

偏序约简的目标是在模型检测的过程中减少需要考虑的状态数目，并且同时保证被验证性质在精简模型上的正确性。为了简单起见，称使用 DFS 算法所产生的状态空间为约简状态图。随后的模型检测算法将在该状态约简图上进行，约简过程将构建一个状态和边的数量都更少的图，这样不但可以使用更少的内存，并且能够加速图的构建过程，最终提高模型检测算法的效率。此外，约简过程还可以同模型检测的“On-the-Fly”方法联合进行[209]。DFS 算法也可以利用宽度优先算法[55]代替，并且能结合符号模型检测的方法[4,164]。

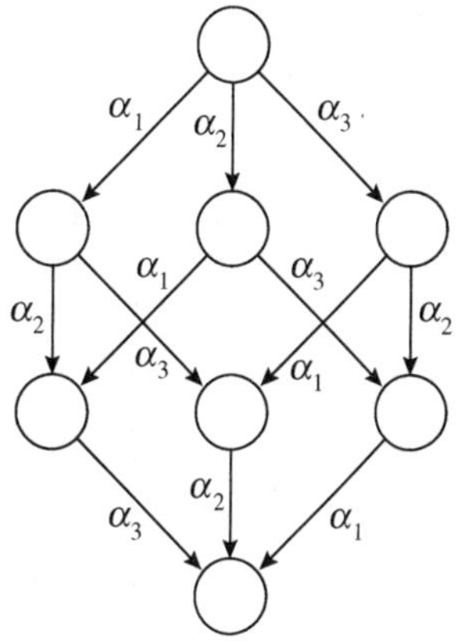

图 10.1　三个独立变迁的执行过程

约简过程使用改进的 DFS 算法构造状态图，如图 10.2 所示。搜索过程从初始状态 s_0 开始(第 1 行)，然后递归执行。对于每一个状态 s，只选择所有激活变迁的集合 $enabled(s)$ 的一个子集——充足集合 $ample(s)$ (第 5 行)，而不是整个 $enabled(s)$。这是因为从 $enabled(s)$ 出发将构建全状态图，而非约简状态图。接着，DFS 算法只探测充足集合中变迁的后继状态(第 6 行至第 16 行)。在图 10.2 所示的 DFS 算法中，当状态第一次被处理时，它会被标记为 *on_stack*(第 2 行和第 12 行)；当此状态的所有的后继状态都被搜索后，它将被标记为 *completed*(第 17 行)。因此，当状态被标记为 *on_stack* 时，说明它正处于 DFS 算法的搜索栈，这个信息对于计算 *ample* 很有用。

当模型检测算法在约简的状态图上进行时，如果所要验证的性质成立，它会给出一个肯定的结果；反之，它将给出一个反例。因为约简的状态图包含的行为比较少，所以给出的反例将不同于在全状态图上给出的反例。

图 10.2 所给出的算法直接构建约简的状态图。首先构建全状态图、然后再约简的方法是没有意义的，它违背了约简的本意。

为了实现上述算法，必须找到一个方法体系来计算任意给定的状态 s 对应的充足集合

$ample(s)$。首先来看最终求得的 $ample(s)$ 需要满足的特点：

1. 使用 $ample(s)$ 代替 $enabled(s)$ 时，必须保证有用的行为全部包含在 $ample(s)$ 中，从而确保模型检测的正确性。
2. 使用 $ample(s)$ 代替 $enabled(s)$ 时，必须确保可以得到一个规模较小的状态图。
3. 计算 $ample(s)$ 的复杂度不能太高。

```
1     hash(s₀);
2     set on_stack(s₀);
3     expand_state(s₀);

4     procedure expand_state(s)
5         work_set(s) := ample(s);
6         while work_set(s) 非空 do
7             let α ∈ work_set(s);
8             work_set(s) := work_set(s) \ {α};
9             s' := α(s);
10            if new(s') then
11                hash(s');
12                set on_stack(s');
13                expand_state(s');
14            end if;
15            create_edge(s, α, s');
16        end while;
17        set completed(s);
18    end procedure
```

图 10.2 基于偏序约简的深度优先搜索算法的伪码

10.2 独立性与不可见性

为了方便状态图约简，本节将定义两个概念。正如前面提到的，在并发系统交替模型中，从某个状态开始的变迁能以任意次序并发执行。可以利用在一对并发变迁上定义的独立关系来形式化地描述这个性质。独立关系 $I \subseteq T \times T$ 是一个对称的、非自反的关系：对于任意状态 $s \in S$（每一个 $(\alpha, \beta) \in I$），满足下面两个条件：

激活性：如果 $\alpha, \beta \in enabled(s)$，那么 $\alpha \in enabled(\beta(s))$。
交换性：如果 $\alpha, \beta \in enabled(s)$，那么 $\alpha(\beta(s)) = \beta(\alpha(s))$。

依赖关系 D 是独立关系 I 的补，表示为

$$D = (T \times T) \setminus I$$

激活性条件说明，一对具有独立性的变迁不能互相禁止，但是因为 I 是对称的，一个变迁可以激活另一个变迁。而交换性，则是激活性条件的延伸，说明不管以任何次序执行独立的变迁，

都可以到达相同状态。这些条件在图 10.3 已经很清楚地表示出来。在本章中，当难于证明两个变迁α和β是否具有独立关系时，可以先假设它们相互依赖，这种假设使约简的正确性得以保持。

即使在事实上两个独立的变迁并不能并行执行，独立性概念仍旧可以用来约简系统模型。例如，当两个属于不同进程的变迁递增一个共享变量时，它们就满足独立性的条件，但事实上必须定义一个仲裁器来避免二者同时改变共享变量。

图 10.3 提出了一种潜在的约简状态图的可行方法，交换性条件并不关心 α 是否一定要在 β 前执行，或者说不关心要以何种次序从状态 s 到达状态 r，这种方法仅仅选择一条从 s 出发的变迁来减小状态空间。但是这样一来，将导致下面的问题出现：

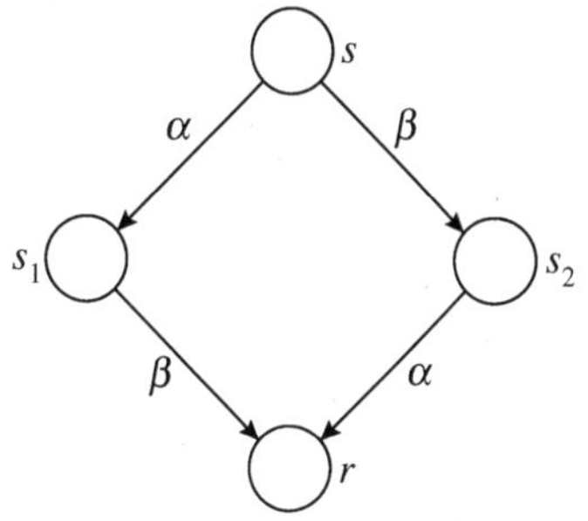

图 10.3　独立变迁的执行

问题 1　待验证的性质可能对顺序敏感，也就是说它关心如何从状态 s 到状态 r，是经过 s_1 还是 s_2？

问题 2　状态 s_1 和 s_2 除了状态 r，可能有其他的后继状态，但并未证明这些后继状态是否无须考虑。

我们将在 10.3 节的末尾再次回到这两个问题。为了解决这两个问题，首先需要解释“一个变迁是不可见的”的意义。

用 $L:S\to 2^{AP}$ 表示将状态映射到原子命题集合上的标记函数：给定一个命题集合 $AP'\subseteq AP$ 和一个变迁 $\alpha\in T$，如果对于每一对 $s,s'\in S$，有 $s'=\alpha(s)$，$L(s)\cap AP'=L(s')\cap AP'$，则称变迁 $\alpha\in T$ 是不可见的。换句话说，如果变迁从任何状态执行都不会改变 AP' 中的命题变量值，则称这个变迁是不可见的；反之，则称这个变迁是可见的。

另一个相关概念是 stuttering[167]，它涉及了 Kripke 结构中的路径上具有同样标记的状态序列。称两个无限路径 $\sigma=s_0\xrightarrow{\alpha_0}s_1\xrightarrow{\alpha_1}\cdots$ 和 $\rho=r_0\xrightarrow{\beta_0}r_1\xrightarrow{\beta_1}\cdots$ 是 stuttering 等价的(参见图 10.4)，仅当它们满足下述条件：存在两个无限的正整数序列 $0=i_0<i_1<i_2<\cdots$ 和 $0=j_0<j_1<j_2<\cdots$，使得对于每一个 $k\geqslant 0$，都有 $L(s_{i_k})=L(s_{i_k+1})=\cdots=L(s_{i_{k+1}-1})=L(r_{jk})=L(r_{j_k+1})=\cdots=L(r_{j_{k+1}-1})$，记为 $\sigma\sim_{st}\rho$。

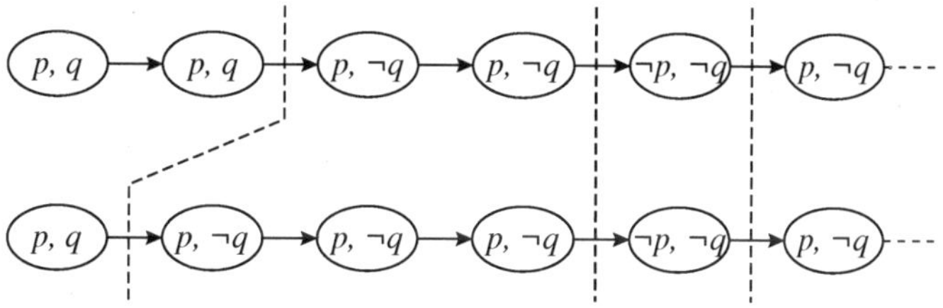

图 10.4　两个 stuttering 等价的路径

再引入块的概念，称具有相同标记集合的连续状态序列为块。直觉告诉我们，在两条路径被划分为无限个块后，如果其中一条路径的第 k 块的标记集合和另一个路径第 k 块的标记集合相同，则这两条路径是 stuttering 等价的。两个对应块的长度可能是不同的，也就是两个块可能具有不同的状态数。stuttering 等价同样可以用有限序列 $0 = i_0 < i_1 < i_2 < \cdots < i_n$ 和 $0 = j_0 < j_1 < j_2 < \cdots < j_n$ 来定义。stuttering 等价对于异步系统而言是一个非常重要的概念，因为分割两个事件的时间和事件的变迁数量是相互无关的。

LTL 公式 $\mathbf{A} f$ 是 stuttering 的不变量，当且仅当对于每一对路径 π 和 π' 都有 $\pi \sim_{st} \pi'$，而且 $\pi \vDash f$ 当且仅当 $\pi' \vDash f$。

不含 next 运算符的 LTL 表示为 LTL_{-X}。

定理 9 任何 LTL_{-X} 公式都是 stuttering 的不变量。

这个定理可以使用归纳法简单证明。值得注意的是，这个定理的反命题也是成立的[211]。

定理 10 每个 stuttering 封闭的 LTL 公式都可以用 LTL_{-X} 表示。

现在把 stuttering 等价扩展到整个结构，两个结构 M 和 M' 是 stuttering 等价的当且仅当：

- M 和 M' 有相同的初始状态的集合；
- 从 M 中的初始状态 s 出发的每一条路径 σ，都在 M' 中存在对应的一条也从初始状态 s 出发的路径 σ'，且有 $\sigma \sim_{st} \sigma'$；
- 从 M' 中的一个初始状态 s 出发的每一条路径 σ'，都在 M 中存在对应的一条也从初始状态 s 出发的路径 σ，且有 $\sigma' \sim_{st} \sigma$。

下面的推论非常有用，它说明 LTL_{-X} 公式不对两个 stuttering 等价的结构进行区分。因为偏序约简会产生一个和全状态图 stuttering 等价的结构，所以后续会用到此推论。

推论 2 M 和 M' 是 stuttering 等价的两个结构，那么对于每一个 LTL_{-X}、公式 $\mathbf{A}\ f$ 以及每一个初始状态 $s \in S_0$，$M,s \vDash \mathbf{A}\ f$ 当且仅当 $M',s \vDash \mathbf{A}\ f$。

再来看图 10.3，假设至少有一个变迁，比如说 α 是不可见的，那么就有 $L(s) = L(s_1)$ 和 $L(s_2) = L(r)$；因此 $s\, s_1\, r \sim_{st} s\, s_2\, r$。

10.3 LTL_{-X} 的偏序约简

当给定的性质规约是 stuttering 的不变量时，利用交换性和不可见性可以避免生成一些状态。基于这个原理，可以使用一些方法来得到任意状态的充足集合——*ample*，DFS 算法用这些 *ample* 集合来构建约简的状态图。因此对于每一条没有被 DFS 算法考虑的路径，在约简图内都有一条路径与之是 stuttering 等价的，这就保证了约简状态图和全状态图是 stuttering 等价的。

当 $ample(s) = enabled(s)$，称状态 s 是完全展开的。在这种情况下，状态 s 的所有后继都会被 DFS 算法访问到。

这里暂不给出如何构建 *ample* 集合的算法描述，而是先给出 4 个选择 $ample(s) \subseteq enabled(s)$ 的条件，使得 LTL_{-X} 描述的性质的满足性得以保持。约简将基于出现在 LTL_{-X} 公

式上的命题集合 AP' 。

条件 **C0** 确保如果状态至少有一个后继，那么约简图中与之对应的状态也要包含至少一个后继。

C0 $ample(s)=\emptyset$，当且仅当 $enabled(s)=\emptyset$。

条件 **C1** 是 $ample(s)$ 约束条件中最为复杂的一个。

C1[126,153,208,244] 在全状态图中，每一条从 s 出发的路径，都有下面的条件成立：一个变迁与 $ample(s)$ 中的某个变迁具有依赖关系，那么这个变迁不能在 $ample(s)$ 中的那个变迁之前执行。

注意条件 **C1** 指的是全状态图中的路径，所以需要一些技巧在不构造全状态图时判断 **C1** 是否成立。以后，我们会限制 **C1** 的条件，使 $ample(s)$ 可以基于当前状态 s 计算得出。

引理 24 集合 $enabled(s)\setminus ample(s)$ 中的变迁与 $ample(s)$ 中的所有变迁是相互独立的。

证明 令 $\gamma\in enabled(s)\setminus ample(s)$，假设 $(\gamma,\delta)\in D$，其中 $\delta\in ample(s)$，因为 γ 在 s 处是激活的，在全状态图中有一条从 γ 出发的路径。但是这样又说明：一个与 $ample(s)$ 中的变迁具有依赖关系的变迁在 $ample(s)$ 中的变迁之前执行了，与条件 **C1** 矛盾。

为了确保 DFS 算法的正确性，需要知道如果总是从 $ample(s)$ 中选择下一个要检测的变迁，结果会不会遗漏某条路径，而这条路径对全状态图检测的正确性恰恰是至关重要的。条件 **C1** 暗示了这样的路径有以下两种形式：

- 这条路径有形如 $\beta_0\beta_1\cdots\beta_m\alpha$ 的前缀，其中 $\alpha\in ample(s)$ 并且每个 β_i 与 $ample(s)$ 中的变迁都是相互独立的，包括 α 。
- 这条路径有一个无限的变迁序列 $\beta_0\beta_1,\cdots$，其中 β_i 与 $ample(s)$ 中的变迁都是相互独立的。

条件 **C1** 也表明，如果沿着从 s 出发的一条有限路径 $\beta_0\beta_1\cdots\beta_m$，如果所有的变迁都不在 $ample(s)$ 中，那么所有 $ample(s)$ 中的变迁仍然保持激活。这是因为每一个 β_i 都与 $ample(s)$ 中的变迁相互独立，因此它们不能互相使对方变为非激活的。

在第一种情况下，假设变迁序列 $\beta_0\beta_1\cdots\beta_m\alpha$ 到达一个状态 r 。DFS 算法不考虑这个序列，然而，通过应用激活性和交换性条件 m 次，可以构建一个能到达状态 r 的有限序列 $\alpha\beta_0\beta_1\cdots\beta_m$，这个过程如图 10.5 所示。换句话说，就是约简状态图不包含可以到达状态 r 的序列 $\beta_0\beta_1\cdots\beta_m\alpha$ ，我们仍然可以构建从 s 出发到达状态 r 的其他序列。

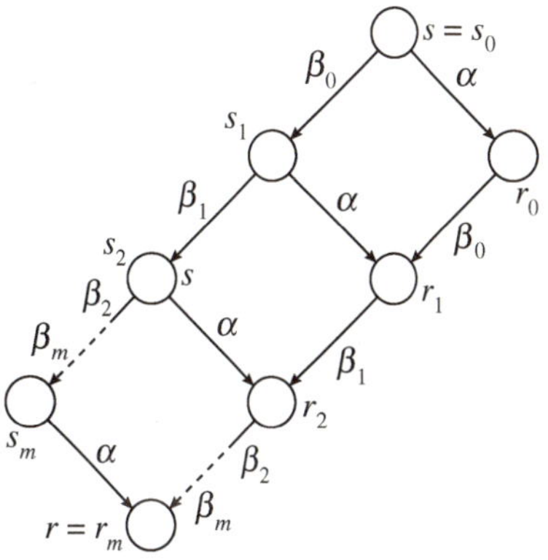

图 10.5 变迁 α 和 $\beta_0\beta_1\cdots\beta_m$

考虑图 10.5 中的两个状态序列 $\sigma=s_0s_1\cdots s_mr$ 和 $\rho=sr_0r_1\cdots r_m$，它们分别是由变迁序列 $\beta_0\beta_1\cdots\beta_m\alpha$ 和 $\alpha\beta_0\beta_1\cdots\beta_m$ 产生的。为了去掉 σ，就需要让 σ 和 ρ 是 stuttering 等价的，这样就保证了如果 α 是不可见的，即 $L(s_i)=L(r_i)$（$0\leqslant i\leqslant m$），那么要验证的性质不能被上面两个序列分辨出来。这可由条件 **C2** 得到：

C2[不可见性[209]**]** 如果 s 不是完全展开的，那么每一个 $\alpha \in ample(s)$ 都是不可见的。

现在考虑第二种情况，始于状态 s 的一个无限变迁序列 $\beta_0\beta_1\beta_2\cdots$ 并没有包含 $ample(s)$ 中的任何变迁。通过条件 **C2** 可以知道，$ample(s)$ 中所有的变迁都是不可见的，令 α 是 $ample(s)$ 中的一个变迁，那么由无限变迁序列 $\alpha\beta_0\beta_1\beta_2\cdots$ 产生的路径与由序列 $\beta_0\beta_1\beta_2\cdots$ 产生的路径是 stuttering 等价的。从中再次看到，路径 $\beta_0\beta_1\beta_2\cdots$ 甚至没有包含在约简图中，但与它 stuttering 等价的路径被包含进来。

条件 **C1** 和 **C2** 依然不能充分保证约简的状态图和全状态图是 stuttering 等价的。实际上有些变迁有可能被永远遗漏，这是因为在构建的图中可能存在回路。举个例子，考虑图 10.6 的进程，假设变迁 β 与变迁 $\alpha_1,\alpha_2,\alpha_3$ 都是相互独立的，而变迁 $\alpha_1,\alpha_2,\alpha_3$ 是互相依赖的，左边的进程能够执行可见的变迁 β 一次。假设有一个命题 p，它可以被 β 从 *True* 变为 *False*，所以 β 是可见的。右边的进程重复执行不可见的变迁 $\alpha_1,\alpha_2,\alpha_3$。

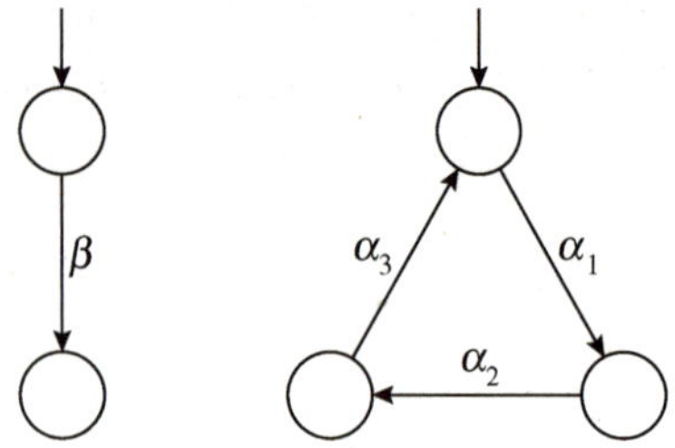

图 10.6 两个并发进程

图 10.7 的左图是图 10.6 的全状态图。右边的图说明了构造约简图的第一个步骤，其中 $\alpha_1,\alpha_2,\alpha_3$ 都是不可见的。从初始状态 s_1 开始，可以选择 $ample(s_1)=\{\alpha_1\}$，条件 **C0**，**C1**，**C2** 都满足，因此可以得到 $s_2=\alpha_1(s_1)$；同样，也可以选择 $ample(s_2)=\{\alpha_2\}$，得到 $s_3=\alpha_2(s_2)$。最终到达 s_3，条件 **C0**，**C1**，**C2** 都允许选择 $ample(s_3)=\{\alpha_3\}$，但是这种办法产生的约简图并不包括任何使 p 从 *True* 变为 *False* 的序列。出现这个问题是因为回路 s_1,s_2,s_3,s_1 推迟了激活 β，当这个回路是封闭时，构造就结束了，并且忽略了变迁 β。

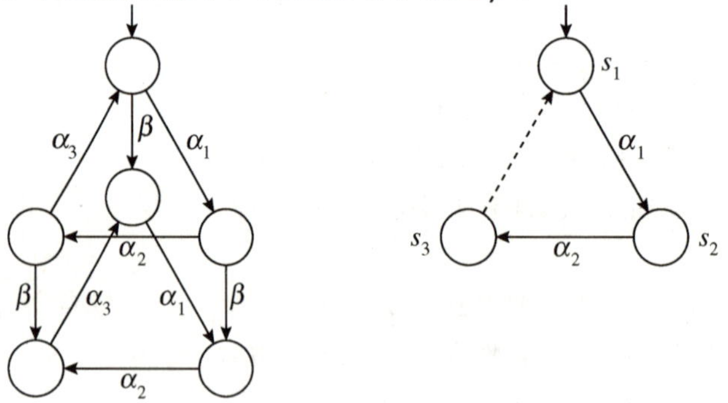

图 10.7 全状态图及约简状态图

为了避免这个问题，需要添加下面这个条件：

C3[回路条件[21,55,208]**]** 如果一个回路包含一个状态，在这个状态上的某个变迁 α 是激活的，但是这个回路上的所有状态 s 都没有包含在 $ample(s)$ 中，那么这个回路是不允许出现的。

现在回头来看前面提出的两个问题，重新考虑图 10.3，假设 DFS 约简算法选择 β 作为 $ample(s)$ 并且在约简图中不包含状态 s_1。

首先考虑问题 1，通过条件 **C2** 可知，β 必须是不可见的，因此 s,s_2,r 和 s,s_1,r 是 stuttering 等价的。本章只考虑 stuttering 不变的那些性质。这些性质在 stuttering 等价的两种序列下是不可区分的。

接下来考虑问题 2，假设有一个变迁 γ 在 s_1 处是激活的，如图 10.8 所示。可以看到 γ 在状态 r 处依然是激活的。此外，变迁序列 α,γ 和 β,α,γ 会产生两个 stuttering 等价的状态序列。首先注意到 γ 是不依赖于 β 的，否则序列 α,γ 将会与条件 **C1** 冲突，因为一个依赖于 β 的变迁在 β 前执行了。因此，γ 是独立于 β 的，由于它在 s_1 处是激活的，它就必须在状态 r 处也是激活的。假设 γ 从状态 r 处执行到达状态 r'，而从 s_1 处执行到达状态 s_1'。因为 β 是不可见的，这样两个状态序列 s,s_1,s_1' 和 s_2,r,r' 是 stuttering 等价的。因此，stuttering 不变的属性是不能区分上面的两条路径的。

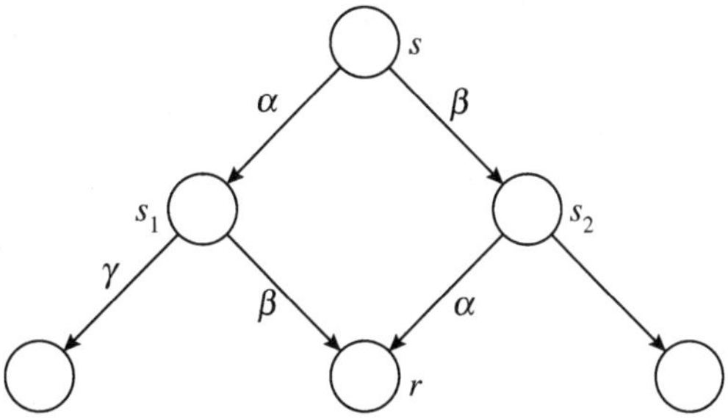

图 10.8 问题 2 的图示

10.4 一个例子

第 2 章介绍的互斥程序 P 的状态图如图 10.9 所示。程序的状态由 AP 标记，$AP=\{NC_i,CR_i,l_i,turn=i,\perp \mid i=0,1\}$。其中在状态 s 处，如果 $pc_i=CR_i$，则 $CR_i\in L(s)$；反之如果 $pc_i\neq CR_i$，则有 $CR_i\notin L(s)$。标记函数 $L(s)$ 和 AP 中其他原子命题上标记函数的定义相似。

令 LTL_{-X} 公式 $f=\mathbf{G}\neg(CR_0\wedge CR_1)$ 描述并发执行的互斥性质。下面将演示图 10.2 给出的 DFS 算法如何构造出原子命题的子集 AP' 下的约简状态图，同时要求此图和全状图是 stuttering 等价的。因为只关心公式 f 是否满足，所以选择 $AP'=\{CR_0,CR_1\}$。

下面是程序 P 的变迁列表，这些变迁在 P 中的可达状态上都是激活的，其中 i=0,1。为简单起见，当 $j\neq i$ 的时候，我们省略了 $same(pc_j)$。

$$\alpha:\ pc=m\ \wedge\ pc_0'=l_0\ \wedge\ pc_1'=l_1\ \wedge pc'=\perp$$

$$\beta_i:\ pc_i=l_i\ \wedge\ pc_i'=NC_i\ \wedge\ True\ \wedge\ same(turn)$$

$$\gamma_i:\ pc_i=NC_i\ \wedge\ pc_i'=CR_i\ \wedge\ turn=i\ \wedge\ same(turn)$$

$$\delta_i:\ pc_i=CR_i\ \wedge\ pc_i'=l_i\ \wedge\ turn'=(i+1)\ mod\ 2$$

$$\varepsilon_i:\ pc_i=NC_i\ \wedge\ pc_i'=NC_i\ \wedge\ turn\neq i\ \wedge\ same(turn)$$

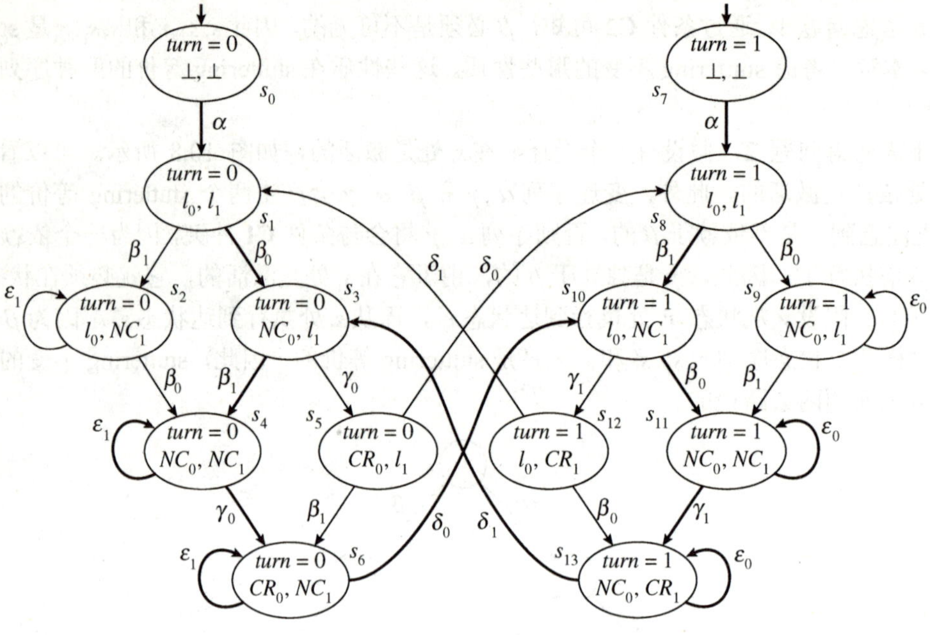

图 10.9　互斥程序的约简图

如果 AP' 下的某个变迁可使其中的原子命题 CR_0 和 CR_1 发生改变，则该变迁是可见的，因此 $\{\gamma_0,\gamma_1,\delta_0,\delta_1\}$ 是可见的。

因为依赖关系是自反的，所以每个变迁和其自身都具有依赖关系。所有变迁都依赖于 α，因为它必须在其他的变迁之前执行。其余的变迁之间的依赖关系由下面两条规则确定：

- 改变同一个变量(包括程序计数器)的不同变迁具有依赖关系。
- 如果一个变迁设置某变量的值而另一个变迁访问这个变量，那么这两个变迁具有依赖关系。

因此，同一个进程的所有变迁都是相互独立的。而且 (γ_1,δ_0)，(γ_0,δ_1)，(ε_1,δ_0)，(ε_0,δ_1)，(δ_0,δ_1) 都包含在独立关系 D 中，因为 δ_i 改变了变量 *turn*，而 γ_i 和 ε_i 都访问这个变量。最后，我们补足 D，使其对称。

图 10.9 显示了全状态图，约简状态图的状态和边用粗线表示。下列约简图中的状态是按照 DFS 算法访问的顺序排列的，即 $s_0,s_1,s_3,s_4,s_6,s_{10},s_{11},s_{13},s_7,s_8$。

DFS 算法从两个初始状态之一的 s_0 开始，在该状态有 $ample(s_0)=enabled(s_0)=\{\alpha\}$。对于 s_1，$ample(s_1)$ 可以选 $\{\beta_0\}$，$\{\beta_1\}$ 或者 $\{\beta_0,\beta_1\}$。后者将生成一个规模太小的约简图，所以不做考虑。第一种选择是和选择 P_0 的变迁相关的，而第二种选择则是和选择 P_1 的变迁相关的。条件 **C0** 一定满足，而在这两种情况下，**C1** 也都是满足的。举个例子，假设 $ample(s_1)=\{\beta_0\}$，那么沿着所有从 s_1 出发的路径，β_0 立即执行或者 β_1 在 β_0 前执行都可以，β_1 和 β_0 是相互独立的。

因为 β_1 和 β_0 都是不可见的，所以条件 **C2** 满足。最后，因为没有回路形成，条件 **C3** 也是满足的。两个集合中元素的选择是任意的，但一个精心设计的选择算法可能会得到更好的约简效果。这里选择的是 $ample(s_1)=\{\beta_0\}$。

从 s_1 执行的 β_0 将到达状态 s_3，使用同样的标志，将选择记为 $ample(s_3)$，P_1 在状态 s_3 中可激活的变迁记为 $\{\beta_1\}$，接下来选择 $ample(s_4)=\{\gamma_0,\varepsilon_1\}$。因为 γ_0 是可见的，所以对于状态 s_4，不能选择集合 $\{\gamma_0\}$。当然也不能选择 $\{\varepsilon_1\}$，因为这将形成一个回路，其中变迁 γ_0 是可激活的但却没有包含在 *ample* 集合中，这和条件 **C3** 冲突。

现在可以选择 $ample(s_6)=\{\varepsilon_1,\delta_0\}$，因为它们具有依赖关系，所以必须把它们都选择上，否则将和条件 **C1** 冲突。对于状态 s_{10} 和 s_{11}，选择 $ample(s_{10})=\{\beta_0\}$ 和 $ample(s_{11})=\{\gamma_1,\varepsilon_0\}$，它们的选择方法分别同状态 s_3 和 s_4 的类似。接下来选择 $ample(s_{13})=\{\delta_1,\varepsilon_0\}$，来自状态 s_{13} 的变迁 δ_1 形成了一个回路 $s_3,s_4,s_6,s_{10},s_{11},s_{13}$。通过检查图 10.9，将会发现条件 **C3** 满足这个回路。

DFS 算法继续从其余的初始状态 s_7 进行搜索，选择 $ample(s_7)=\{\alpha\}$，类似地选择 $ample(s_8)=\{\beta_1\}$，β_1 从 s_8 执行可以到达状态 s_{10}，而此状态已经访问过，因此算法终止。

现在可以将 LTL 模型检测算法应用到上述算法构建的约简状态图上，看是否能满足公式 $f(f\in \mathrm{LTL}_{-X})$，全状态图满足公式 f 当且仅当约简图满足公式 f。

10.5 计算充足集(*ample*)集合

10.5.1 检测条件 C0～C3 的复杂度

为了使偏序约简更加有效，需要使用最小的代价为约简图计算充足集(*ample*)集合。具体做法是对任意给定状态的可激活变迁的集合进行检测，确定它是否能满足条件 **C0** 到 **C3**。其中条件 **C0** 可以在常数时间内检测，条件 **C2** 通过检验集合中的变迁即可完成。

但条件 **C1** 不能只通过检查当前状态来确定是否满足，因为它涉及一些后继状态(部分后继状态甚至都不会在约简图中出现)。下面的定理表明，在一般情况下，检测条件 **C1** 和搜索全状态图的复杂度是相当的。

定理 11 对于给定的状态 s 和变迁集合 $T\subseteq enabled(s)$ 而言，检测条件 **C1** 是否满足和全状态图可达性问题的复杂度相当。

证明 考虑变迁系统 $\mathcal{T}$ 中的状态 r 是否从一个初始状态 s_0 可达，将这个问题与是否满足条件 **C1** 的问题相比较。首先，令 α 和 β 为新的变迁，α 仅在状态 r 处被激活；令 β 在初始状态处激活并且和 $\mathcal{T}$ 中所有的变迁都相互独立。构造 α 和 β 并使之相互依赖(如它们都修改同一个变量的值)。

考虑 $\{\beta\}$ 作为在 s_0 处的 *ample* 集合的候选，首先假设条件 **C1** 是冲突的，那么在新状态图中就有一条路径导致 α 在 β 前执行。由于 α 仅仅在状态 r 处被激活，那么这条路径将沿着 s_0 到达状态 r，而 s_0 到 r 的路径上的变迁序列也存在于原始的状态图中。而且在原始的状态图中，并没有包含所添加的 α 和 β，所以状态 r 在原始的状态图中是可以从 s_0 处到达的。

从另一方向来说，假设状态 r 在原始的状态图上是可以从 s_0 到达的，那么就有一个从 s_0 到状态 r 的序列，并且这个序列不包含 β。这个序列也在新的状态图中出现，现在可以通过从状态 r 添加变迁 α 来拓展这个序列，这个最终的序列将和条件 **C1** 相冲突。

由前面的定理可知，应该避免检验可激活变迁的子集是否满足条件 **C1**，10.5.2 节将给出一个求保持条件 **C1** 满足的变迁集合的方法。虽然这个方法可能得不到最优约简的 *ample* 集合，但其效率比较高，很明显它是为计算和约简效率所采取的折中方案。

条件 **C3** 也是在全局上定义的，但只是在约简图上的全局，而条件 **C1** 是在全状态图上的全局。一种实现这个条件的办法是先构建约简图，然后添加一些约束来不断修正这个约简图，使它满足条件 **C3**[244]；另一种方法是用一个更强的条件代替条件 **C3**，从而可以在当前状态上直接判断。

引理 25 条件 **C3** 的一个充分条件是：沿着每一个回路，至少有一个状态是完全展开的。

证明 假设一个回路有一个完全展开的状态，但是这个回路并不满足条件 **C3**，那么就有某个变迁 α 在回路的某个状态 s 处激活，但并没有包含在这个回路的任何一个 *ample* 集合中。通过引理 24 可知，如果 α 没有包含在一个 *ample* 集合中，那么它和所有 *ample* 集合中的变迁都有依赖关系，因此，α 和回路中所有 *ample* 集合的变迁都是有依赖关系的，从而说明它在回路中的所有状态处都是激活的。然而，如果一个状态 s' 是完全展开的，意味着 $ample(s') = enabled(s')$，则 α 必须要包含在 $ample(s')$ 中，这样将导致与假设相矛盾。

满足条件 **C3** 的最有效方法基于特定的搜索策略。对于深度优先算法，可以令每个回路必须包含一个回到搜索栈中某个节点的边，这样的边称为回边。因此，可以加强条件 **C3** 如下：

C3′ 如果 s 没有完全展开，那么在 $ample(s)$集合中没有变迁可以到达任何一个搜索栈中的状态。

因此，可以让算法一直尝试选择不包含回边的 *ample* 集合，如果不能成功，说明当前状态已经完全展开。

对于广度优先算法，搜索进程是分层次的，第 k 层包含了从初始状态开始经过 k 个变迁所能到达的状态集合。在广度优先搜索的过程中，封闭回路的必要条件是：一个变迁作用到当前层的状态 s 上，搜索到的次态将在当前层或者上几层。这个条件不是充分条件。因此，相对于完全展开的必要条件，使用此条件去探测路径是否闭合将可能产生更多的状态。

10.5.2 计算 *ample* 集合的启发式策略

根据 10.5.1 节对 *ample* 集合生成算法的复杂度分析，本小节将介绍计算 *ample* 集合的启发式策略。这些策略以计算模型为基础，同时将考虑共享变量以及利用握手和队列来传递消息的方法。

通常来说，所有的计算模型都是以程序计数器为原型的，将程序计数器作为状态的一部分，本节中进程 P_i 在状态 s 处的程序计数器用 $pc_i(s)$ 表示。

为了清晰介绍算法，首先来看下面的概念：

- $pre(\alpha)$ 是一个变迁集合，它包括执行后可以激活 α 的变迁。一般来说，$pre(\alpha)$ 包含了所有的变迁 β，即对于状态 s，$\alpha \notin enabled(s)$，$\beta \in enabled(s)$ 并且 $\alpha \in enabled(\beta(s))$。
- $dep(\alpha)$ 是所有和 α 相依赖的变迁集合，即 $\{\beta | (\beta,\alpha) \in D\}$。
- T_i 是进程 P_i 的变迁集合。$T_i(s)=T_i \cap enabled(s)$ 表示在状态 s 处进程 P_i 的变迁集合。
- $current_i(s)$ 是进程 P_i 的变迁集合，这些变迁是在某个状态 s' 处被激活，并且有 $pc_i(s') = pc_i(s)$。集合 $current_i(s)$ 总是包含 $T_i(s)$。此外，它还包含那些程序计数器的值为 $pc_i(s)$ 但不在状态 s 处激活的变迁。

对于任何从 s 出发的路径，$current_i(s)$ 中存在着一些必须在 T_i 的变迁发生前要执行的变迁。$pre(\alpha)$ 和独立关系 D（它将直接影响 $dep(\alpha)$）的定义并不是严格的。$pre(\alpha)$ 集合可以包含那些并不激活 α 的变迁。同样，独立关系 D 也可能包含一对相互依赖的变迁。这种宽松的尺度既保证了计算 *ample* 集合的效率，同时也保持了约简的正确性。

上面定义的扩展很自然，比如有 $dep(T) = \bigcup_{\alpha \in T} dep(\alpha)$。

下面，我们来看在不同计算模型下的 $pre(\alpha)$。正如前面所提到的，$pre(\alpha)$ 指执行后可以激活 α 的变迁集合。构造 $pre(\alpha)$ 如下：

- 集合 $pre(\alpha)$ 包含的变迁对应了两种进程。第一种是包含了 α 变迁的进程，第二种进程改变程序计数器的值，到达 α 变迁可以执行的状态。
- 如果 α 的可激活条件包含了共享变量，那么 $pre(\alpha)$ 包含所有可以改变那些共享变量的变迁。
- 如果 α 包含了使用队列传递的消息，也就是说 α 在队列 q 上发送或者接收数据，那么 $pre(\alpha)$ 包含其余进程中所有发送和接收这个数据的进程。

接下来描述不同计算模型下的依赖关系：

1. 一对共享一个变量的变迁，如果共享变量至少可以被这对变迁中的一个改变，则这对变迁是相互依赖的。
2. 一对属于同一个进程的变迁是相互依赖的，这也包括那些对于任意给定的状态 s 和进程 P_i，$current_i(s)$ 中的一对变迁。而且如果变迁包含握手协议或者集合通信，比如在 CSP 或者 ADA 中，则可以把它作为整个进程的依赖变迁。因此这个变迁和进程中所有的变迁都是相互依赖的。
3. 两个使用同一个消息队列的发送变迁是相互依赖的。这是因为执行任意一个变迁就会使消息队列填充，而使另一个处于非激活状态。同样，队列的内容也依赖于它们的执行顺序。类似地，两个接收变迁也是相互依赖的。

注意，在不同进程中的一对发送和接收变迁，如果使用同一个消息队列，则它们是相互独立的。这是因为其中任何一个变迁都可能激活另一个，但并不能使另一个处于非激活状态。

很显然，*ample*(*s*)集合的一个候选者就是进程 P_i 在状态 *s* 处可激活变迁的 $T_i(s)$ 集合，因为 $T_i(s)$ 集合中的变迁都是相互独立的，而 *ample*(*s*)集合必须要么包含它们全部，要么一个都不包含。为状态 *s* 构造 *ample*(*s*)集合先从进程 $P_iT_i(s) \neq \emptyset$ 开始，然后检测 $ample(s) = T_i(s)$ 是否满足条件 **C1**。上述选择可能会产生两种和条件 **C1** 冲突的情况。每种情况中与 $T_i(s)$ 独立的变迁都会被执行，从而最终激活与 $T_i(s)$ 相互依赖的变迁 α。在队列中相互独立的变迁是不能位于 T_i 中的，因为 P_i 中的所有变迁都是相互依赖的。

1. 第一种情况，α 属于某个进程 P_j；这种情况的必要条件是 $dep(T_i(s))$ 包含了进程 P_j 中的一个变迁。可以通过检查独立关系来检验这种情况。
2. 第二种情况，α 属于某个进程 P_i；假设进程 $\alpha \in T_i$ 是从某个状态 s' 处执行的，并且和条件 **C1** 冲突。从 *s* 到 s' 上执行的变迁和 $T_i(s)$ 都是相互独立的，因此这些变迁来自其他进程。所以有 $pc_i(s') = pc_i(s)$，那么 α 必须在 $current_i(s)$ 中。此外，$\alpha \notin T_i(s)$，否则它不会和条件 **C1** 冲突，所以 $\alpha \in current_i(s) \setminus T_i(s)$。

因为 α 不属于 $T_i(s)$，所以它在 *s* 处是非激活的。因此 $pre(\alpha)$ 中的变迁必须包含在从 *s* 到 s' 的序列中。这种情况的一个必要条件是 $pre(current_i(s) \setminus T_i(s))$ 包含了除 P_i 之外的其他进程的变迁。此条件也可以进行高效的检测。

这两种情况都不把 $T_i(s)$ 作为 *ample* 集合，而是尝试用进程 *j* 的变迁 $T_j(s)$ 作为 $ample(s)$。此处采用了一种保守的方法而忽略了一些 *ample* 集合，这种忽略甚至可能导致运行时满足条件 **C1**。

下面的代码用来检测进程 P_i 的可激活变迁是否满足条件 **C1**，原理如上所述。

```
function check_C1(s, P_i)
    for all P_j ≠ P_i do
        if dep(T_i(s)) ∩ T_j ≠ ∅
                or pre(current_i(s) \ T_i(s)) ∩ T_j ≠ ∅ then
            return False;
        end if;
    end for all;
    return True;
end function
```

函数 *check*_*C*2 的用法是，给定一个变迁集合，如果集合中所有的变迁都是不可见的，则返回 *True*；反之，则返回 *False*。

```
function check_C2(X)
    for all α ∈ X do
        if visible(α) then return False;
    return True;
end function
```

函数 *check_C3′*用来检测给定集合 $X \subseteq enabled(s)$中变迁的执行是否还在搜索栈中。因此，我们可以使用图 10.2 中的 *on_stack* 或者 *completed* 来标记状态。如果一个状态在搜索栈中，则将其标记为 *on_stack*。

```
function check_C3′(s, X)
    for all α ∈ X do
        if on_stack(α(s)) then return False;
    return True;
end function
```

ample(*s*)算法是为了找到某个进程 P_i，它的 $T_i(s)$ 满足条件 **C0** 到 **C3**。如果找不到这样的进程，*ample* 函数返回集合 *enabled*(*s*)。

```
function ample(s)
    for all P_i such that T_i(s) ≠ Ø do
        if check_C1(s, P_i) and check_C2(T_i(s))
                    and check_C3′(s, T_i(s)) then
            return T_i(s);
        end if;
    end for all;
    return enabled(s);
end function
```

在 SPIN[138,140]系统中包含了偏序约简的实现[139]。引文中在选择 *ample* 集合时所采用的策略和本章所描述的方法类似。不过，在 SPIN 系统中，对于很多状态而言，条件 **C0**、**C1** 和 **C2** 是在验证开始系统被转成内部结构时预计算得到的。

10.5.3 “On-the-Fly”约简

本章的前几节，模型检测算法都分为两步进行，第一步是构造约简的状态空间，第二步使用 LTL 模型检测算法在约简图中对公式的正确性进行检验。实际上，很多模型检测器都采取一种更有效的办法进行验证，它们把构造约简图和检验是否满足给定性质结合在一起。如 9.5 节所示，经常会在状态图构造完成之前，就发现系统已经和所给的规范冲突的情况。偏序约简可以整合到“On-the-Fly”模型检测中。

唯一值得注意的是回路闭合的条件 **C3**。状态图和性质自动机乘积中的回路，并不一定必然同前述的非“On-the-Fly”算法产生的约简状态图一样。为了说明这一点，首先来看乘积中的状态对 $\langle s,q \rangle$，这是由系统状态 *s* 和性质自动机中的一个状态 *q* 组成的。假设一个回路在图中的状态 *s* 处闭合，在乘积中，状态 *s* 也许会和性质自动机中的不同状态组成多个对，因此它不能构成一个回路。但用乘积中的回路去检验条件 **C3′**则是正确的[209]。直觉告诉我们，条件 **C3′**的目的是为了在约简图中避免一些变迁被永远延迟，它同样适用于状态图和性质自动机乘积中的回路。其形式化的证明可参考文献[209]。

9.3 节描述的双 DFS 算法和偏序约简的联合使用，要求对双 DFS 算法做细微改变。此时在两个搜索阶段，图的遍历顺序是不同的，回路可能在不同的状态处闭合。因此附加信息一定要在两个阶段之间传递，从而可以保证被选中的 *ample* 集合相同[141]。

10.6 算法的正确性

令 M 是某个系统的全状态图，M' 是 10.1 节介绍的偏序约简算法构造的约简状态图。

串是从 T 中出发的变迁序列。令 T^* 是 T 上所有串的集合，v 是一个有限串或者无线长度的串，$vis(v)$ 是 v 上所有可见的变迁。因此，如果 a 和 b 是可见的，而 c 和 d 是不可见的，那么 $vis(abddbcbaac)=abbbaa$。令 $tr(\sigma)$ 是路径 σ 上的变迁序列，v,w 是两个有限的串，如果 v 可以由 w 删去一个或多个变迁而得到，则记为 $v\sqsubset w$。举个例子，$abbcd\sqsubset aabcbccde$，如果有 $v=w$ 或者 $v\sqsubset w$，记为 $v\sqsubseteq w$。

用 $\sigma\circ\eta$ 表示路径 σ 和 η 的串联，这里 σ 是有限的，用 $last(\sigma)$ 和 $first(\eta)$ 表示路径 σ 的最后一个状态和 η 的第一个状态。σ 的长度记为 $|\sigma|$，它等于 σ 上边的数量。

令 σ 表示全状态图 M 的某条从初始状态出发的有限路径，构建一个有限的路径序列 π_0，$\pi_1,\cdots$，这里 $\pi_0=\sigma$，每条路径 π_i 都会分解为 $\eta_i\circ\theta_i$，这里 η_i 表示长度为 i。假设已经构建了路径 $\pi_0,\cdots,\pi_i$，来看如何构建 $\pi_{i+1}=\eta_{i+1}\circ\theta_{i+1}$。令 $s_0=last(\eta_i)=first(\theta_i)$，$\alpha$ 是 θ_i 第一个边上的变迁，记为

$$\theta_i=s_0\xrightarrow{\alpha_0=\alpha}s_1\xrightarrow{\alpha_1}s_2\xrightarrow{\alpha_2}\cdots$$

这里有两种情况：

A. $\alpha\in ample(s_0)$，然后选择 $\eta_{i+1}=\eta_i\circ(s_0\xrightarrow{\alpha}\alpha(s_0))$，$\theta_{i+1}$ 是 $s_1\xrightarrow{\alpha_1}s_2\xrightarrow{\alpha_2}\cdots$，也就是没有首边的 θ_i。

B. $\alpha\notin ample(s_0)$，通过条件 **C2** 可知，$ample(s_0)$ 中的所有变迁必须是不可见的，因为 s_0 没有完全展开，这样一来，又遇到两种情况 **B1** 和 **B2**:

B1：某个在 θ_i 上出现的 $\beta\in ample(s_0)$ 出现在某个相互独立的变迁序列 $\alpha_0\alpha_1\alpha_2\cdots\alpha_{k-1}$ 上，也就是 $\beta=\alpha_k$。所以在 M 中就存在一条路径 $\xi=s_0\xrightarrow{\beta}\beta(s_0)\xrightarrow{\alpha_0=\alpha}\beta(s_1)\xrightarrow{\alpha_1}\cdots\xrightarrow{\alpha_{k-1}}\beta(s_k)\xrightarrow{\alpha_{k+1}}s_{k+2}\xrightarrow{\alpha_{k+2}}\cdots$。也就是说，$\beta$ 在 $\alpha_0\alpha_1\alpha_2\cdots\alpha_{k-1}$ 之前是不能出现的。注意 $\beta(s_k)=s_{k+1}$，因此 $\beta(s_k)\xrightarrow{\alpha_{k+1}}s_{k+2}$ 和 $s_{k+1}\xrightarrow{\alpha_{k+1}}s_{k+2}$ 是相同的。

B2：某个 $\beta\in ample(s_0)$ 与 θ_i 中的所有变迁都是独立的。那么在 M 中就有一条路径 $\xi=s_0\xrightarrow{\beta}\beta(s_0)\xrightarrow{\alpha_0=\alpha}\beta(s_1)\xrightarrow{\alpha_1}\beta(s_2)\xrightarrow{\alpha_2}\cdots$。也就是说，$\beta$ 从 s_0 执行然后作用到 θ_i 上的每一个状态。

在两种情况下，$\eta_{i+1}=\eta_i\circ(s_0\xrightarrow{\beta}\beta(s_0))$ 和 θ_{i+1} 都是通过在 ξ 中移除第一个变迁 $s_0\xrightarrow{\beta}\beta(s_0)$ 得到的。

η 是一条路径，它的前缀长度为 i，记为 η_i。因为 η_i 可以通过 η_{i-1} 加上一个单独的变迁来构建，所以称路径 η 是定义良好的。

引理 26 下列命题对于所有 $j \geqslant i \geqslant 0$ 都成立:

1. $\pi_i \sim_{st} \pi_j$

2. $vis(tr(\pi_i)) = vis(tr(\pi_j))$

3. 令 ξ_i 是 π_i 的前缀，ξ_j 是 π_j 的前缀，并且有 $vis(tr(\xi_i)) = vis(tr(\xi_j))$，那么有 $L(last(\xi_i)) = L(last(\xi_j))$。

证明 只需考虑 $j = i+1$ 就足够了，下面来看由 π_i 构建 π_{i+1} 的三种情况。情况 **A** 中，$\pi_i = \pi_{i+1}$，所以引理中的三个命题都成立。

接下来，考虑情况 **B1**，通过提前在 π_{i+1} 中执行某个不可见的变迁 β（这个提前是相对 β 在 π_i 中而言的），这样从 π_i 得到 π_{i+1}。在这种情况下，用序列 $s_0 \xrightarrow{\beta} \beta(s_0) \xrightarrow{\alpha_0} \beta(s_1) \xrightarrow{\alpha_1} \cdots \xrightarrow{\alpha_{k-2}} \beta(s_{k-1})$ 代替序列 $s_0 \xrightarrow{\alpha_0} s_1 \xrightarrow{\alpha_1} \cdots \xrightarrow{\alpha_{k-2}} s_{k-1} \xrightarrow{\beta} s_k$。因为 β 是不可见的，对应的状态都有相同的标记，也就是对于每一个 $0 < l \leqslant k$，都有 $L(s_l) = L(\beta(s_l))$。也因为如此，可见的变迁的顺序并未改变，所以引理中的三个命题也都成立。

最后，考虑情况 **B2**，π_i 和 π_{i+1} 的不同之处是 π_{i+1} 包含一个额外的不可见变迁 β，因此用 $s_0 \xrightarrow{\beta} \beta(s_0) \xrightarrow{\alpha_0=\alpha} \beta(s_1) \xrightarrow{\alpha_1} \beta(s_2) \xrightarrow{\alpha_2} \cdots$ 代替前缀 $s_0 \xrightarrow{\alpha_0} s_1 \xrightarrow{\alpha_1} \cdots$。这样一来，对于 $l \geqslant 0$，有 $L(s_l) = L(\beta(s_l))$。同样，可见的变迁的顺序并未改变，所以引理中的三个命题也都成立。

引理 27 令 η 是限制在有限条路径 η_i 上构造的路径，那么 η 属于约简状态图 M'。

证明 对 η 的前缀 η_i 用归纳法来证明。首先，η_0 是一个单独的节点，它是 S 中的一个初始状态，根据约简算法，所有的初始节点都包含在 S' 中。然后我们假设 η_i 也在 M' 中，那么注意 η_{i+1} 可以由 η_i 添加一个 $ample(last(\eta_i))$ 中的变迁而得来，从而得证。

下面三个引理说明了只在有限条路径 η_i 上构造的路径 η 包含了 σ 中所有的可视路径，并且是以相同的顺序给出的。

引理 28 设 α 是 θ_i 上的第一个变迁，那么存在 $j > i$，使得 α 是 η_j 上的最后一个变迁，以及对于 $i \leqslant k < j$，α 是 θ_k 上的第一个变迁。

证明 根据上面的介绍，如果 α 是 θ_k 上的第一个变迁，则要么它是 θ_{k+1} 上的第一个变迁（根据情况 **B**），要么它是 η_{k+1} 上的最后一个变迁（根据情况 **A**）。先来说明第一种情况对于每一个 $k \geqslant i$ 是不成立的。假设它的反例成立，令 $s_k = first(\theta_k)$，考虑无限路径 $s_i, s_{i+1}, \cdots$，根据上面的构造，对于某个 $\gamma_k \in ample(s_k)$，有 $s_{k+1} = \gamma_k(s_k)$。此外，因为 α 是 θ_k 的第一个变迁，在情况 **A** 中没有被选中到达 η_{k+1}，α 一定在 $enabled(s_k) \setminus ample(s_k)$ 中。因为 S 中的状态数量是有限的，因此必然有一个状态 s_k，它第一次重复出现在序列 $s_i, s_{i+1}, \cdots$ 中。因此，将有一个回路 $s_k, s_{k+1}, \cdots, s_r$，$s_r = s_k$，这里 α 没有出现在任何的 $ample$ 集合中，这与条件 **C3** 冲突。

引理 29 设 γ 是 θ_i 上第一个可见的变迁，$prefix_\gamma(\theta_i)$ 是 $tr(\theta_i)$ 中最大的前缀，且 $tr(\theta_i)$ 不包括 γ，那么下面两者将成立其一:

- γ 是 θ_i 上的第一个变迁，是 η_{i+1} 上的最后一个变迁。
- γ 是 θ_{i+1} 上第一个可见的变迁，是 η_{i+1} 上的最后一个变迁，也是不可见的，并且有 $prefix_\gamma(\theta_{i+1}) \sqsubseteq prefix_\gamma(\theta_i)$。

证明 根据情况 **A** 的构造过程，从 $ample(s_i)$ 中选择 γ，它成为 η_{i+1} 上的最后一个变迁，这时引理的第一种情况是成立的。因为如果不成立，将会有另一个变迁 β 被加到 η_i 中从而形成 η_{i+1}，变迁 β 不能是可见的，否则，根据条件 **C2**，$ample(s_i)=enabled(s_i)$。根据情况 **B1** 的构造过程，β 必须是 θ_i 上的第一个变迁。但是 β 在 θ_i 中是一个先于 γ 的变迁，所以矛盾产生。

这里有三种可能性：

1. θ_i 中的 β 在 γ 前（构造情况 **B1**）
2. θ_i 中的 β 在 γ 后（构造情况 **B1**）
3. β 和 θ_i 中所有的变迁都是独立的（构造情况 **B2**）

根据上面的构造过程，在第一种可能性中，有 $prefix_\gamma(\theta_{i+1}) \sqsubset prefix_\gamma(\theta_i)$，因为当构造 θ_{i+1} 时，在 γ 前 β 已经从 θ_i 的前缀中除去了。在第二种和第三种可能性中，$prefix_\gamma(\theta_{i+1}) = prefix_\gamma(\theta_i)$，因为先于 γ 的 θ_{i+1} 的前缀与 θ_i 对应的前缀是相同的。

引理 30 设 v 是 $vis(tr(\sigma))$ 的一个前缀，那么存在一条路径 η_i，使得 $v = vis(tr(\eta_i))$。

证明 对 v 用归纳法来证明。首先可以知道当 $|v|=0$ 时引理是成立的。接着假设：如果 $v\gamma$ 是 $vis(tr(\sigma))$ 的一个前缀，并且存在一条路径 η_i 使得 $vis(tr(\eta_i))=v$，那么就有一条路径 η_j，这里 $j>i$，使得 $vis(tr(\eta_j))=v\gamma$。因此，需要证明 γ 是最后添加到 η_j 中的，这里 $j>i$，而且没有其他可见的变迁能够添加到 η_k 中，这里 $i<k<j$。根据构造过程中的情况 **A**，我们可以将一个可见的变迁加到 η_k 中形成 η_{k+1}，仅当这个变迁作为 θ_k 的第一个变迁出现。引理 29 说明了如果要保证 γ 是 θ_i 的后继路径 θ_k 中的第一个可见变迁，除非不将其加到某个 η_j 中。此外，在 γ 前的变迁序列只能缩短。引理 28 证明了每个 θ_k 中的第一个变迁最终都会被删除，并且添加到某个 η_l 的末尾，这里 $l>k$。因此，γ 最终也是被加到某个序列 η_j 中。

定理 12 状态图结构 M 和 M' 是 stuttering 等价的。

证明 M' 中的每一条从某个初始状态出发的无限路径一定是 M 中的一条路径，因为 M' 是通过从某个初始状态出发、重复应用一些变迁所构造出来的。需要证明 M 中的每一条路径 $\sigma = s_0 \xrightarrow{\alpha_0} s_1 \xrightarrow{\alpha_1} \cdots$，这里 s_0 是初始状态，并在 M' 存在一条对应的路径 $\eta = r_0 \xrightarrow{\beta_0} r_1 \xrightarrow{\beta_1} \cdots$，使得 $\sigma \sim_{st} \eta$。接下来说明对应于 σ 所构造出的 η 确实与 σ 是 stuttering 等价的。

首先来证明 σ 和 η 具有相同的可见变迁的序列，也就是 $vis(tr(\sigma)) = vis(tr(\eta))$。根据引理 30，$\eta$ 以相同的顺序包含 σ 中的可见变迁，因为对于任何有 m 个可见变迁 σ 的前缀来说，η 都有一个对应的前缀 η_i，也有相同的 m 个可见变迁。另一方面，σ 必须以相同的顺序包含 η 中的可见变迁。对于任何一个 η 的前缀 η_i，根据引理 26，因为有 $\pi_0=\sigma$，$\pi_i=\eta_i \circ \theta_i$ 都有相同的可见变迁。因此，σ 有一个前缀与 η_i 具有相同的可见变迁序列。

构造两个用下标$0=i_0<i_1<\cdots$和$0=j_0<j_1<\cdots$标记的无限序列，它们表示σ和η相对应的stuttering块，也是stuttering定义必需的。假设$\sigma=\pi_0$和η都至少有n个可见变迁。令i_n是σ的最小前缀ξ_{i_n}的长度，它恰好包括n个可见变迁。令j_n是η的最小前缀η_{j_n}的长度，它和ξ_{i_n}有一样的可见变迁序列，那么根据引理26的第三部分，有$L(s_{i_n})=L(r_{j_n})$。根据可见变迁的定义可知，如果$n>0$，对于$i_{n-1}\leqslant k<i_n-1$，有$L(s_k)=L(s_{i_{n-1}})$，这是因为i_{n-1}是σ的最小前缀$\xi_{i_{n-1}}$的长度，它恰好包括$n-1$个可见变迁。因此，在i_{n-1}和i_n-1中没有可见变迁。类似地，对于$j_{n-1}\leqslant l<j_n-1$，有$L(r_l)=L(r_{j_{n-1}})$。

如果σ和η有无限多个可见变迁，那么这个过程将构造两个无限序列的标记。如果σ和η仅包含有限的m个可见变迁，则对于$k>i_m$，有$L(s_k)=L(s_{i_m})$，对于$l>j_m$，$L(r_l)=L(r_{j_m})$成立。然后对于$k\geqslant m$，有$i_{k+1}=i_k+1$和$j_{k+1}=j_k+1$。通过上面叙述可得，对于$k\geqslant 0$，状态块$s_{i_k},s_{i_k+1},\cdots,s_{i_{k+1}-1}$和$r_{j_k},r_{j_k+1},\cdots,r_{j_{k+1}-1}$是对应的有相同标记的stuttering块，因此$\sigma\sim_{st}\eta$。

10.7 SPIN系统中的偏序约简

SPIN[138,140]系统是利用“On-the-Fly”技术的LTL模型检测器，它采用了显式状态枚举和偏序约简技术。这个系统是贝尔实验室的Gerard Holzmann和Doron Peled开发的，主要用于检测异步软件系统，特别是通信协议，可以用来检测程序模型是否死锁，或者是否有不可到达的代码；也可以通过9.4节描述的转化程序[124]来检测是否满足一个LTL公式描述的某种性质。这种工具用偏序约简[139,209]来减少被搜索的状态空间。

SPIN系统的输入语言是Promela，它是由Gerard Holzmann开发的，这种语言参考了许多语言的语法优点，其表达式同C语言相似[154]，有多种运算符，包括==(等于)、!=(不等于)、||(逻辑或)、&&(逻辑与)和%。赋值运算符仍然采用=，布尔表达式的否定前缀还是!。

其通信命令的语法继承于CSP[137]，发送进程在信道 `ch` 上发送消息，消息包含标签 `tg` 和值$val_1,val_2,\cdots,val_n$，具体如下：

$$\texttt{ch!tg}(val_1,val_2,\cdots,val_n)$$

接收进程接收信道 `ch` 上的消息，此消息包含标签 `tg`，形式为

$$\texttt{ch?tg}(var_1,var_2,\cdots,var_n)$$

消息包含n个值，它们被存储在变量$var_1,var_2,\cdots,var_n$中。SPIN系统也可以传递无标签的消息。Promela语言实现了利用消息队列和握手方式的消息传递方法。在使用消息队列传递时，某个固定长度的信道临时储存要发送的值，因此发送进程可以执行下一个命令，甚至此时接收进程还没有准备好如何处理收到的消息。在基于握手方式的消息传递中，SPIN系统定义了一个长度为0的信道，因为用同一个信道和标签(当前标签)执行的发送命令与接收命令是同时发生的，所以会产生val_i到var_i的赋值，这里$1\leqslant i\leqslant n$。

上面介绍的语法基于Dijkstra的 *Guarded Commands*[95]的条件循环，如图10.10所示。

$$
\begin{array}{ll}
\textbf{if} & \textbf{do} \\
:: guard_1 -> S_1 & :: guard_1 -> S_1 \\
:: guard_2 -> S_2 & :: guard_2 -> S_2 \\
\vdots & \vdots \\
:: guard_n -> S_n & :: guard_n -> S_n \\
\textbf{fi} & \textbf{od}
\end{array}
$$

图 10.10 SPIN 系统中的条件与循环语句

每一个 *guard* 可以由一个条件或一个通信命令组成，也可以由它们两个一起组成。为了保证 *guard* 是可通过的，则 *guard* 要求的条件必须成立，而且它的通信命令一定不能被阻塞。在使用消息队列传递时，当队列满时，发送命令会被阻塞；而当队列为空时，接受命令被阻塞。在基于握手方式的消息传递中，当通信进程中的一方准备好发送或者接收而另一方未准备好时，通信被阻塞。

当执行 `if` 语句块或者 `do` 循环语句块时，将不确定地选择一个可通过的 $guard_i$，然后开始执行对应的命令 S_i。`do` 循环只有在遇到 `goto` 命令或者 `break` 命令时才停止，`goto` 命令强迫程序跳转到指定的 `label` 的那一行，而 `break` 命令在当前循环执行完毕后，跳转出本层循环体。

10.3 节描述的 *ample* 集合的约简技巧在 SPIN 中被 Dolev，Klawe 和 Rodeh[102]实现为 leader election 算法。这个算法在 N 个进程所组成的环上进行，每个进程在初始的时候都分配一个唯一的数字，此算法的目的是寻找分配给进程的最大数字。进程环是单向的，因此每一个进程可以从它的左边接收信息，并在它的右边发送信息。

刚开始时，每个进程 P_i 都是激活的，并在局部变量 `my_val` 中存放一个整数值。只要 P_i 激活，它就要对某个值负责，这个值在算法的执行过程中是可以改变的，P_i 的当前值保存在变量 `max` 中。进程发现它不能保存那个最大的值时，它就变为被动的。被动的进程只能从左向右传递消息，每一个激活的进程 P_i 发送自己的值到右边，然后等待接收它左边的最接近激活状态的进程 P_j 传来的值，这个值通过标记为 `one` 的通信命令来接收。

如果 P_i 接收到的值和它发送的值相同，就可以判定 P_i 是唯一的激活进程，因此它的值就是最大的。此时进程 P_i 就把这个值发送到它的右边，并附带一个标签 `winner`，其他进程都能接收到这个值并且发送到它的右边，所以每个进程都可以学习到这个 `winner` 数。

如果 P_i 接收到的值和它发送的值不同，那么 P_i 会等待接收标签 `two` 的第二个值，它包含着左边第二个接近可激活状态的进程 P_k 的值。接着，P_i 将比较它的值和 P_j、P_k 的值，如果 P_j 传来的值是三者之间最大的，那么 P_i 将保存这个值，也就是说，P_i 对离它最近的激活进程 P_j 负责，否则 P_i 变成被动的。

算法的执行可以被分解为几个阶段，除了最后一个阶段，每个阶段中的激活进程都接收了标记着 `one` 或者 `two` 的消息。在最后一个阶段，存活的进程通过一个标记着 `one` 的消息接收它自己的值，然后这个值将传递到整个环。

此协议保持了较低的复杂度 $O(N \times log\, N)$，在每个阶段至少一半激活进程将变为被动的。为了说明这一点，我们来考虑这种情况，P_i 要保持激活的状态，那么 P_j 的值要比 P_i 和 P_k 的值都大，如果 P_j 依然激活，那么 P_k 的值就要比 P_j 大，这时矛盾产生了。因此除了最后一个阶段，每个阶段中如果进程依然是激活的，那么它的左边第一个激活的进程必须变为被动的。在每个阶段，消息传递的数目被限制为 $2 \times N$，因为每个进程从它左边的邻居接收两个消息。

leader election 算法的 Promela 语言实现如图 10.11 所示。我们省略了初始进程的代码，这部分用于给每个进程赋唯一的值，以及启动进程执行。信道 $q[(i+1)\%N]$ 用来从进程 P_i 发送消息到 $P_{(i+1)\%N}$。这里 %N 表示对 N 的取模运算。

```
#define noLeader        (number_leaders == 0)
#define oneLeader       (number_leaders == 1)

byte number_leaders = 0;

#define N       6       /* number of processes in the ring */
#define L       12       /* 2xN */
byte I;

mtype = { one, two, winner };
chan q[N] = [L] of { mtype, byte};

proctype P (chan in, out; byte my_val)
{       bit Active = 1, know_winner = 0;
        byte number, max = my_val, neighbor;

        out!one(my_val);
        do
        :: in?one(number) ->  /*Get left active neighbor value*/
           if
           :: Active ->
              if
              :: number != max ->
                 out!two(number); neighbor = number
              :: else ->
                 know_winner = 1; out!winner(number);
              fi
           :: else ->
              out!one(number)
           fi
        :: in?two(number) ->  /*Get second left active neighbor value*/
           if
           :: Active ->
              if
              :: neighbor > number && neighbor > max ->
                 max = neighbor; out!one(neighbor)
              :: else ->
                 Active = 0 /* Becomes passive */
              fi
           :: else ->
```

图 10.11　Promela 语言表示的 leader election 算法

```
      out!two(number)
   fi.

:: in?winner(number) ->
   if
   :: know_winner
   :: else -> out!winner(number)
   fi;
   break
od
```

图 10.11(续) Promela 语言表示的 leader election 算法

待检验的性质是用 LTL 公式给出的：

$$noLeader\ \mathbf{U}\ \mathbf{G}\ oneLeader$$

此公式声明在每次执行中未来的某个时刻选择 leader 前是没有 leader 的。而自这点之后，只会有一个 leader。谓词 *noLeader* 和 *oneLeader* 用 `number_leaders==0` 和 `number_leaders==1` 分别来定义。

使用 9.4 节所描述的算法，可以自动将这个性质的反例转化为 Büchi 自动机，再将相同分支结构的节点合并起来以最小化自动机规模。这个用 Promela 语言描述的自动机被称为非法自动机(never claim)，起这个名字的原因是由待检测的性质的反例转化的自动机，表示这种计算从不会发生。对于上述性质的非法自动机如图 10.12 所示，每个初始节点的标签都包含 `init`，每个接收节点的标签都包含 `accept`。

```
never {    /* !(noLeader U [] oneLeader) */
T0_init:
    if
    :: (! ((noLeader))) -> goto T0_S28
    :: (! ((noLeader)) && ! ((oneLeader))) -> goto accept_all
    :: (1) -> goto T0_S9
    :: (! ((oneLeader))) -> goto accept_S1
    fi;
accept_S1:
    if
    :: (! ((noLeader))) -> goto T0_S28
    :: (! ((noLeader)) && ! ((oneLeader))) -> goto accept_all
    :: (1) -> goto T0_S9
    :: (! ((oneLeader))) -> goto T0_init
    fi;
accept_S9:
    if
    :: (! ((noLeader))) -> goto T0_S28
    :: (! ((noLeader)) && ! ((oneLeader))) -> goto accept_all
    :: (1) -> goto T0_S9
    :: (! ((oneLeader))) -> goto T0_init
    fi;
```

图 10.12 性质规约的非法自动机

```
accept_S28:
    if
    :: (1) -> goto T0_S28
    :: (! ((oneLeader))) -> goto accept_all
    fi;
T0_S9:
    if
    :: (! ((noLeader))) -> goto T0_S28
    :: (! ((noLeader)) && ! ((oneLeader))) -> goto accept_S28
    :: (! ((noLeader)) && ! ((oneLeader))) -> goto accept_all
    :: (! ((oneLeader))) -> goto accept_S9
    :: (1) -> goto T0_S9
    :: (! ((oneLeader))) -> goto accept_S1
    fi;
T0_S28:
    if
    :: (1) -> goto T0_S28
    :: (! ((oneLeader))) -> goto accept_all
    fi;
accept_all:
    skip
}
```

图 10.12(续) 性质规约的非法自动机

SPIN 系统将程序抽象出的自动机和非法自动机进行交运算，可以使用“On-the-Fly”技术、9.3 节介绍的双 DFS 算法和偏序约简技术来得出这个交集，如果交集不为空，将会得到一个反例。

实验结果汇总在图 10.13 中，实验环境是一台 SGI *Challenge* 机器。表中的内存单位是 MB。在没有使用偏序约简的情况下，我们用 5～6 个进程来检验算法，这种情况下检测程序无法终止。表中的数据说明，用 5 个进程来检验算法，在不使用偏序约简的时候，检测程序在 40 小时后仍未得出结果。实验结果清楚地表明偏序约简能够有效减缓状态爆炸。

进程数	未约简的			约简的		
	状态数	内存大小	时间	状态数	内存大小	时间
3	15929	1.801	13.8 s	1435	1.493	0.6 s
4	522255	15.727	9.3 min	8475	1.698	3.5 s
5		>128	>40 h	57555	3.234	28.7 s
6				434083	15.625	4.1 min

图 10.13 偏序约简的实验结果

第 11 章　结构间的等价性和拟序

本章介绍用满足相同性质的小结构代替大结构来缓解状态爆炸问题的技术。第 10 章中介绍的缓解状态爆炸问题的技术基于偏序约简来减少结构的规模，并保持不涉及 next 时序操作符的 LTL 公式的真值。抽象化而言，这种技术可以描述为给定逻辑 $\mathcal{L}$ 和结构 M，寻找规模更小的结构 M'，要求 M' 也能够保持 M 所满足的关于逻辑 $\mathcal{L}$ 的公式集合。为了实现这个目标，需要引入结构间等价的概念，这种等价应该在具有高效判定性的同时，保证两个结构都满足同一个 $\mathcal{L}$ 公式集合。下面首先介绍 CTL* 逻辑和互模拟等价[207]。

将初始状态集合 S_0 以及原子命题集合 AP 包含在变迁系统结构 M 中，会使后续的介绍更为简单和方便，即此结构扩展为 $M=(AP,S,R,S_0,L)$。如果考虑公正性限制，那么结构就是 $M=(AP,S,R,S_0,L,F)$。有时需要把不包含公正性限制的结构转化为具有公正性限制的结构，并保留计算过程涉及的路径集合，可以通过 $F=\{S\}$ 来实现这一点。

令 $M=(AP,S,R,S_0,L)$ 和 $M'=(AP,S',R',S_0',L')$ 为两个具有相同原子命题集合 AP 的结构。在 M 和 M' 之间定义的二元关系 $B\subseteq S\times S'$ 是互模拟关系当且仅当对于所有的 s 和 s'，如果 $B(s,s')$ 成立，那么下面的条件满足：

1. $L(s)=L'(s')$。
2. 对每个保持 $R(s',s_1)$ 成立的状态 s_1，都存在 s_1' 满足 $R(s',s_1')$ 和 $B(s_1,s_1')$。
3. 对每个保持 $R'(s',s_1')$ 成立的状态 s_1'，都存在 s_1 满足 $R(s,s_1)$ 和 $B(s_1,s_1')$。

结构 M 和 M' 是互模拟等价的(表示为 $M\equiv M'$)，仅当对每一个 M 中的初始状态 $s_0\in S_0$，在 M' 中有一个相应的初始状态 $s_0'\in S_0'$，二者满足互模拟等价关系 B，即 $B(s_0,s_0')$ 成立；同时对每一个 M' 中的初始状态 $s_0'\in S_0'$，在 M 中存在一个相应的初始状态 $s_0\in S_0$，并有 $B(s_0,s_0')$ 成立。

图 11.1 和图 11.2 描述了几个互模拟等价结构的简单例子。这些图说明展开一个结构或复制结构的某些部分，可以生成与其互模拟的等价结构。另一方面，图 11.3 描述了不具有互模拟等价的两个结构，在 M' 中标记为 b 的状态不能与 M 中标记为 b 的任何状态对应起来，因为 M' 中标记为 b 的状态有两个后继，一个标记为 c，一个标记为 d。

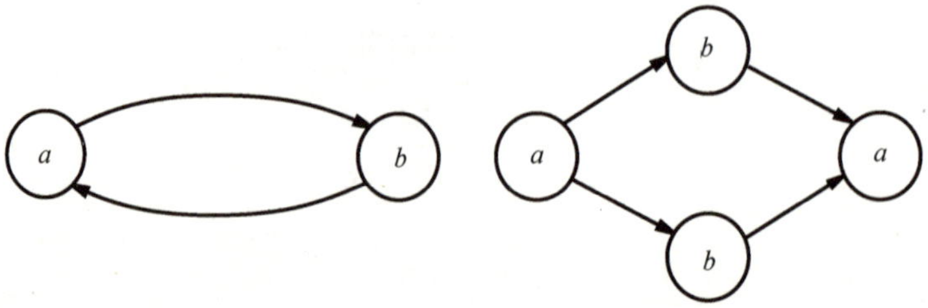

图 11.1　展开后保持互模拟等价

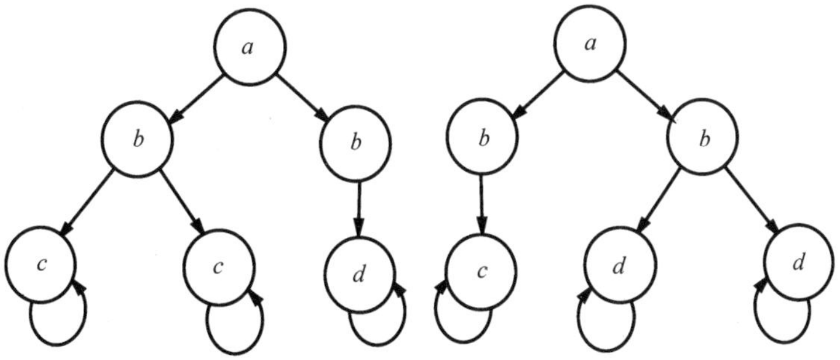

图 11.2 复制后保持互模拟等价

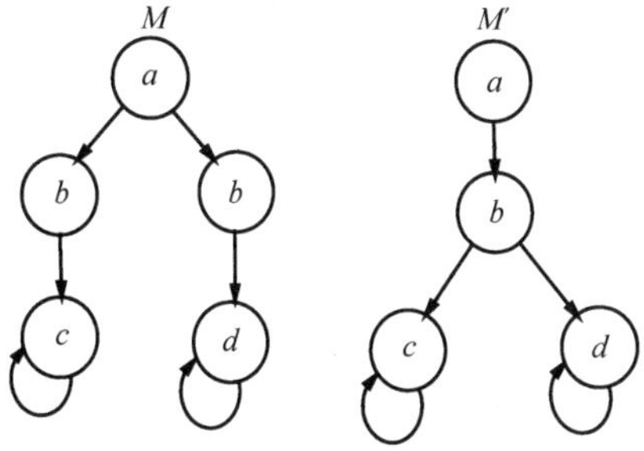

图 11.3 两个非互模拟等价结构

下面的引理用于建立 CTL* 和互模拟等价关系的联系。M 中的路径 $\pi = s_0 s_1 \cdots$ 和 M' 中的路径 $\pi' = s_0' s_1', \cdots$ 是对应的，当且仅当对于每一个 $i \geqslant 0$，$B(s_i, s_i')$ 成立。

引理 31 两个状态 s 和 s' 有互模拟关系 $B(s,s')$，那么对于每一个源于 s 的路径，都会存在一条源于 s' 的路径与之对应；同时对于每一条源于 s' 的路径，也会存在一条源于 s 的路径与之对应。

证明 已知 $B(s,s')$ 和从 $s = s_0$ 开始的一条路径 $\pi = s_0 s_1 \cdots$，根据归纳可以建立一条从 $s' = s_0'$ 开始的相应路径 $\pi' = s_0' s_1', \cdots$。很明显 $B(s_0, s_0')$ 成立。假设对于某个 i 而言，$B(s_i, s_i')$ 成立，来看如何选择 s_{i+1}'。由于 $B(s_i, s_i')$ 和 $R(s_i, s_{i+1})$ 成立，必定会存在 s_i' 的一个后继 t'，使得 $B(s_{i+1}, t')$ 成立。那么选择 t' 作为 s_{i+1}'。

给定一条从 s' 开始的路径 π'，构造从 s 开始的路径 π 的过程与上面相似。

下一个引理表明如果两个状态是互模拟的，那么它们满足相同的 CTL* 状态公式集合。而且，如果两条路径是相对应的，那么它们满足相同的路径公式集合。

引理 32 令 f 是状态公式或者路径公式，假设 s 和 s' 是互模拟状态，且 π 和 π' 是对应的路径。则

- 如果 f 是一个状态公式，那么 $s \vDash f \Leftrightarrow s' \vDash f$。
- 如果 f 是一个路径公式，那么 $\pi \vDash f \Leftrightarrow \pi' \vDash f$。

证明 可以在 f 的结构上用归纳法来证明这个引理。

基础：$f = p$，其中 $p \in AP$。由于 $B(s,s')$，已知 $L(s) = L'(s')$，那么 $s \vDash p$ 当且仅当 $s' \vDash p$。

归纳：考虑下面的情况。

1. $f = \neg f_1$，一个状态公式。

$$\begin{aligned} s \vDash f &\Leftrightarrow s \nvDash f_1 \\ &\Leftrightarrow s' \nvDash f_1 \quad \text{(归纳假设)} \\ &\Leftrightarrow s' \vDash f \end{aligned}$$

   如果 f 是一个路径公式，那么也满足相同的推导过程。

2. $f = f_1 \vee f_2$，一个状态公式。

$$\begin{aligned} s \vDash f &\Leftrightarrow s \vDash f_1 \quad \text{或} \quad s \vDash f_2 \\ &\Leftrightarrow s' \vDash f_1 \quad \text{或} \quad s' \vDash f_2 \quad \text{(归纳假设)} \\ &\Leftrightarrow s' \vDash f \end{aligned}$$

   如果 f 是一个路径公式，那么同样可以使用这个推导过程。

3. $f = f_1 \wedge f_2$，一个状态公式。这种情况与前面的情况是类似的。而且，如果 f 是一个路径公式，甚至可以采用完全相同的推导过程。
4. $f = \mathbf{E}\, f_1$，一个状态公式。假设 $s \vDash f$，那么存在一条始于 s 的路径 π_1 使得 $\pi_1 \vDash f_1$。根据引理 31，在 M' 中存在一条始于 s' 的相应的路径 π_1'。因此根据归纳假设可得，$\pi_1 \vDash f_1$ 当且仅当 $\pi_1' \vDash f_1$，因此 $s' \vDash \mathbf{E}\, f_1$。已知 $s' \vDash f$ 求证 $s \vDash f$ 的过程与之相同。
5. $f = \mathbf{A}\, f_1$，一个状态公式。这种情况的证明过程与 $f = \mathbf{E}\, f_1$ 的证明过程相似。
6. $f = f_1$，其中 f 是路径公式而 f_1 是状态公式，f 和 f_1 的长度相同。令 $f = \mathbf{path}(f_1)$，这里 **path** 是一个特殊运算符，它能够把一个状态公式转变成一个路径公式。通过定义 **path** 运算符就可以简化 f。如果 s_0 和 s_0' 别是 π 和 π' 的第一个状态，那么

$$\begin{aligned} \pi \vDash f &\Leftrightarrow s_0 \vDash f_1 \\ &\Leftrightarrow s_0' \vDash f_1 \quad \text{(归纳假设)} \\ &\Leftrightarrow \pi' \vDash f \end{aligned}$$

7. $f = \mathbf{X}\, f_1$，一个路径公式。假设 $\pi \vDash f$，根据 next 时序运算符的定义，$\pi^1 \vDash f_1$。由于 π 和 π' 是相对应的，因而 π^1 和 π'^1 也是相对应的。因此根据归纳假设，$\pi'^1 \vDash f_1$，并且 $\pi' \vDash f$ 也是如此。相同的证明过程可以用来证明如果 $\pi' \vDash f$，那么 $\pi \vDash f$。
8. $f = f_1\, \mathbf{U}\, f_2$，一个路径公式。假设 $\pi \vDash f_1 \mathbf{U} f_2$，根据 until 运算符的定义，存在一个 k 使得 $\pi^k \vDash f_2$，并且对于所有的 $0 \leqslant j < k$，$\pi^j \vDash f_1$。由于 π 和 π' 是相对应的，因而对于任何 j 来说，π^j 和 π'^j 也是相对应的。这样根据归纳假设，$\pi'^k \vDash f_2$，并且对于所有的 $0 \leqslant j < k$，$\pi'^j \vDash f_1$。因此 $\pi' \vDash f$。已知 $\pi' \vDash f$ 求证 $\pi \vDash f$ 的过程与之类似。

9. $f = f_1 \mathbf{R} f_2$，一个路径公式。这种情况下的证明过程与 $f = f_1 \mathbf{U} f_2$ 是类似的。

下面的定理是前面引理的结论。

定理 13　如果 $B(s,s')$ 成立，那么对于每一个 CTL^* 公式 f 来说，$s \vDash f \Leftrightarrow s' \vDash f$。

如果两个结构互模拟等价，那么结构中的每一个初始状态与另一个结构的某个初始状态是互模拟的。因为一个结构满足某公式当且仅当它的所有初始状态都满足此公式，所以两个结构都满足相同的 CTL^* 公式。

定理 14　如果 $M \equiv M'$，那么对于每个 CTL^* 公式 f 来说，$M \vDash f \Leftrightarrow M' \vDash f$。

此定理的逆定理同样成立，即如果两个结构满足同样的 CTL^*，那么这两个结构互模拟等价。而且，如果两个结构能够被一个 CTL^* 公式区分(例如 CTL^* 公式在一个结构中为真，但在另一结构中为假)，那么这两个结构同样能够被一个 CTL 公式区分，参见文献[32]。此结论并不隐含 CTL^* 与 CTL 公式有相同的表达能力，可以将公式看成满足此公式的模型集合，通过比较模型集合来间接比较两种逻辑的表达能力。如果 CTL 与 CTL^* 有相同的表达能力，那么每一个 CTL^* 公式都有一个相应的 CTL 公式，且二者对应的模型集合相同，这一点显然是错误的[105]。相反，先前的结论隐含着存在具有相同模型集合的 CTL^* 公式和 CTL 公式，但也存在模型不相同的公式。

互模拟等价的概念能够扩展到具有公正性限制的结构上。令 M 和 M' 为具有公正性限制的两个结构，假设它们具有相同的原子命题集合 AP。那么二元关系 $B \subseteq S \times S'$ 是一个 M 和 M' 之间的公正性互模拟等价关系，当且仅当对于所有的 s 和 s'，如果 $B(s,s')$ 成立，那么下面的条件满足：

1. $L(s) = L'(s')$。
2. 对 M 上的每一条从 $s = s_0$ 开始的公正性路径 $\pi = s_0 s_1 \cdots$，都在 M' 上存在一条从 $s' = s'_0$ 开始的公正性路径 $\pi' = s'_0 s'_1 \cdots$，使得对于所有的 $i \geqslant 0$，$B(s_i, s'_i)$ 成立。
3. 对 M' 上的每一条从 $s' = s'_0$ 开始的公正性路径 $\pi' = s'_0 s'_1 \cdots$，则在 M 上存在一条从 $s = s_0$ 开始的公正性路径 $\pi = s_0 s_1 \cdots$，使得对于所有的 $i \geqslant 0$，$B(s_i, s'_i)$ 成立。

此时从直观上来看，如果存在一个公正性互模拟等价关系 B，使得对于在 M 中的每一个初始状态 $s_0 \in S_0$，M' 中存在一个初始状态 $s'_0 \in S'_0$，且二者有 $B(s_0, s'_0)$ 成立，则两个结构 M 和 M' 是公正性互模拟等价的(用 $M \equiv_F M'$ 表示)。如果给出公正性限制下的 CTL^* 公式语义，那么就能够在公正性限制结构上给出类似定理 14 的证明。

定理 15　如果 $M \equiv_F M'$，那么对每一个被解释到公正性路径上的 CTL^* 公式有 $M \vDash_F f \Leftrightarrow M' \vDash_F f$。

这个定理的证明类似于先前定理的证明，在此省略。

有时互模拟等价并不能很明显地减少状态数量，这时就需要限制逻辑系统和放宽对公式满足结构的要求，从而得到较少状态规模的系统结构。通常使用模拟关系来达到上述目标，模拟同互模拟关系紧密，互模拟关系足以保证两个结构有相同的行为，模拟关系研究结构与其抽象结构之间的联系。由于抽象能够隐藏原始结构的一些细节，所以抽象结构可能具有较小的原子命题集合。此外，模拟关系虽然能保证结构的所有行为都是其抽象结构的行为，但抽象结构可能包含原始结构不具备的一些行为。例如，在一个实例中，某事件总是在 20 个执行步骤之内发生，但是在抽象结构中，这个事件或许在任何执行步骤中发生。

给定两个结构 M 和 M'，满足 $AP \supseteq AP'$，则在 M 和 M' 上的关系 $H \subseteq S \times S'$ 是模拟关系[195]当且仅当对于所有 s 和 s'，如果 $H(s,s')$ 成立，那么下面的条件满足：

1. $L(s) \cap AP' = L'(s')$。
2. 对于每一个状态 s_1，有 $R(s,s_1)$ 成立，那么存在一个状态 s_1'，使得关系 $R'(s',s_1')$ 成立并且关系 $H(s_1,s_1')$ 成立。

我们说 M' 模拟 M（用 $M \preceq M'$ 表示）仅当存在模拟关系 H，使得对 M 中的每一个初始状态 s_0，在 M' 中都存在一个初始状态 s_0'，并满足 $H(s_0,s_0')$。

再次考虑图 11.3 中的结构。以前分析得知它们不是互模拟等价关系，通过上述模拟关系的定义，可以知道结构 M 在模拟拟序关系上小于结构 M'。选择模拟拟序关系 $\preceq$，它把 M 中的每一个状态和 M' 中具有相同标记的状态联系起来，那么关系 $\preceq$ 将状态 s 和状态 s' 连接起来之后，s 的每一个后继都能对应于一个 s' 的后继。反过来 M 并不模拟 M'，因为并不存在 M 状态与 M' 中标记为 b 的状态相对应。

现在，我们已经说明模拟关系是拟序，即一个自反的和传递的关系。

引理 33 $\preceq$ 是结构集合上的拟序。

证明 关系 $H = \{(s,s) \mid s \in S\}$ 是 M 和 M 之间的一个模拟关系，因此 $\preceq$ 是自反的。这样我们仍然需要证明 $\preceq$ 是传递的。假设 $M \preceq M'$ 并且 $M' \preceq M''$，让 H_0 成为 M 和 M' 之间的一个模拟关系，令 H_1 成为 M' 和 M'' 之间的模拟关系。定义 H_2 是关系 H_0 和 H_1 的乘积，即

$$H_2 = \left\{ (s, s'') \;\middle|\; \exists s' \left[H_0(s, s') \wedge H_1(s', s'') \right] \right\}$$

如果 $s_0 \in S_0$，那么根据模拟的定义，存在 $s_0' \in S_0'$ 使得 $H_0(s_0,s_0')$ 成立。

类似地，存在 $s_0'' \in S_0''$ 使得 $H_1(s_0',s_0'')$，因此 $H_2(s_0,s_0'')$ 成立。

假设 $H_2(s,s'')$ 成立，并且让 s' 满足 $H_0(s,s')$ 和 $H_1(s',s'')$。根据模拟的定义，$L(s) \cap AP' = L'(s')$ 并且 $L'(s') \cap AP'' = L''(s'')$。那么由于 $AP' \supseteq AP''$，我们就有 $L(s) \cap AP'' = L''(s'')$。让 $R(s,s_1)$ 成为 M 中从 s 开始的一个变迁关系，那么 M' 中存在一个变迁关系 $R(s',s_1')$ 使得 $H_0(s_1,s_1')$。由于 H_1 是模拟关系，在 M'' 中存在关系 $R''(s'',s_1'')$ 使得 $H_1(s_1',s_1'')$ 成立，因此 $H_2(s_1,s_1'')$ 成立，并且 H_2 是 M 与 M'' 之间的模拟关系。最终有 $M \preceq M''$。

下面的引理定义在模拟关系上与引理 31 相似。在这种情况下，同样定义 M 中的路径 $\pi = s_0 s_1 \ldots$ 和 M' 中的路径 $\pi' = s_0' s_1' \cdots$ 是相关的当且仅当对于每一个 i，$H(s_i,s_i')$ 成立。

引理 34　假设 s 和 s' 是状态，使得 $H(s,s')$ 成立，那么对于每一条始于 s 的路径 π，存在一条相应的始于 s' 的路径 π'。

定理 16　假设 $M \preceq M'$，那么对于每一个 ACTL* 公式 f 来说(在 AP' 中具有原子命题)，$M' \vDash f$ 蕴含着 $M \vDash f$。

直觉上这个定理肯定是真的，ACTL* 公式描述了在结构上所有量化的可能行为。因为所有 M 的行为都是 M' 的行为，所以在 M' 中为真的 ACTL* 公式在 M 中必定同样是真的。使用与定理 14 相似的证明过程，可以获得引理 34 的形式化证明。在 M 比 M' 复杂得多的情况下，这个定理十分有用。如果能验证 M' 上的 ACTL* 性质 f，那么 f 在复杂结构 M 上也是真的。另一方面，如果 f 不能满足 M'，那么 f 或许满足或许不满足 M。所以说，如果在检测 M' 的性质 f 的过程中生成一个反例，那么有必要检测这个反例是否能对应于 M 中的一个错误。在后面的章节中，经常会用到此定理。

图 11.4 表明了模拟和互模拟之间的区别。图中的两个结构并不是互模拟等价的，但是一个结构可以模拟另一个。为了表明 M 模拟 M'，选择一个模拟关系，把 M' 中的状态 3 和状态 4 与 M 中的状态 1 相关联，将 M' 中的其他状态与 M 中有相同标记的状态相关联。

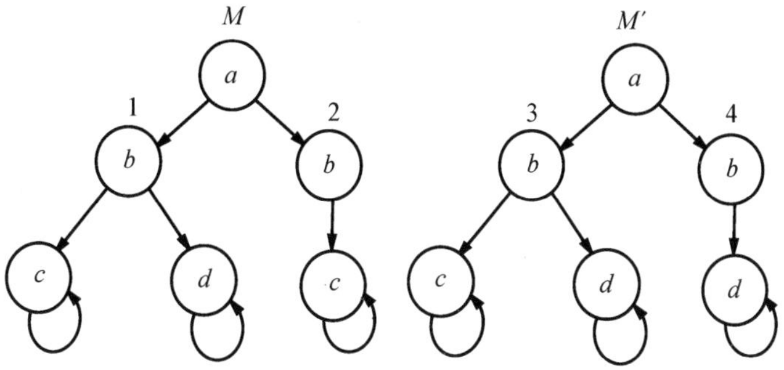

图 11.4　模拟等价但并不互模拟等价的结构

再来看看 M' 模拟 M，选择一个模拟关系，即把 M 中的状态 1 和状态 2 与 M' 中的状态 3 联系起来，并把 M 中的其他状态与 M' 中有相同标记的状态联系起来。

M 和 M' 并非互模拟等价，因为在 M 中没有一个状态能与 M' 中的状态 4 相关联。下面根据定理 13 来解释这个结论为真的原因，定理 13 表明了两个互模拟等价结构能够满足相同的 CTL 公式，很明显在 M 中 CTL 公式 $\mathbf{AG}(b \rightarrow \mathbf{EX}\, c)$ 是真的，但是在 M' 中是假的。然而在考虑定理 16 时，两个结构满足相同的 ACTL 公式。这一点表明关于 ACTL 的等价性与关于 CTL 的等价性是不同的。

模拟也能以相同的方式从互模拟扩展到公正性路径上。令 M 和 M' 是具有公正性限制的两个结构，假设 $AP \supseteq AP'$。M 和 M' 之间的二元关系 $H \subseteq S \times S'$ 是公正性模拟关系，当且仅当对于所有的 s 和 s'，如果 $H(s,s')$ 成立，那么下面的条件满足：

1. $L(s) \cap AP' = L'(s')$。

2. M 上的每一条从 $s=s_0$ 开始的公正性路径 $\pi=s_0s_1\cdots$，都在 M' 上存在一条从 $s'=s'_0$ 开始的公正性路径 $\pi'=s'_0s'_1\cdots$，使得对于所有的 $i\geqslant 0$，$H(s_i,s'_i)$ 成立。

令 $\preceq_F$ 是公正性结构上的拟序关系，则 $M\preceq_F M'$ 表示仅当存在一个公正性模拟关系 H，使得对于每一个结构 M 中的初始状态 $s_0\in S_0$，在 M' 中存在初始状态 $s'_0\in S'_0$，有 $H(s_0,s'_0)$ 成立。若上下文清楚地表明了当前处理的是公正性模拟，则可以把公正性模拟关系简写为 $\preceq$。

所有在结构 M 中的公正性行为都是 M' 中的公正性行为。所以对于公正性路径上的 ACTL^* 语义，具有下面的定理。

定理 17 如果 $M\preceq_F M'$，那么对于每一个解释到公正性路径上的 ACTL^* 公式 f，$M'\models_F f$ 蕴含着 $M\models_F f$。

11.1 等价和拟序算法

下面介绍判断两个结构是否满足互模拟等价，或者是否具有模拟拟序关系的算法。如果两个结构是确定的，即每个结构都仅有一个初始状态，而且满足若 $R(s,t)$ 和 $R(s,u)$ 成立则 $L(t)\neq L(u)$，那么检测其互模拟等价将很容易。结构的语言定义为从初始状态出发的所有路径上的标记序列集合，那么两个确定的结构是互模拟等价的当且仅当它们有相同的语言。确定结构的语言等价性检测算法在文献[60]中有所描述，这些算法被用来检测确定结构的互模拟等价性。

先来看看下面的算法，这个算法可以处理不含公正性限制的确定或不确定结构。令 M 和 M' 是两个具有相同原子命题集合 AP 的结构。在 $S\times S'$ 上定义一个关系序列 $B_0^*,B_1^*,\cdots$ 如下：

1. $B_0^*(s,s')$ 当且仅当 $L(s)=L'(s')$。
2. $B_{n+1}^*(s,s')$ 当且仅当
   - $B_n^*(s,s')$
   - $\forall s_1[R(s,s_1)\Rightarrow \exists s'_1[R'(s',s'_1)\wedge B_n^*(s_1,s'_1)]]$
   - $\forall s'_1[R'(s',s'_1)\Rightarrow \exists s_1[R(s,s_1)\wedge B_n^*(s_1,s'_1)]]$

上面定义的模拟关系记为 $B^*(s,s')$，此关系成立当且仅当对于所有的 $i\geqslant 0$，$B_i^*(s,s')$ 成立。根据上述定义，对于所有的 $i\geqslant 0$，都有 $B_i^*\supseteq B_{i+1}^*$，而且由于 M 和 M' 是有限的，那么存在一个 n，使得 $B_n^*=B_{n+1}^*$，很明显 B_n^* 就是 B^*。

两个结构 M 和 M' 是 B^* 等价的，仅当 M 中的每个初始状态 $s_0\in S_0$，都在 M' 中存在一个初始状态 $s'_0\in S'_0$，且 $B^*(s_0,s'_0)$ 成立。另外，对于 M' 中的每个初始状态 $s'_0\in S'_0$，M 中都会有对应的初始状态 $s_0\in S_0$ 满足 $B^*(s_0,s'_0)$。不难看出 B^* 是 M 和 M' 的互模拟等价关系。事实上 B^* 是最大的互模拟等价关系，即 M 和 M' 中的每一个互模拟等价关系都包含在 B^* 中(互模拟等价关系的包含关系解释为集合之间的包含关系)，这样 M 和 M' 是互模拟等价的当且仅当它们是 B^* 等价的。

引理 35　(根据集合之间的包含关系) B^* 是在 M 和 M' 之间最大的等价关系。

证明　如果 B 是 M 和 M' 之间的互模拟等价关系，那么对于每个 $i \geqslant 0$，B 包含在 B_i^* 中。根据在 i 上的归纳来证明这一点。很明显，由于在 B 中的任何状态对都有相同的标记，因此 B 被包含在 B_0^* 中。假设 B 被包含在 B_n^* 中，并且 $B(s,s')$ 成立，$R(s,s_1)$ 为 M 中的变迁。由于 B 是互模拟等价的，那么存在一个状态 s_1' 使得 $R'(s',s_1')$ 是 M' 中的变迁关系并且 $B(s_1,s_1')$ 成立。由于 B 被包含在 B_n^* 中，就会有 $B_n^*(s_1,s_1')$ 成立。能用相似的方式证明第三个要求。这样，$B_{n+1}^*(s,s')$ 成立。

就像前面所解释的，结构的有限性保证了存在某个 n 使得 $B^* = B_n^*$，所以此定义给出了计算两个结构的最大互模拟等价的算法。如果在状态变迁上使用了显式表述方式，那么这个算法的复杂度在两个结构规模上呈多项式级，一种高效的多项式级复杂度的算法已在文献[206]中介绍。如果使用 OBDD 来表示这种变迁关系，那么这种定义就能够直接用于计算最大的互模拟等价关系——它描述了用于计算最大不动点函数的流程。

检测公正性互模拟等价的算法并未得到广泛研究。因为如果结构是确定的，而且已经存在基于语言等价性的高效算法，只需要将此结构的语言限定到公正性路径上，就能使用此算法证明两个结构是否为公正性互模拟等价。也就是说，两个结构公正性互模拟等价当且仅当它们关于公正性路径的语言等价，基于公正性结构[60]的语言等价性的检测算法能够用来处理这种情况。文献[13]中提出了一个处理非确定性结构的通用算法，这个算法在结构[159]的规模上是 PSPACE 完全的。

在确定性情况下，上面提到的每种算法都适用于检测两个结构 M 和 M' 之间的模拟拟序，只需将语言等价替换为语言包含即可。通常在没有考虑公正性限制的情况下，可以在 $S \times S'$ 上定义关系序列 $H_0^*, H_1^*, \cdots$ 如下：

1. $H_0^*(s,s')$ 当且仅当 $L(s) \cap AP' = L'(s')$
2. $H_{n+1}^*(s,s')$ 当且仅当
   - $H_n^*(s,s')$
   - $\forall s_1[R(s,s_1) \Rightarrow \exists s_1'[R'(s',s_1') \wedge H_n^*(s_1,s_1')]]$

由于结构是有限的，所以上述过程是可以终止的。记 $H^*(s,s')$ 表示对于所有的 $i \geqslant 0$，$H_i^*(s,s')$ 成立，那么与先前的讨论一样，H^* 是两个结构 M 和 M' 之间的最大的模拟关系。这样，M' 模拟 M 当且仅当对于 M 中的每一个 $s_0 \in S_0$，都会在 M' 中存在一个状态 $s_0' \in S_0'$ 使得 $H^*(s_0,s_0')$ 成立。

11.2　构建 tableau 结构

本节分析 ACTL 公式的 tableau 结构，LTL 的 tableau 结构已经在 6.7 节和第 9 章多次介绍。

在考虑 $\preceq_F$ 关系时，ACTL 公式 f 的 tableau 结构 $\mathcal{T}_f$ 是此公式的最大模型，这是构造 tableau 结构的关键。正是由于这种性质，tableau 结构可以作为在模型检测之前对进程运行环境的假定，进程和运行环境合成之后就可以进行假设推理(参见第 12 章)。应用这种假定，可以简化检测环境是否满足公式的过程。此外，还可以基于 tableau 结构进行时序推理。

这里提出的 tableau 结构与先前章节中 LTL 的 tableau 结构有所不同：

- 对于每一个结构 M'，需要 tableau 结构满足 $M' \models_F f$ 当且仅当 $M' \preceq_F \mathcal{T}_f$。我们最关心的是 $\mathcal{T}_f \models f$ 是否成立，当 f 包含最终性(如形如 $\mathbf{A}[g\ \mathbf{U}\ h]$ 的公式)时，可以通过在 tableau 结构上增加公正性限制并考虑公正性路径来判断其是否满足。所以 $\mathcal{T}_f$ 必定是一个公正性的 Kripke 结构。
- 因为所考虑的 M' 同样是公正性的结构，但它可能包含了不作为公正性路径起点的状态(即使变迁关系完整，这种情况也会发生)，这些状态可用公式 $\mathbf{AX}\ \mathit{False}$ 刻画。此公式会被加到 f 的所有基本公式集合中，也会被包含在 tableau 结构的模拟 M' 的非公正性路径的起点状态中。除了 $\mathbf{AX}\ \mathit{False}$，我们也会将 True 和 False 作为 f 的子公式。
- 在这个构造中，非原子命题基本公式是形如 $\mathbf{AX}\ g$ 的公式，而不是形如 $\mathbf{X}\ g$ 的公式。

本节的其余部分讨论 ACTL 公式 f。下面详细描述 f 的 tableau 结构 $\mathcal{T}_f$ 的构造过程。令 AP_f 是 f 中的原子命题集合。f 的 tableau 结构是 $\mathcal{T}_f = (AP_f, S_T, R_T, S_0^T, L_T, F_T)$，此结构中的每个状态是从 f 得到的基本公式集合。f 的基本子公式集合记为 $el(f)$，其递归定义如下：

1. $el(p) = el(\neg p) = \{p\}$, 如果 $p \in AP_f$
2. $el(g_1 \vee g_2) = el(g_1 \wedge g_2) = el(g_1) \cup el(g_2)$
3. $el(\mathbf{AX}\ g_1) = \{\mathbf{AX}\ g_1\} \cup el(g_1)$
4. $el(\mathbf{A}[g_1\ \mathbf{U}\ g_2]) = \{\mathbf{AX}\mathit{False}, \mathbf{AX}(\mathbf{A}[g_1\ \mathbf{U}\ g_2])\} \cup el(g_1) \cup el(g_2)$
5. $el(\mathbf{A}[g_1\ \mathbf{R}\ g_2]) = \{\mathbf{AX}\ \mathit{False}, \mathbf{AX}(\mathbf{A}[g_1\ \mathbf{R}\ g_2])\} \cup el(g_1) \cup el(g_2)$

tableau 的状态集合 S_T 由 $\mathcal{P}(el(f))$ 计算。标记函数 L_T 为每个状态标记了一个原子命题集合。为了刻画初始状态集合和变迁关系 R_T，还需要定义一个附加函数 sat，它将 f 的每个子公式 g 映射到 S_T 中的一个状态集合。直觉上，$sat(g)$ 是满足 g 的状态集合：

1. $sat(\mathit{True}) = S_T$ 并且 $sat(\mathit{False}) = \emptyset$
2. $sat(g) = \{s \mid g \in s\}$，这里 $g \in el(f)$
3. $sat(\neg g) = \{s \mid g \notin s\}$，这里 g 是一个原子命题。在 ACTL 中只有原子命题才可以是负的
4. $sat(g \vee h) = sat(g) \cup sat(h)$
5. $sat(g \wedge h) = sat(g) \cap sat(h)$
6. $sat(\mathbf{A}[g\ \mathbf{U}\ h]) = (sat(h) \cup (sat(g) \cap sat(\mathbf{AX}(\mathbf{A}[g\ \mathbf{U}\ h])))) \cup sat(\mathbf{AX}\ \mathit{False})$
7. $sat(\mathbf{A}[g\ \mathbf{R}\ h]) = (sat(h) \cap (sat(g) \cup sat(\mathbf{AX}(\mathbf{A}[g\ \mathbf{R}\ h])))) \cup sat(\mathbf{AX}\ \mathit{False})$

tableau 的初始状态集合是 $S_0^T = sat(f)$，变迁关系将具有保证状态中的每个基本公式都在此状态上为真的性质。很明显，如果状态 s 中 $\mathbf{AX}\,g$ 为真，那么 s 的所有后继必须满足 g。另一方面，如果 $\mathbf{AX}\,g$ 不在 s 中，那么 s 并不满足 $\mathbf{AX}\,g$，此时 s 或许有满足 g 的后继，也有不满足 g 的后继。变迁关系 R_T 的定义为

$$R_T(s_1, s_2) = \bigwedge_{\mathbf{AX}g \in el(f)} s_1 \in sat(\mathbf{AX}\,g) \Rightarrow s_2 \in sat(g)$$

R_T 的定义也不同于以前 LTL 的 tableau 结构的变迁关系定义。在这里如果状态不包含 $\mathbf{X}\,g$，那么它就满足 $\neg\mathbf{X}\,g$，它等价于 $\mathbf{X}\neg g$。这样所有的后继满足 $\neg g$。这一点在 LTL 的 R_T 定义中使用 $\Leftrightarrow$ 来完成。

还必须添加一个接受条件来保证最终性质被满足。这个接受条件应该限制（公正性）路径集合，使其具有

- 对于每条（公正性）路径 π、每个 f 的基本公式 $\mathbf{AX\,A}[g\,\mathbf{U}\,h]$ 以及在 π 上的每个状态 s，如果 $s \in sat(\mathbf{AX\,A}[g\,\mathbf{U}\,h])$，那么在 π 上存在一个后继状态 t，使得 $t \in sat(h)$。

上述要求可以用公正性限制集来实现。令 s 为集合 $sat(\mathbf{AX\,A}[g\,\mathbf{U}\,h])$ 中的一个状态，并且令状态 t 为关系 R_T 下 s 的某后继，要么 $t \in sat(h)$，要么 $t \in sat(\mathbf{AX\,A}[g\,\mathbf{U}\,h])$。所以，如果 $s \in sat(\mathbf{AX\,A}[g\,\mathbf{U}\,h])$，那么所有的后继状态必定同样在 $sat(\mathbf{AX\,A}[g\,\mathbf{U}\,h])$ 中，除非到达 $sat(h)$ 中的一个状态。s 在 $sat(\mathbf{AX\,A}[g\,\mathbf{U}\,h])$ 集合中，但是并不满足 $\mathbf{AX\,A}[g\,\mathbf{U}\,h]$ 的情况只有一种，即存在某条从 s 出发的路径，在这条路径上的每个状态都在 $sat(\mathbf{AX\,A}[g\,\mathbf{U}\,h]) \cap (S_T - sat(h))$ 集合中。为了保证这种路径的公正性，需要无限多次地访问补集 $(S_T - sat(\mathbf{AX\,A}[g\,\mathbf{U}\,h])) \cup sat(h)$ 中的状态，所以获得了如下的接受条件：

$$F_T = \left\{ \left((S_T - sat(\mathbf{AX\,A}[g\,\mathbf{U}\,h])) \cup sat(h)\right) \,\middle|\, \mathbf{AX\,A}[g\,\mathbf{U}\,h] \in el(f) \right\}$$

tableau 结构的正确性可由下面的引理保证。因为已有研究者比较深入地研究了 tableau 结构，这里仅列出这些引理（不包含证明），可参见文献[129]中一个相似定理的证明。注意在文献[129]中使用了不同于本章定义的公正性概念。

引理 36　对于 f 的所有子公式 g 来说，如果 $s \in sat(g)$，那么 $s \models_F g$。

这个引理最主要的结论就是由 f 构造出的 tableau 结构满足 f。因为 $\mathcal{T}_f$ 的任何初始状态都在 $sat(f)$ 中，所以，$\mathcal{T}_f$ 的每一个初始状态满足 f。

而且，tableau 结构的一条重要性质是任何满足 f 的结构在拟序关系 $\preceq_F$ 上位于 $\mathcal{T}_F$ 的前方。为了说明这一点，必须定义 tableau 和其他任何满足 f 的结构 M' 之间的模拟关系，可以通过定义两个相关状态来完成，两个状态相关当且仅当它们满足相同的 f 子公式集合。如果定义 H 为

$$H = \left\{ (s', s) \,\middle|\, s = \{\, g \mid g \in el(f), s' \models g \,\} \right\}$$

此时性质可通过基本公式集合 $el(f)$ 来保证。下面的引理证明了 f 的所有子公式的性质。

引理 37 如果 $H(s',s)$ 成立，那么对于 f 的每一个子公式或者基本公式 g，都满足 $(s' \vDash g) \Rightarrow (s \in sat(g))$。

下一个引理说明了 H 的确是一个 M' 和结构 $\mathcal{T}_f$ 之间的公正性模拟关系。

引理 38 H 是一个 M' 和结构 $\mathcal{T}_f$ 之间的公正性模拟关系。

定理 18 对于任何结构 M'，$M' \vDash_F f$ 当且仅当 $M' \preceq_F \mathcal{T}_f$。

证明 假设 $M' \preceq_F \mathcal{T}_f$。根据引理 36 和 tableau 的定义，$\mathcal{T}_f$ 的每一个初始状态都满足 f，即 $\mathcal{T}_f \vDash_F f$。由于 $M' \preceq_F \mathcal{T}_f$，故 $M' \vDash_F f$。

如果 $M' \vDash_F f$，那么根据定义，每一个 $s_0' \in S_0'$ 都满足 f。令 H 成为上述所定义的关系，根据 H 的定义，每一个这种的 s_0' 都匹配唯一的 s_0。根据引理 37 推出 $s_0 \in sat(f)$，并且根据 tableau 的定义，有 $s_0 \in S_0$。根据引理 38，H 是模拟关系，所以 $M' \preceq_F \mathcal{T}_f$。

tableau 结构同样能用来推导公式。我们最感兴趣的是，公式 g 的每一个模型是否是其他某个公式 f 的模型。令 $g \vDash f$ 表示这种语义关系。

推论 3 $g \vDash f$ 当且仅当 $\mathcal{T}_g \vDash_F f$。

证明 如果 $g \vDash f$，那么 g 的每一个模型（特别是 $\mathcal{T}_g$），同样是 f 的一个模型。假设 $\mathcal{T}_g \vDash_F f$ 和令 $M \vDash_F g$，根据先前的定理，$M \preceq_F \mathcal{T}_g$ 成立。根据定理 17，$M \vDash_F f$。

第12章 组合推理

高效的组合验证算法可以增强形式化验证的能力，使之能够应对更大的实际系统。通常有限状态系统由多个并行执行的进程组成，系统规约可以分解为多个描述一部分系统行为的性质，那么检测局部性质只会涉及它所描述的部分系统。如果我们能够推导出系统满足所有的局部性质，而且这些局部性质的合取蕴含了整个系统规约，那么就能够在全局上得出系统满足规约的结论。

例如，考虑验证由发送端、某种网络和接收端三个有限状态进程构成的通信协议。假设系统要验证的性质是：数据最终从发送端正确地传输到接收端。可以将这种描述分为三个局部性质：首先数据最终成功从发送端传输到网络，接着数据最终正确地从网络中的一端传输到另一端，最后数据正确地从网络传送到接收端。可能验证第一个局部性质时只需要考虑发送端和网络，对于第二个性质只需要考虑网络本身，对于第三个性质则要考虑网络和接收端。如此分解验证过程，根本不需要合成所有的进程，因此避免了状态空间爆炸问题。

本章中我们将聚焦于组合推理的假设保证技术[115, 150, 198, 218]，这种技术对每一个子进程分别进行验证。假设有两个进程 M 和 M'：进程 M 的行为依赖于进程 M'，必须满足 M'的假设保证了 M 的正确性；进程 M'的行为依赖于进程 M，必须满足 M 的假设也保证了 M'的正确性。借助描述 M 和 M'的假设和保证集合的合适方法，就可能在不构造全局状态变迁图的情况下，直接检测整个系统 $M \| M'$是否正确。

通常情况下可以把公式写为三元组 $\langle g\rangle M\langle f\rangle$，其中 g，f 为时序式，M 是一段程序，虽然公式看起来像一个 Horea 三元组，但是实际上并非如此。此公式为真仅当若部分系统 M 满足假设 g，则此系统必须保证性质 f 成立。一个典型的证明是 $\langle g\rangle M'\langle f\rangle$ 和 $\langle True\rangle M\langle g\rangle$ 成立可以推出$\langle True\rangle M \| M'\langle f\rangle$为真。这个证明策略也可以表述为下面的推理规则：

$$\frac{\begin{array}{l}\langle True\rangle M\langle g\rangle\\ \langle g\rangle M'\langle f\rangle\end{array}}{\langle True\rangle M \parallel M'\langle f\rangle}$$

在假设保证机制中一定要避免环的出现，下面形式的推理显然是不可靠和有缺陷的：

$$\frac{\begin{array}{l}\langle g\rangle M\langle f\rangle\\ \langle f\rangle M'\langle g\rangle\end{array}}{M \parallel M' \models f \wedge g}$$

假设 M 表示 **wait**$(y = 1)$; $x{:=}\ 1$，M' 表示 **wait**$(x = 1)$; $y{:=}\ 1$，令 $g = \mathbf{AF}(y = 1)$，$f = \mathbf{AF}(x = 1)$。则假设成立仅当结论不成立。本章的后面将会讲解假设保证推理规则可靠性的证明过程。

要做出支持组合推理的检测器是非常困难的：首先要检测是否每个系统都包含满足给定局部性质的系统组件，因为局部性质常常只在一些特定的条件下才能满足；也需要在验证时对系统组件的环境做一些假设，而这些假设可能是其他组件的前提条件，需要首先被检测以完成验证过程；另外还需要提供一种通过合取局部性质而蕴含证明给定规约的方法。由 Grumberg，Long 和 Josko 开发的检测工具可以自动进行这种类型的推理[121, 151, 179]。

接下来介绍一个可行的自动进行此类推理的方法，这将涉及公正模拟拟序（fair simulation preorder）$\preceq_F$ 和解释公正性 Kripke 结构的 ACTL 逻辑。如第 11 章定理 17 所示：模拟拟序具有下面的性质：在公正性结构 M' 中，ACTL 公式为真，那么此公式也在任何满足 $M \preceq_F M'$ 的结构 M 中成立。系统优先于它的任意组件，定义并行组合，即 $M \| M' \preceq_F M$。固定组件并行组合后，保持组件间的拟序关系，即如果 $M \preceq_F M'$，则 $M \| M'' \preceq_F M' \| M''$ 成立。11.2 节已经介绍过，对于任意 ACTL 公式 f 都可构建称为 tableau 的模型 $\mathcal{T}_f$。$\mathcal{T}_f$ 具有一个性质：结构 M 满足公式 f，当且仅当在模拟拟序 $\preceq_F$ 下，M 位于 $\mathcal{T}_f$ 之前。为了定义具有此性质的 tableau 结构，需要采用公正性约束。这就是选择公正模拟拟序关系 $\preceq_F$ 和公正性 ACTL 公式的原因。在此框架中，前面的推理规则可以改写为

$$\frac{\begin{array}{c} M \preceq_F \mathcal{T}_g \\ M' \| \mathcal{T}_g \models f \end{array}}{M \| M' \models f}$$

12.1 多个结构的组合

设 $M = (S, S_0, AP, L, R, F)$ 和 $M' = (S', S_0', AP', L', R', F')$ 是两个结构（参见第 11 章），M 和 M' 的并行组合是结构 M''，记为 $M \| M'$，定义如下：

1. $S'' = \{ (s, s') \mid L(s) \cap AP' = L'(s') \cap AP \}$
2. $S_0'' = (S_0 \times S_0') \cap S''$
3. $AP'' = AP \cup AP'$
4. $L''((s, s')) = L(s) \cup L'(s')$
5. $R''((s, s'), (t, t'))$ 当且仅当 $R(s, t)$ 并且 $R'(s', t')$
6. $F'' = \{ (P \times S') \cap S'' \mid P \in F \} \cup \{ (S \times P') \cap S'' \mid P' \in F' \}$

这个定义建立了同步行为模型。组合结构的状态由定义在同一原子命题集合上的各组件的状态对构成。组合结构的变迁关系是两个组件变迁关系的结合，除了公正性约束的部分，这个定义是非常直观的。公正性约束保证了公正的路径性质，即 $M \| M'$ 中的路径符合公正性约束当且仅当在各组件中的公正性约束也是满足的。直观上来看，约束中的第一个对集：

$$\{ (P \times S') \cap S'' \mid P \in F \}$$

确保了 M'' 中的路径被限制到 S 后，对应了 M 中的一个公正性路径。第二个对集：

$$\left\{ (S \times P') \cap S'' \,\middle|\, P' \in F' \right\}$$

确保了 M'' 中的路径被限制到 S' 后，同样对应了 M' 中的一个公正性路径。因为 $P\times S'$ 和 $S\times P'$ 中可能存在 M'' 中没有的状态对，所以必须将其限制到 S'' 上。

可以通过直接而冗长的证明得到并行组合满足交换律和结合律。接下来的三个定理说明了并行组合和模拟拟序的联系。第一个定理说明了 M 和 M' 的组合只能限制 M 所定义的那部分行为，这个定理揭示了推理的对象是 M，而不是包含 M 的任意系统。不仅如此，此定理以及定理 16 更进一步说明了标准的 CTL 模型检测器[63]，也可以用来检测所有包含某特定组件的系统中，某 ACTL 公式是否为真。这就是组合验证的要旨。

定理 19 对于任意的 M 和 M'，$M \| M' \preceq_F M$。

证明 设 S'' 是 $M \| M'$ 的状态集合。定义

$$H=\{((s, s'), s) \mid (s, s') \in S''\}$$

如果 (s_0, s_0') 是 $M \| M'$ 的初始状态，则 (s, s') 的标记为 $L(s)\cup L'(s')$，$(L(s)\cup L'(s')) \cap AP = L(s)$。如果 $(s_0, s_0'),(s_1, s_1'),\cdots$ 是 $M \| M'$ 的公正性路径上的状态，则 $s_0,s_1,\cdots$ 是 M 的公正性路径上的状态。根据 H 的定义 H，$((s_i, s_i'),s_i)$ 对任意的 i 都成立，所以 H 是一个模拟关系，因此 $M \| M' \preceq_F M$ 成立。

第二个定理允许系统的一部分可以被此部分的抽象代替，为了检测系统 $M \| M''$ 的性质，可以把 M 用其对应的抽象结构 M' 代替，并在系统 $M' \| M''$ 上检测同样的性质，所以检测 $M \preceq_F M'$ 必须确保 M' 是否是 M 的抽象。

定理 20 对所有的 M，M'，M''，如果 $M \preceq_F M'$，则 $M \| M'' \preceq_F M' \| M''$ 成立。

证明 设 H_0 是 M 和 M' 之间的模拟关系，定义

$$H_1 = \{((s, s''), (s', s'')) \mid H_0(s, s')\}$$

显然 H_1 是一个模拟关系。

最后一个定理定义了多层假设保证推理技术的正确性，将在 12.2 节中给出此定理的使用方法。

定理 21 对于所有的 M，有 $M \preceq_F M \| M$ 成立。

证明 首先要注意的是对于每个 M 中的状态 s 来说，(s, s) 是系统 $M \| M$ 中的一个状态，定义 $H=\{(s,(s, s)) \mid s\in S\}$。如果 $s_0 \in S_0$，则根据组合的定义有 (s_0, s_0) 是 $M \| M$ 的初始状态，则 (s, s) 与 s 具有相同的标记。使用公正性路径限制和组合的定义，找到一个 M 中的公正性路径 $s_0, s_1, \cdots$，则 $(s_0, s_0),(s_1, s_1),\cdots$ 是系统 $M \| M$ 中的一个公正性路径。根据 H 的定义，$H(s_i, (s_i, s_i))$ 对任意的 i 都成立，所以 H 是一个模拟关系，因此 $M \preceq_F M \| M$ 成立。

12.2 判断假设保证证明方法的正确性

假设保证方法可以通过多种方式使用，具体应用时，需要考虑具体方式的可靠性。本章的前面已经提到了判断假设保证的推理规则的原理，相关的理论可用于判断假设保证证明规则。Pnueli 在文献[218]中介绍了一种表示假设保证的方法，可以扩展此方法，并允许假设和规约既可以用公式也能用有限状态模型来表示。此规则直观地表述为

$$\frac{\langle True\rangle M\langle A\rangle \quad \langle A\rangle M'\langle g\rangle \quad \langle g\rangle M\langle f\rangle}{\langle True\rangle M \parallel M'\langle f\rangle}$$

这里 A，M 和 M'代表有限状态模型，g 和 f 代表公正的 ACTL 公式。在假设保证的框架中，它们对应了下面的证明规则：

$$\frac{M \preceq_F A \quad A \parallel M' \models_F g \quad \mathcal{T}_g \parallel M \models_F f}{M \parallel M' \models_F f}$$

可以看到，若下面每个三段论(three hypotheses)为真，则结论一定成立。规则的可靠性通过这种方式建立起来。

1．$M \preceq_F A$	假设
2．$M \parallel M' \preceq_F A \parallel M'$	第 1 行和定理 20
3．$A \parallel M' \models_F g$	假设
4．$A \parallel M' \preceq_F \mathcal{T}_g$	第 3 行和定理 18
5．$M \parallel M' \preceq_F \mathcal{T}_g$	第 2 行和第 4 行以及模拟拟序 $\preceq_F$ 的传递性
6．$M \parallel M \parallel M' \preceq_F \mathcal{T}_g \parallel M$	第 5 行和定理 20
7．$\mathcal{T}_g \parallel M \models_F f$	假设
8．$M \parallel M \parallel M' \models_F f$	第 6 行和第 7 行和定理 17
9．$M \preceq_F M \parallel M$	定理 21
10．$M \parallel M' \preceq_F M \parallel M \parallel M'$	第 9 行和定理 20
11．$M \parallel M' \models_F f$	第 8 行、第 10 行和定理 17

12.3 CPU 控制器的验证

Grumberg 和 Long 开发出基于前述原理的符号模型检测器[129]。这个工具包括三个部分：模型检测工具，时序推理(通过 tableau 结构)工具，以及结构模拟判定工具。下面介绍使用此

模型检测器用于简单 CPU 控制器的例子，在这里只给出了最基本的 CPU 描述，细节见文献[72]。这里的 CPU 是一个基于栈的简单结构，即 CPU 的部分存储单元包含一个栈，出栈可得到指令操作数，结果入栈存入存储单元。CPU 控制器包含两个部分，第一部分是(存储)访问单元，负责 CPU 存储单元基于地址的操作；第二部分是执行单元，用来解释指令和控制算术单元、移位单元等。这两个部分的操作是并行的，两个单元可以通过少量的数据信号进行交互。push、pop 和 fetch 这三个信号是访问单元的输入，同时也说明了执行单元将要进行哪一类操作，有一个来自访问单元的 ready 输出与此三个信号相对应。执行单元在运行前必须要等到相应的 ready 信号。还有一个附加的信号 branch 用来表示执行单元可能要跳转到的程序位置。

为了提高性能，访问单元将栈顶元素的值保存到一个特殊的寄存器 TS 中，其目的在于执行单元不必等待存储单元空闲，如果 TS 寄存器中是有效数据，就可以马上执行出栈操作。另外，当数据执行入栈操作时，堆栈存储单元和寄存器的值稍后将同时更新。访问单元也会尽可能地将指令载入队列，这样 fetch 操作就不需要等待存储单元了，指令队列中的操作将直接进行，直到 CPU 跳转。

系统规约可以分为两类。第一类是安全性，描述哪种操作序列是允许的，这一类性质依赖于访问单元在存储应答完成以后，在合适时间点上提供的 ready 信号。将简单的存储模型和访问单元并行组合到一起就可以证明此性质，但有一个特殊的性质还无法推导出。为了验证最后的特殊性质，还需要加上一个额外的假设 $\mathbf{AG}(\neg push \vee \neg pop)$。通过构造假设的 tableau 结构，并与访问单元和内存模型进行并行组合，就可以使用模型检测器验证此性质。

第二类性质仅包含一条活性：$\mathbf{AG\,AF}(fetch \wedge fetchrdy)$。这个公式说明 CPU 可以无限次地取到那些处于就绪状态的指令。验证此性质需要构造执行单元的模型。下面通过使用一系列的 ACTL 公式作为假设来描述。

后面的方法用于检测执行单元的性质：为了使公式为真，访问单元必须最终响应 push 和 pop 请求，并且必须在适当的时刻将指令加入指令队列中。为了确保访问单元符合这两个条件，必须使执行单元不能在同一时刻执行两种操作，并且指令未完成之前执行单元不能撤销请求。用公式表述这些性质为

$$\mathbf{AG}\big(\neg(fetch \wedge push) \wedge \neg(fetch \wedge pop) \wedge \cdots \wedge \neg(pop \wedge branch)\big) \tag{12.1}$$

$$\mathbf{AG}\big(push \rightarrow \mathbf{A}[pushed\ \mathbf{R}\ push]\big) \tag{12.2}$$

$$\mathbf{AG}\big(pop \rightarrow \mathbf{A}[popped\ \mathbf{R}\ pop]\big) \tag{12.3}$$

其中第一个公式描述了执行单元中，任意两个操作不能同时进行。另外两个公式说明执行单元做出 push 和 pop 的请求，在请求被响应之前，这些请求不会被撤销。模型检测器将验证这些性质是否在执行单元中成立。(通过使用 tableau 结构)第一个性质蕴含着假设 $\mathbf{AG}(\neg push \vee \neg pop)$。将式(12.1)和式(12.2)作为假设，就可以验证由访问单元和存储模型构成的系统的满足公式：

$$\mathbf{AG}(push \rightarrow \mathbf{A}[push\ \mathbf{U}\ pushed]) \tag{12.4}$$

此规约描述了每一个 push 操作都可以最终完成。同样，将式(12.1)和式(12.3)作为假设，可以验证

$$\mathbf{AG}(pop \rightarrow \mathbf{A}[pop\ \mathbf{U}\ popped]) \tag{12.5}$$

通过上述方法，由访问单元内存模型构成的系统也满足公式 $\mathbf{AG\,AF}(fetchrdy \vee branch)$（在任意时刻，访问单元或者最终填充指令到队列，或者发生跳转）。最终，将上述公式和式(12.4)及式(12.5)作为假设，模型检测器就可以检测出执行单元满足 $\mathbf{AG\,AF}(fetch \wedge fetchrdy)$。为了完成整个验证过程，并得出系统规约为真的结论，还需要检测存储模型能够模拟实际存储行为。

第13章 抽　　象

抽象可以说是模型检测时减缓空间爆炸问题最重要的技术之一。本章将描述两种不同的抽象技术：(1)影响锥化简；(2)数值抽象。这两种技术都作用在系统模型构建前的系统高层描述之上，避免了因构建太大的未约简的模型而导致内存不够的问题。

影响锥化简的方法通过只关注系统性质描述中涉及的变量来减小状态变迁图的规模，可以去除系统性质规约中并不关注的变量而得到约简模型，这时不仅待检验性质仍旧保持，而且待验证的模型的规模也变得比较小。

另一种方法即数值抽象，是寻找从系统实际值集到较小抽象域之间的映射关系，并将这个映射关系用于状态集合和变迁关系集合上，从而得到模拟原系统且相对于原系统的规模较小的抽象系统。由于系统规模减小，所以验证过程也容易得多。

13.1 影响锥化简

先看看如何使用影响锥化简技术来实现同步电路系统的约简。用 V 表示给定电路的变量集合。这个电路的功能可以用以下方程来描述：

$$v_i' = f_i(V)$$

其中每个 $v_i \in V$ 对应的 f_i 是一个布尔函数(同第 2 章和 6.6.1 节一样)。

假设变量集合 $V' \subseteq V$ 是以上性质规约所涉及的变量集合，后续将尝试只用性质涉及的变量来约简系统描述。V' 中变量的值可能会依赖于不在 V' 中的变量值，所以需要给变量集合 V' 定义影响锥 C 来进行对系统的约简。

变量集合 V' 的影响锥 C 可以被定义为满足以下两条性质的最小变量集合：

- $V' \subseteq C$。
- 如果对 C 中的任意一个 $v_l \in C$ 对应的方程依赖于变量 v_j，则 $v_j \in C$。

如果描述电路的方程其右边的 $f_i(V)$ 函数中不包含 C 中的变量，那么整个方程就可以删除。通过上述方法可以构造一个新的(约简)系统。

回顾以前提到的模 8 计数器例子(参见图 8.1)，其对应的功能方程组如下所示：

$$v_0' = \neg v_0$$

$$v_1' = v_0 \oplus v_1$$

$$v_2' = (v_0 \wedge v_1) \oplus v_2$$

显然，如果 $V' = \{v_0\}$，则 $C = \{v_0\}$，因为 f_0 除了依赖于变量 v_0，并不依赖于其他任何变量。

如果$V'=\{v_1\}$，则$C=\{v_0,v_1\}$，因为f_1依赖于变量v_0和v_1，但是$v_2 \notin C$，因为C中没有变量依赖于变量v_2。最后，如果$V'=\{v_2\}$，则C就是所有变量。

在文献[17]和[162]中，针对基于这种依赖关系的状态空间高级约简技术进行了详细的描述。

接下来证明如果变量都属于变量集合C，则影响锥化简保持了CTL性质公式的正确性。

假定$V=\{v_1,\cdots,v_n\}$是一个布尔变量集合，$M=(S,R,S_0,L)$为定义在变量集合V上的同步电路模型，其具体定义如下：

- $S=\{0,1\}^n$是V中所有变量的赋值集合。
- $R=\bigwedge_{i=1}^{n}[v_i'=f_i(V)]$。
- $L(s)=\{v_i \mid s(v_i)=1, 1\leqslant i\leqslant n\}$。
- $S_0\subseteq S$。

对其使用相应的影响锥$C=\{v_1,\cdots,v_k\}(k\leqslant n)$化简后得到模型$\widehat{M}=(\widehat{S},\widehat{R},\widehat{S_0},\widehat{L})$，其定义如下：

- $\widehat{S}=\{0,1\}^k$是$\{v_1,\cdots,v_k\}$中所有变量的赋值集合。
- $\widehat{R}=\bigwedge_{i=1}^{k}[v_i'=f_i(V)]$。
- $\widehat{L}(\widehat{s})=\{v_i \mid \widehat{s}(v_i)=1, 1\leqslant i\leqslant k\}$。
- $\widehat{S_0}=\{(\widehat{d_1},\cdots,\widehat{d_k}) \mid$ 存在状态$(d_1,\cdots,d_n)$，使得$\widehat{d_1}=d_1\wedge\cdots\wedge\widehat{d_k}=d_k\}$。

定义关系$B\subseteq S\times\widehat{S}$如下所示：

$$((d_1,\cdots,d_n),(\widehat{d_1},\cdots,\widehat{d_k}))\in B \Leftrightarrow \text{对所有的}1\leqslant i\leqslant k, d_i=\widehat{d_i}\text{ 成立}$$

现在，证明B是M与$\widehat{M}$之间的一个互模拟等价关系。首先证明对S中的每个初始状态必须在$\widehat{S}$中存在初始状态与之对应，反之亦然。其次，假定$s=(d_1,\cdots,d_n)$并且$\widehat{s}=(\widehat{d_1},\cdots,\widehat{d_n})$使得$(s,\widehat{s})\in B$，则对于每个$1\leqslant i\leqslant k$，都有$d_i=\widehat{d}_i$成立。因此标记集合被限制在集合$C=\{v_1,\cdots,v_k\}$是符合其定义的，也就是说

$$L(s)\cap C=\widehat{L}(\widehat{s})$$

假设$s\to t$是M中的变迁关系，下面将说明在$\widehat{M}$中存在变迁关系$\widehat{s}\to\widehat{t}$，使得$(t,\widehat{t})\in B$。令$t=(e_1,\cdots,e_n)$。

从R的定义可知，对于每个$1\leqslant i\leqslant n$，都有$v_i'=f_i(V)$。而且对于每个只依赖于C的变量v_i $(1\leqslant i\leqslant k)$，都有$v_i'=f_i(C)$。进一步而言，$(s,\widehat{s})\in B$蕴含着$\bigwedge_{i=1}^{k}(d_i=\widehat{d_i})$。所以对于每个$1\leqslant i\leqslant k$有

$$e_i=f_i(d_1,\cdots,d_k)=f_i(\widehat{d_1},\cdots,\widehat{d_k})$$

选择$\widehat{t}=(e_1,\cdots,e_k)$，则在$\widehat{t}\in B$时，$\widehat{s}\to\widehat{t}$是成立的。

现在假定 $\widehat{s} \to \widehat{t}$ 是 $\widehat{R}$ 中的一个变迁关系，其中 $\widehat{t} = (\widehat{e_1}, \cdots, \widehat{e_k})$。则对于每个 $1 \leqslant i \leqslant k$，都有 $\widehat{e_i} = f_i(\widehat{d_1}, \cdots, \widehat{d_k})$。再考虑 R 中的某个变迁关系 $s \to t$，其中 $t = (e_1, \cdots, e_n)$。由于 $\bigwedge_{i=1}^{k}(d_i = \widehat{d_i})$，且 $v_i \in C$ 仅仅依赖于 C 中的变量，所以有

$$\widehat{e_i} = f_i(\widehat{d_1}, \cdots, \widehat{d_k}) = f_i(d_1, \cdots, d_k) = f_i(d_1, \cdots, d_k, d_{k+1}, \cdots, d_n) = e_i$$

因此，$(t, \widehat{t}) \in B$。这充分证明了 B 是一个 M 与 $\widehat{M}$ 之间的互模拟等价关系，即 $M \equiv \widehat{M}$。

由以上证明和前面的定理 14 可得以下定理：

定理 22　假设 f 是 C 上原子命题组成的 CTL* 公式，则 $M \vDash f \Leftrightarrow \widehat{M} \vDash f$。

13.2　数值抽象

研究基于抽象的检测技术很有必要，尤其是对包含数据路径的电路以及包含复杂数据结构的并行程序验证更加有效。传统上，有限状态验证方法主要用于面向控制的系统。符号方法使得涉及非平凡数据操作类型系统的验证成为可能，但是验证的复杂度仍旧太高。数值抽象是基于对系统规格包括系统数据路径中一些简单平凡值之间关系的观察而提出的一种技术。例如，假设在验证微处理器的加法操作时，一个寄存器的值始终等于其他两个寄存器的值的和，此性质必须保持。在这种情形下，抽象技术可以被用来约简模型检测的复杂度。通常可以给定从实际值集合到小的抽象域的映射，将这个映射关系用于状态集合和变迁关系集合，就可以生成基于此映射关系的系统抽象模型。抽象系统与原系统相比而言比较小，所以更易于在抽象级进行性质验证。Clarke，Grumberg 和 Long 已经证明了在这种映射关系下，如果任何用 ACTL 逻辑表示的性质公式在抽象系统中满足，那么对于原系统此公式也同样满足[69,179]。

为了在实际中使用这种技术，必须在构建全部系统模型前就能构造出系统的抽象模型的 OBDD，可以通过编译系统的高层描述并结合抽象处理过程来实现。在第 2 章介绍的高阶描述方法将系统的初始状态 $\mathcal{S}_0$ 和变迁关系 $\mathcal{R}$ 表示为一阶逻辑公式，此时原子命题拥有 $x = d$ 的形式，即对于一个变量 x 而言，其取值被限定在域 D 上 $(d \in D)$。

但遗憾的是，由于所研究系统的状态太多，有时甚至是无限，从而使得直接应用模型检测技术来验证程序变得不太可能。进一步而言，如果提取程序中的所有变量，状态约简技术则基本没有什么效果。为此隐藏一些不太重要的信息就很有必要。基于这个原因，我们将程序变量的每个可能值映射到一个比较小的抽象集上。例如，假设 x 是一个变量，D_x 是整数集合，如果现在对变量 x 的符号性质比较感兴趣，则创建一个 x 变量的抽象域 $A_x = \{a_0, a_+, a_-\}$ 并且定义映射关系 A_x 如下：

$$h_x(d) = \begin{cases} a_0, & \text{若} d = 0 \\ a_+, & \text{若} d > 0 \\ a_-, & \text{若} d < 0 \end{cases}$$

现在就可以使用三个原子命题分别表示 x 的三个抽象值，这些原子命题可以表示为‘ $\widehat{x}=a_0$ ’，‘ $\widehat{x}=a_+$ ’和‘ $\widehat{x}=a_-$ ’，我们用 $\widehat{x}$ 表示抽象值而非实际值，使用此命题将不再可能表示具体的实际值。如果将这个处理过程应用到程序变量，则得到的 Kripke 结构拥有较少的原子命题数量。因此应用这种状态约简技术来减少验证的复杂度是可行的。

接下来介绍的约简技术基于第 11 章提出的模拟关系，其思想是将(抽象层)原子命题标记相同的所有状态结合为一个状态。在约简的结构中，每个状态将拥有唯一的标记，并且可以用此标记来标识状态。在前面的例子中，所有标记为‘ $\widehat{x}=a_+$ ’的状态生成唯一一个状态，也就是说将所有 $x>0$ 的状态压缩到一起，并用‘ $\widehat{x}=a_+$ ’标识。当执行这个结合过程时，必须确保约简结构模拟原系统。所以如果在 M 中有 $x=0$ 到 $x=5$ 的变迁关系，则在约简的系统中也相应地在‘ $\widehat{x}=a_0$ ’和‘ $\widehat{x}=a_+$ ’之间加一个变迁关系。类似地，如果 $x=-7$ 是原来的初始状态，则被标记为‘ $\widehat{x}=a_-$ ’的状态也相应地作为初始状态。

下面将形式化地描述如何从一个给定的结构获得约简结构。下面的过程产生的抽象非常理想，但此方法在实际中并不是很有效，列出它的目的在于它能清晰地阐述抽象技术的基本概念。

假设一个变量取值定义在 D 上的模型，首先来改变系统结构的原始标记。选定一个抽象域 A 和映射关系 $h:D\to A$，由前面的叙述已知，这将确定抽象原子命题集合 AP，所以获得了一个新模型 $M=(S,R,S_0,L)$，它和原来模型大体一致，唯一的差别就是 L 为每个状态标记了一个来自于 AP 的抽象命题集合。M 通过合并相同标记的状态而获得一个约简的模型 M_r，如下：

1. $S_r=\{L(s)\mid s\in S\}$。因此，约简模型中的所有状态是 M 中标记的状态的集合。
2. $s_r\in S_0^r$ 当且仅当如果存在 s，使得 $s_r=L(s)$ 并且 $s\in S_0$。
3. $AP_r=AP$。
4. 每个 s_r 是一个原子命题集合，因此 $L_r(s_r)=s_r$。
5. $R_r(s_r,t_r)$ 当且仅当如果存在状态 s 和 t，使得 $s_r=L(s)$，$t_r=L(t)$ 并且 $R(s,t)$。

M_r 是 Kripke 结构的一种抽象版本，它的每个状态都表示具体状态集合，这些具体的状态在压缩过程中被合并在一起。M_r 完全由映射关系 h 和抽象域 A 确定，也就是说，选择不同的映射关系或选择不同的抽象域，所得到的约简模型结构也不相同。现在可以很容易地看出约简得到的 M_r 模拟原始结构 M，可以证明 $H=\{(s,s_r)\mid s_r=L(s)\}$ 为模拟关系。所以任何一个在 M_r 上保持的 ACTL* 公式一定在 M 上满足。需要注意的是，通过这个技术只能确定抽象原子命题集合 AP 上的公式是否在 M 上成立。但在实际中，AP 通常由用户选择，所以理论上可以验证所有 AP 集合上的公式。

图 13.1 说明了对于一个简单的交通灯控制器的抽象过程。原始程序包含一个限定在集合 $D=\{red,yellow,green\}$ 上的变量 $color$。状态标记用原子命题‘ $color=red$ ’，‘ $color=yellow$ ’和‘ $color=green$ ’表示。结构 M 通过选择抽象域 $A=\{stop,go\}$ 和映射关系 h 得到。h 的定义如下：

$$h(red)=stop \qquad h(yellow)=stop \qquad h(green)=go$$

抽象原子命题集合 AP 定义如下：

$$AP=\{\text{‘}\widehat{color}=stop\text{,’ ‘}\widehat{color}=go\text{’}\}$$

在图中用 $stop$ 和 go 来简记这些原子命题。合并 M 中拥有相同标记的状态，则可以得到约简的 M_r。

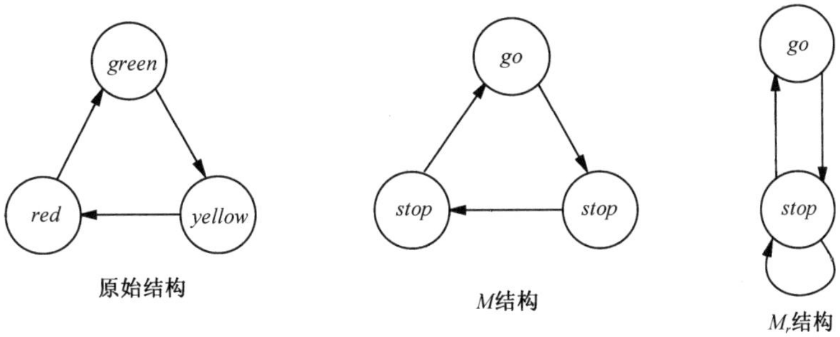

图 13.1　交通灯控制器的抽象过程

根据前面所述，因为 M_r 模拟 M，可以用 M_r 来检测程序性质。所以现在主要的困难就是构造 M_r 时需要首先构造 M。当 M 不可能直接构造出来时，可以根据 $\mathcal{S}_0$ 和 $\mathcal{R}$ 的对应公式来隐含表示 M。在很多实例中，由于 M_r 仍旧太大而不适宜完全构造出来，此时将构造一个近似的 M_a 来模拟 M_r，并使 M_a 充分接近 M_r，所以此方法仍旧足以验证程序性质。

13.2.1　构造近似模型

在本节中，假定 ϕ_1 和 ϕ_2 是从表示程序运算的原始关系中构造出来的一阶公式。为简单起见，将所有的变量 $x_1,x_2,\cdots$ 都限定在域 D 上。变量 $\widehat{x_1},\widehat{x_2},\cdots$ 的集合都限定在抽象域 A 上，用 $\widehat{x_i}$ 表示 x_i 的抽象值。同时假定存在一个满射关系 $h:D\to A$。

使用前面描述的一阶公式 $\mathcal{S}_0$ 和 $\mathcal{R}$ 来定义 Kripke 结构 $M=(S,R,S_0,L)$。其中 $S=D\times\cdots\times D$，S_0 是满足公式 $\mathcal{S}_0$ 的向量集合。类似地，变迁关系 R 是由公式 $\mathcal{R}$ 推导出来的，标记集合 L 按以下形式定义在抽象原子命题集合上。假定 $s=(d_1,\cdots,d_n)$，即在状态 s 处 x_i 的取值为 d_i。定义 $a_i=h(d_i)$。引入一个原子命题公式‘$\widehat{x_1}=a_i$’来表示 x_i 拥有抽象值 a_i，此时 $L(s)=\{$‘$\widehat{x_1}=a_1$’$,\cdots,$‘$\widehat{x_n}=a_n$’$\}$。

为了在状态集合 $A\times\cdots\times A$ 上构造约简模型 M_r，应首先构造由变量 $\widehat{x_1},\cdots,\widehat{x_n}$ 和 $\widehat{x_1'},\cdots,\widehat{x_n'}$ 表示的初始状态和变迁关系。首先通过以下公式可以构造出 M_r：

$$\widehat{\mathcal{S}}_0=\exists x_1\cdots\exists x_n\,(h(x_1)=\widehat{x_1}\wedge\cdots\wedge h(x_n)=\widehat{x_n}\wedge\mathcal{S}_0(x_1,\cdots,x_n))$$

和

$$\begin{aligned}\widehat{\mathcal{R}}=\exists x_1\cdots\exists x_n\exists x_1'\cdots\exists x_n'\,(h(x_1)=\widehat{x_1}\wedge\cdots\wedge h(x_n)=\widehat{x_n}\\ \wedge h(x_1')=\widehat{x_1}'\wedge\cdots\wedge h(x_n')=\widehat{x_n}'\wedge\mathcal{R}(x_1,\cdots,x_n,x_1',\cdots,x_n'))\end{aligned}$$

为简单起见，用$[\cdot]$表示存在抽象操作。如果ϕ依赖于自由变量$x_1,\cdots,x_m$，则定义

$$[\phi](\widehat{x_1},\cdots,\widehat{x_m}) = \exists x_1\cdots\exists x_m\,(h(x_1)=\widehat{x_1}\wedge\cdots\wedge h(x_m)=\widehat{x_m}\wedge\phi(x_1,\cdots,x_m))$$

$[\phi]$中的自由变量是对$x_1,\cdots,x_m$的抽象。所以M_r可以由公式$\widehat{\mathcal{S}_0}=[\mathcal{S}_0]$和$\widehat{\mathcal{R}}=[\mathcal{R}]$给出。

我们希望能从$[\mathcal{S}_0]$和$[\mathcal{R}]$中抽象出S_0^r和R_r，但代价通常都很高，为了避免这个问题，将定义公式ϕ上的变换$\mathcal{A}$，$\mathcal{A}$能够采用$[\cdot]$约简此公式。这样就很容易从公式提取出 Kripke 模型。假设公式ϕ以负范式的形式给出，则负号只作用于原始关系。变换$\mathcal{A}$定义如下：

1. $\mathcal{A}(P(x_1,\cdots,x_m))=[P](\widehat{x_1},\cdots,\widehat{x_m})$ P 是原始关系；类似地，有$\mathcal{A}(\neg P(x_1,\cdots,x_m))=[\neg P](\widehat{x_1},\cdots,\widehat{x_m})$。
2. $\mathcal{A}(\phi_1\wedge\phi_2)=\mathcal{A}(\phi_1)\wedge\mathcal{A}(\phi_2)$。
3. $\mathcal{A}(\phi_1\vee\phi_2)=\mathcal{A}(\phi_1)\vee\mathcal{A}(\phi_2)$。
4. $\mathcal{A}(\exists x\,\phi)=\exists\widehat{x}\,\mathcal{A}(\phi)$。
5. $\mathcal{A}(\forall x\,\phi)=\forall\widehat{x}\,\mathcal{A}(\phi)$。

因为内层的抽象相对简单一点，而且很容易计算，变换$\mathcal{A}$将存在量词压入公式最内层并使抽象操作$[\cdot]$在最内层完成。这样尽管不能计算出$[\mathcal{S}_0]$和$[\mathcal{R}]$的值，但可以计算出$\mathcal{A}(\mathcal{S}_0)$和$\mathcal{A}(\mathcal{R})$的值，并得到结构$M_a=\{S_a,S_0^a,R_a,L_a\}$。其中$L_a$的定义如下：假设$s_a=(a_1,\cdots,a_n)\in S_a$，则$L_a(s_a)=\{`\widehat{x_1}=a_1',\cdots,`\widehat{x_n}=a_n'\}$。注意，对于$s=(d_1,\cdots,d_n)\in S$和$S_a$而言，如果对任意$i$有$h(d_i)=a_i$，则它们拥有相同的标记。

约简赋值也是有代价的，它对结构添加了额外的初始状态和变迁关系。这是因为虽然$[\phi]$蕴含着$\mathcal{A}(\phi)$，但是并不与其等价。所以说M_a是M_r的近似，也就是M_a模拟M_r仍不充分，还应证明$\mathcal{A}$不能造成任何初始状态和变迁关系的丢失。这也是下面定理的结果。

定理 23 $[\phi]\rightarrow\mathcal{A}(\phi)$。特别是$[\mathcal{S}_0]\rightarrow\mathcal{A}(\mathcal{S}_0)$并且$[\mathcal{R}]\rightarrow\mathcal{A}(\mathcal{R})$。

证明：根据公式ϕ的结构进行归纳。

1. 如果$\phi=P(x_1,\cdots,x_m)$或者$\phi=\neg P(x_1,\cdots,x_m)$，其中$P$为原始关系，则$[\phi]=\mathcal{A}(\phi)$，定理成立。
2. 假定$\phi(x_1,\cdots,x_m)=\phi_1\wedge\phi_2$，则$[\phi_1\wedge\phi_2]$等价于公式

$$\exists x_1\cdots\exists x_m\,(\bigwedge_i h(x_i)=\widehat{x_i}\wedge\phi_1\wedge\phi_2)$$

这个公式蕴含(但不等价于)着

$$\exists x_1\cdots\exists x_m\,(\bigwedge_i h(x_i)=\widehat{x_i}\wedge\phi_1)\wedge\exists x_1\cdots\exists x_m\,(\bigwedge_i h(x_i)=\widehat{x_i}\wedge\phi_2)$$

很明显，$[\phi_1]\wedge[\phi_2]$为真。根据$\mathcal{A}$的定义，$\mathcal{A}(\phi_1\wedge\phi_2)=\mathcal{A}(\phi_1)\wedge\mathcal{A}(\phi_2)$，可以归纳证明得到$[\phi_1]$蕴含着$\mathcal{A}(\phi_1)$并且$[\phi_2]$蕴含着$\mathcal{A}(\phi_2)$，因此与前面的情况相似，$[\phi_1\wedge\phi_2]$蕴含着$\mathcal{A}(\phi_1\wedge\phi_2)$。

3. $\phi = \phi_1 \vee \phi_2$ 的证明和上面类似。
4. 假定 $\phi(x_1,\cdots,x_m) = \forall x \phi_1$，则 $[\forall x \phi_1]$ 等价于

$$\exists x_1 \cdots \exists x_m \left(\bigwedge_i h(x_i) = \widehat{x_i} \wedge \forall x \; \phi_1(x, x_1, \cdots, x_m) \right)$$

为了不失一般性，假设 x 同 x_i 和 $\widehat{x_i}$ 都不相同，上述公式等价于

$$\exists x_1 \cdots \exists x_m \forall x \left(\bigwedge_i h(x_i) = \widehat{x_i} \wedge \phi_1(x, x_1, \cdots, x_m) \right)$$

这个公式蕴含(但不等价于)着

$$\forall x \exists x_1 \cdots \exists x_m \left(\bigwedge_i h(x_i) = \widehat{x_i} \wedge \phi_1(x, x_1, \cdots, x_m) \right)$$

由于 h 是一个满射关系，所以对于 A 中的每个抽象元素而言，D 中存在能够映射到它的元素，因此上述公式蕴含着以下公式：

$$\forall \widehat{x} \exists x \left[\exists x_1 \cdots \exists x_m \left(h(x) = \widehat{x} \wedge \bigwedge_i h(x_i) = \widehat{x_i} \wedge \phi_1(x, x_1, \cdots, x_m) \right) \right]$$

这是严格意义上的 $\forall \widehat{x} [\phi_1]$ 定义。通过归纳可知 $[\phi_1]$ 蕴含着 $\mathcal{A}(\phi_1)$，因此 $\forall \widehat{x} [\phi_1]$ 蕴含着 $\forall \widehat{x} \mathcal{A}(\phi_1)$，最后的公式恰好和 $\mathcal{A}(\forall \widehat{x} \phi_1)$ 等价，所以这种情况得证。
5. $\phi = \exists x \phi_1$ 的情况类似于上述证明。

上述“将抽象操作压入内部”的思想本质上和抽象解释[20, 86, 87, 89, 91, 201, 203]相同，通过定义一个适当的抽象域并将程序解释到这个域上来实现抽象，目标通常是通过编译时使用的数据来优化程序。抽象解释一直被用于多个方面，例如功能性程序的严格性和引用计算分析，寻找变量之间的线性关系，以及计算变量的活性区间等。这种解释将使用抽象语言运算符，而这种抽象运算符对应了上面所说的原始关系。抽象解释与模型检测中抽象的应用在文献[20, 89, 91]中进行了详细的介绍。

最后说明 M_a 模拟 M，这是使用抽象技术验证程序性质的基础。

定理 24　$M \preceq M_a$

证明　证明 M 和 M_a 之间存在模拟关系。令 $s = (d_1,\cdots,d_n)$ 和 $s_a = (a_1,\cdots,a_n)$。定义 $H(s,s_a)$ 当且仅当对于所有的 i，有 $h(d_i) = a_i$ 成立。

假设 $H(s,s_a)$ 中有 $s = (d_1,\cdots,d_n)$，则 $s_a = (h(d_1),\cdots,h(d_n))$。首先值得注意的是，这两个状态具有相同的标记。$s$ 的标记是原子命题‘$\widehat{x_i} = a_i$’的集合，其中 x_i 被 h 映射到 a_i。假定‘$\widehat{x_i} = a_i$’是状态 s 的标记，这个命题为真时等价于 $a_i = h(d_i)$。现在 s_a 能被标记为‘$\widehat{x_i} = a_i$’当且仅当 s_a 的第 i 个分量为 a_i。然而分析可知 s_a 的第 i 个分量为 $h(d_i)$，等于 a_i。

假设变迁关系 $R(s,t)$，其中 $t = (e_1,\cdots,e_n)$。定义 $t_a = (h(e_1),\cdots,h(e_n))$。分析变迁关系 $R_a(s_a,t_a)$，由 R 的定义可知 s 和 t 满足 $\mathcal{R}$ 的赋值。接下来分析 $[\mathcal{R}](s_a,t_a)$，由 $[\cdot]$ 的定义可知，$[\mathcal{R}](s_a,t_a)$ 满足当且仅当

$$\exists x_1 \cdots \exists x_n \exists x_1' \cdots \exists x_n' \, (\bigwedge_{i=1}^{n} (h(x_i) = h(d_i) \wedge h(x_i') = h(e_i)) \wedge \mathcal{R}(x_1, \cdots, x_n, x_1', \cdots, x_n'))$$

由于 $\mathcal{R}(s,t)$ 成立，并取 $x_i = d_i$ 和 $\widehat{x_i'} = \widehat{e_i}$，则上述公式成立。也就是公式 $[\mathcal{R}](s_a, t_a)$ 成立。由定理 23 可知 $\mathcal{A}(\mathcal{R})(s_a, t_a)$ 成立，$\mathcal{A}(\mathcal{R})$ 定义出 R_a，因此 $R_a(s_a, t_a)$ 成立。由前面的证明可知，H 是 M 与 M_a 之间的一个模拟关系。

使用类似的证明，可知如果 $s \in S_0$ 则 $s_a \in S_0^a$，即 M 的每个初始状态在 M_a 中都有与之对应的初始状态。因此 $M \preceq M_a$。

13.2.2 严格近似

前面已经说明了 $M \preceq M_a$，这样每个在 M_a 中成立的 ACTL* 公式在 M 中也一定成立。本节我们添加一些额外的条件令 M 和 M_a 互模拟等价。基于第 11 章的结果，这些额外条件将使得在 M_a 上验证 CTL* 公式并判断 M 是否满足此公式成为可能。当这些额外条件存在时，就说 M_a 是 M 的严格近似。

程序变量 x 的抽象映射 h_x 导出一个等价关系 $\sim_x$，其定义为：假定 d_1 和 d_2 为 D_x 上的值，则 $d_1 \sim_x d_2$ 等价于 $h_x(d_1) = h_x(d_2)$。严格近似的关键条件是，这些等价关系在对应程序基本运算的原始关系上一致。再来回忆一致性的定义：假定 $P(x_1, \cdots, x_m)$ 是 x_i 定义在 D_{x_i} 上的一个关系，等价关系 $\sim_{x_i}$ 关于 P 是一致的，当且仅当下式成立：

$$\forall d_1 \cdots \forall d_m \forall e_1 \cdots \forall e_m \, (\bigwedge_{i=1}^{m} d_i \sim_{x_i} e_i \rightarrow (P(d_1, \cdots, d_m) \Leftrightarrow P(e_1, \cdots, e_m)))$$

等价关系 $\sim_{x_i}$ 关于原始关系一致的证明需要基于下面的定理，此定理类似于定理 23，从该理论可以得到 M_r 和 M_a 是互模拟等价的。

定理 25 如果等价关系 $\sim_{x_i}$ 关于原始关系是一致的，并且 ϕ 是一个定义在这些关系上的逻辑公式，则 $[\phi] \Leftrightarrow \mathcal{A}(\phi)$。特别地，$[\mathcal{S}_0]$ 和 $[\mathcal{R}]$ 分别等价于 $\mathcal{A}(\mathcal{S}_0)$ 和 $\mathcal{A}(\mathcal{R})$。

Clarke，Grumberg 和 Long 已经证明了 M 和 M_a 之间是互模拟等价的。

定理 26 如果等价关系 $\sim_{x_i}$ 关于原始关系是一致的，则 $M \equiv M_a$。

这些定理的证明可参见文献[69]。

13.2.3 简单的程序语言

现在来介绍基于前述思想的检测系统。这个系统的组成包括有限状态语言的编译器和一个基于 OBDD 的模型检测器。本节还包含了一种面向交互系统的程序语言的简短介绍，这个语言的主要特点如下：

1. 是一种面向过程的语言，但包含多种结构化程序的成分，如循环结构。同时非递归过程也在此程序中有效。

2. 其状态是有限的。用户必须在程序中固定输入、输出的位数。
3. 计算模型使用同步模型。在每一步的开始，程序的输入都是从环境中得到的。程序中的所有计算都可以看成是在瞬时完成的。同时拥有一条特殊的语句 **wait**，此语句用于延迟一段时间。当遇到 **wait** 语句时，程序输出的变化对环境是可见的，同时此时将初始化新的执行步骤。这样，计算流程为：获得输入，从 0 时刻开始计算直至遇到 **wait**，显示输出，获得新输入。**wait** 语句表示了程序的控制点，其语义与其他同步编程语言中的相同。但是注意它和异步程序中的共享内存是不同的，异步程序在第 2 章和第 12 章进行了简单介绍。

除 **wait** 语句之外，例子中语言的其他特征意义自明。

采用这种程序语言编写的程序可被编译为 Moore[200]机并实现为硬件。Moore 机是标准的同步电路模型，同时为了实现验证过程，还有标准的过程用于将 Moore 机转化为 Kripke 结构。在不使用抽象技术时，编译器将直接产生 Kripke 结构，此时可能拥有巨量的状态，并且不应该对结构进行显式表示，而应采用隐式方式表示此结构。所以编译器将直接产生模型结构的 OBDD 描述。这将被作为模型检测程序的输入。

用户在编译阶段刻画了对若干变量的抽象。通过使用前述技术，编译器直接产生抽象结构。目前已有很多的抽象技术都被集成到编译器中，一些将在接下来的内容中介绍。另外，用户也可以定义新的抽象技术来构建 OBDD 表示。原始关系的抽象形式都可以通过编译器自动计算出来。

图 13.2 描述了一个用这种程序语言编写的可配置倒数计数器程序。计数器拥有两个输入变量：*set* 和 *start*，分别是 1 位和 8 位的宽度。相应地拥有两个输出变量：8 位宽的 *count* 且初始值为 0；一位宽的 *alarm* 且初始值为 1。在每一步执行时计数器的操作为：如果 *set* 为 1，则计数器设置 *start* 的初始值。否则如果计数器为非 0 则 *count* 减 1。当 *count* 为 0 时，*alarm* 置 1，并且如果 *count* 非 0，则 *alarm* 置 0。

```
input set : 1;
input start : 8;
output count : 8 := 0;
output alarm : 1 := 1;

loop
    if set = 1 then
        count := start;
    else if count > 0 then
        count := count − 1;
    end if;
    if count = 0 then
        alarm := 1;
    else
        alarm := 0;
    end if;
    wait;
end loop;
```

图 13.2　计数器程序的伪码

13.2.4 抽象技术举例

本节将讨论一些实际中很有用的抽象技术。为了容易阅读，每个程序都比较短小，而且时序逻辑公式也比较简单。比如，如果变量 x 描述为

$$h(d)=\begin{cases}a_{\text{even}}, & d\text{是偶数}\\ a_{\text{odd}}, & d\text{是奇数}\end{cases}$$

则通常使用 $even(x)$ 来代替‘ $\widehat{x}=a_{\text{even}}$ ’。

13.2.5 整数同余

对于涉及算术操作的程序验证，一个很有用的抽象技术就是给定整数 m 的算术同余模关系：

$$h(i)=i \bmod m$$

这种抽象技术依赖以下的模 m 算术运算性质：

$$\big((i \bmod m)+(j \bmod m)\big) \bmod m \equiv i+j \pmod m$$

$$\big((i \bmod m)-(j \bmod m)\big) \bmod m \equiv i-j \pmod m$$

$$\big((i \bmod m)(j \bmod m)\big) \bmod m \equiv ij \pmod m$$

换句话说，可以通过计算模 m 的加、减、乘运算的值来计算模 m 下表达式的值。

通过应用基本数论的结论，可以将这个抽象技术扩展到更复杂的情况。理论如下所述。

定理 27（中国余数理论） 假设 $m_1,m_2,\cdots,m_n$ 互为正素数，定义 $m=m_1m_2\cdots m_n$ 并且 $b,i_1,i_2,\cdots,i_n$，i_n 是整数，则存在唯一的整数 i，对于所有的 $1\leqslant j\leqslant n$，下式成立：

$$b\leqslant i<b+m \text{ 并且 } i\equiv i_j \pmod{m_j}$$

假设目前在程序运行的某点开始检测，非负整数 x 的分量值等于 $i_j \pmod{m_j}$，$m_1,m_2,\cdots,m_n$ 互为素数。进一步假设 x 的值小于 $m_1m_2\cdots m_n$。则使用上述定理的结论，可以知道 x 在程序的哪个位置是唯一确定的。

接下来使用一个 16 位×16 位的无符号乘法器（参见图 13.3）来说明这个抽象技术。程序拥有三个输入变量 req，$in1$ 和 $in2$。后两个变量提供操作数，第一个是开始乘法运算的请求信号。当一定量的单位时间过后，输出信号 ack 将被设置为真。此时要么 $output$ 是一个 16 位的乘法结果，要么溢出。乘法器在下一个执行周期开始将等待 req 变成 0。乘法操作本身经过一系列的移位和加法操作来实现。在每一步中第一个操作数的最低位始终检验是否为 0，如果是，则第二个操作数直接被加到结果中。接着第一个操作数右移，第二个操作数左移，准备下一次执行。

使用这种程序语言的一个特点是，能够将运算数扩展到不同的位数上。比如 $x:5$ 通过前置 0 位的方法将 x 扩展到 5 位宽。当进行加法和移位操作时，通过扩展 $output$ 和 $factor2$，能够检验结果是否溢出。语句 $(overflow, output):=(output:17)+factor2$ 将 $output$ 设置为 $output$， *factor2* 以及 *overflow* 的 16 位和。同样 $x \ll 1$ 表示 x 左移一位，相应的 $\gg$ 为右移操作。**break** 语句表示退出最内层循环。乘法器的上述性质可表示为以下形式的一系列公式：

$$\mathbf{AG}\big(waiting \wedge req \wedge (in1 \bmod m = i) \wedge (in2 \bmod m = j)$$

$$\rightarrow \mathbf{A}[\neg ack\ \mathbf{U}\ ack \wedge (overflow \vee (output \bmod m = i\,j \bmod m))]\big)$$

这里，i 和 j 都被限制在从 0 到 $m-1$ 的区间上。*waiting* 是一个原子命题，当程序运行到标记为 1 的语句时，*waiting* 命题为真。注意，这个性质承认存在乘法信号溢出的可能性。我们将使用抽象技术验证不会出现溢出的情况(参见 13.2.6 节)。

```
input in1 : 16;
input in2 : 16;
input req : 1;
output factor1 : 16 := 0;
output factor2 : 16 := 0;
output output : 16 := 0;
output overflow : 1 := 0;
output ack : 1 := 0;

procedure waitfor(e)
    while ¬e
        wait;
    end while;
end procedure;

loop
  1: waitfor(req);
    factor1 := in1;
    factor2 := in2;
    output := 0;
    overflow := 0;
    wait;
    loop
        if (factor1 = 0) ∨ (overflow = 1) then break;
        if lsb(factor1) = 1 then
            (overflow, output) := (output: 17) + factor2;
        factor1 := factor1 ≫ 1;
        wait;
        if (factor1 = 0) ∨ (overflow = 1) then break;
        (overflow, factor2) := (factor2: 17) ≪ 1;
        wait;
    end loop;
    ack := 1;
    wait;
    waitfor(¬req);
    ack := 0;
end loop;
```

图 13.3　16 位乘法器的程序

输入 *in*2、输出 *factor2* 和 *output* 都取模 *m* 的抽象值。输出 *factor1* 不做抽象，因为它的整个位数都用来控制何时 *factor2* 与 *output* 相加。分别令 $m = 5, 7, 9, 11$ 和 32 这些互质的数来进行验证。它们的积为 110 880，足够覆盖 2^{16} 个可能的 *output* 值。整个验证在 Sun 4 机器上只需要不到 30 分钟的时间。在对没有进行抽象的乘法器进行上述验证几乎是不可能的。

13.2.6 对数表示

当数值的数量级比较重要时，可以使用对数表示此数值。比如假定 $i \geqslant 0$，定义

$$\lg i = \lceil \log_2(i + 1) \rceil$$

也就是说，当 $i = 0$ 时，$\lg i$ 是 0；当 $i > 0$ 时，$\lg i$ 是可以表示 i 的最小二进制位数。取 $h(i) = \lg i$。

作为抽象技术的实例，再一次考虑图 13.3 所示的乘法器程序。考虑前面那个总是存在溢出并且满足所提出的性质的乘法器例子。注意，如果 $\lg i + \lg j \leqslant 16$，则 $\lg i \cdot j \leqslant 16$，因此 i 和 j 的乘积将没有溢出。相反，如果 $\lg i + \lg j \geqslant 18$，则 $\lg i \cdot j \geqslant 17$，因此 i 和 j 的乘积将溢出。当 $\lg i + \lg j = 17$ 时，无法判断 i 和 j 的乘积是否溢出。所以可以通过给性质公式中加入以下公式来增强描述能力：

$$\mathbf{AG}\big(waiting \wedge req \wedge (\lg in1 + \lg in2 \leqslant 16) \rightarrow \mathbf{A}[\neg ack\ \mathbf{U}\ ack \wedge \neg overflow]\big)$$

$$\mathbf{AG}\big(waiting \wedge req \wedge (\lg in1 + \lg in2 \geqslant 18) \rightarrow \mathbf{A}[\neg ack\ \mathbf{U}\ ack \wedge overflow]\big)$$

程序中所有的 16 位变量都使用它们的对数来表示。使用这种抽象技术编译此程序，验证以上性质只需要不到 1 分钟的 CPU 时间。

13.2.7 位积抽象

对于涉及逻辑位运算的程序，将 $h(i)$ 看成 i 的第 j 位（j 是一个确定数字）将对下面的叙述特别有用。

如果 h_1 和 h_2 是抽象映射关系，则 $h(i) = (h_1(i), h_2(i))$ 同样也是抽象映射关系。使用这个抽象技术，可以验证 h_1 和 h_2 不能单独验证的程序。

作为这种类型的抽象，考虑图 13.4 中所写的程序。这个程序读入一个初始 16 位的主输入并且计算它的奇偶值。当计算完成时，*done* 被置位；同时奇偶位 *parity* 将确定结果。假设当 i 的 *parity* 为偶数时，$\sharp i$ 的值被置为真。下面就是想要验证的性质之一：

1. 变量 b 的值和输入 *in* 有着相同的奇偶值。
2. $\sharp b \oplus parity$ 从那点开始向前是一直不变的。

可以用下面的公式表达上述性质：

$$\neg\sharp in \wedge \mathbf{AX}\big(\neg\sharp b \wedge \mathbf{AG}\,\neg(\sharp b \oplus parity)\big) \vee \sharp in \wedge \mathbf{AX}\big(\sharp b \wedge \mathbf{AG}(\sharp b \oplus parity)\big)$$

验证这个性质时可以使用 *in* 和 b 的组合抽象技术。即根据这些变量的低位值及其奇偶值对这些变量的可能值进行分组，最终的验证过程只需要几秒钟就可以完成。

```
input in : 16;
output parity : 1 := 0;
output b : 16 := 0;
output done : 1 := 0;

b := in;
wait;
while b ≠ 0 do
        parity := parity ⊕ lsb(b);
        b := b ≫ 1;
        wait;
end while;
done := 1;
```

图 13.4 奇偶值计算程序

13.2.8 符号抽象

现在，将基于 OBDD 的模型检测器和依赖于符号值的抽象技术结合到一起的条件已经成熟了。此方法可以极大地增加这种类型抽象的处理能力。举一个简单的例子，考虑图 13.5 中的程序，b 的下一个状态值总是等于当前状态 a 的值。这个性质也可以表达为对于一个确定的值 42，使用如下公式：

$$\mathbf{AG}(a = 42 \to \mathbf{AX}\, b = 42)$$

为了验证这个性质，可以使用下面的抽象方法：

$$h(i) = \begin{cases} 0, & 若 i = 42 \\ 1, & 其他 \end{cases}$$

```
input a : 8;
output b : 8 := 0;

loop
        b := a;
        wait;
end loop;
```

图 13.5 一个简单程序

使用这个抽象技术，在程序编译后，变迁关系为 $\widehat{R}(\widehat{a},\widehat{a}',\widehat{b},\widehat{b}')$，其中 $\widehat{b}' = \widehat{a}$，这里带撇标记的是次态变量，且所有变量限定在 $\{0,1\}$ 上。可以在抽象级验证以下公式来检验程序对值 42 的处理是正确的：

$$\mathbf{AG}(\widehat{a} = 0 \to \mathbf{AX}\, \widehat{b} = 0)$$

很显然，上述公式是可满足的，但我们并不想对每个值都反复进行上述的验证过程。

可以修改抽象方法如下：

$$h_c(i) = \begin{cases} 0, & 若 i = c \\ 1, & 其他 \end{cases}$$

抽象的结果依赖于一个新的符号参数。设想使用此技术编译这个程序，则可以获得被 c 参数化的变迁关系 $\widehat{R_c}(\widehat{a},\widehat{a}',\widehat{b},\widehat{b}',c)$。给此变迁关系取 $c = 42$，将得到前面所述的变迁关系 $\widehat{R}$。如果能够扩展模型检测算法使之能使用参数化的关系，那么将得到参数化的状态集合来表示可使得性质公式为真的状态，因此下面的性质成立：

$$\mathbf{AG}(\widehat{a} = 0 \to \mathbf{AX}\, \widehat{b} = 0)$$

必然说明

$$\mathbf{AG}(a = c \to \mathbf{AX}\, b = c)$$

成立。

如果公式对所有的 c 都成立，则证明了想要的性质。现在可以引入 8 种额外的 OBDD 变量为 c 进行赋值编码，例如

1. 使用 OBDD 表示 h_c（用户仅仅提供 h_c）。
2. 使用 h_c 编译得到 $\widehat{R_c}(\widehat{a},\widehat{a'},\widehat{b},\widehat{b'},c)$ 的 OBDD 表示（编译器自动处理）。
3. 进行模型检测来获得 OBDD 表示的参数状态集合（模型检测器自动完成，同时简单地把 c 看成是始终不会改变的额外状态）。
4. 如果有必要，选择一个具体的 c 产生一个反例（这也是由模型检测器完成的）。

在例子中，程序的行为并不会受 c 值的影响，因此编译时 $\widehat{R_c}$ 的 OBDD 将会独立于引入的额外变量，所以现在的模型检测不会比验证 $\mathbf{AG}(a = 42 \to \mathbf{AX}\ b = 42)$ 更复杂。

通常我们发现共享 OBDD 可以使得抽象、编译、模型检测都更加有效，因此我们将诸如 h_c 的抽象技术称为“符号抽象”。

下面使用符号抽象技术来验证一个简单的流水电路，此电路如图 13.6 所示，它的详细描述可参见 6.5 节，主要用途是实现了针对通用寄存器组上的操作数的三地址算术和逻辑运算。

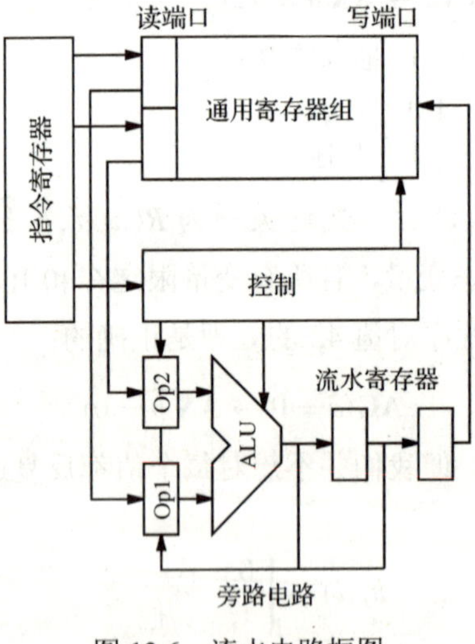

图 13.6 流水电路框图

我们使用两次独立的符号抽象过程来完成此验证。首先，第一次抽象是将通用寄存器地址抽象成三个符号常量 (ra,rb,rc) 之一。这次抽象将整个通用寄存器组压缩成一个三地址寄存器，每个对应一个上述的符号常量。第二次抽象只涉及系统中的单个寄存器。为了验证一个操作，比如加法，再创建两个符号常量 ca 和 cb，此时每个寄存器的值是 ca，cb，$ca+cb$ 或

者其他。表示这个电路加法运算正确性性质的时序逻辑公式如下：

$$\mathbf{AG}\big((srcaddr1 = ra) \wedge (srcaddr2 = rb) \wedge (destaddr = rc) \wedge \neg stall$$
$$\rightarrow \mathbf{AX}\,\mathbf{AX}((regra = ca) \wedge (regrb = cb) \rightarrow \mathbf{AX}(regrc = ca + cb))\big)$$

这个公式说明，如果源地址寄存器为 *ra* 和 *rb*，目标寄存器地址为 *rc* 而且流水没有停止，则从当前算起经过两个周期后 *ra* 和 *rb* 寄存器中的值相加，并在第三个周期送到 *rc* 中。使用两个周期后 *ra* 和 *rb* 寄存器中的值是因为考虑了流水时的延迟。

此实验的最大流水线例子是拥有 64 个寄存器并且每个寄存器的宽度为 64 位的寄存器队列。这个电路有大约 4000 个状态位并且达到了将近 10^{1300} 个状态。验证时间不到六个半小时。另外，它的验证时间复杂度随寄存器数量和寄存器宽度呈线性增长的趋势。相比较而言，不使用抽象技术的最大验证实例仅仅拥有 8 个 32 位寄存器，且在 Sun 4 机器上运行要花费四个半小时的 CPU 时间，而且它的验证时间复杂度将是寄存器宽度的平方级和寄存器数量的立方级。组合推理和抽象结合起来可以获得更好的结果，这种技术在文献[179]中有详细讨论。

第14章 对 称 性

有限状态并发系统频繁地展现出大量的对称性特征。可以在存储器、高速缓存、寄存器队列、总线协议、网络协议——任何带有重复特性的结构中找到对称性。目前，一些学者[58, 111, 143, 148]已经开始在模型检测中进行对称性约简的研究了。这些约简技术基于以下观察：在拥有对称性的系统中蕴含了非平凡置换群的存在，这种置换群既保持状态标记，也保持变迁关系。可以用这些群来定义系统状态空间上的等价关系。这种等价关系对应的商模型的规模通常比原始模型小得多。而且，这种商模型同原始模型互模拟等价。因此，它可以用来检测原始模型中任何一个由 CTL*公式表达的性质。

14.1 群和对称性

通过介绍一些群论的概念来开始本节的讨论。令 G 是一个集合。群是集合 G 以及定义在 G 上的二元运算，这个二元运算被称为群乘法，如下所述：

- 乘法是可结合的，也就是 $a\circ(b\circ c)=(a\circ b)\circ c$。
- 存在一个称为单位元的元素 $e\in G$，使得对于所有的 $a\in G$，$e\circ a=a=a\circ e$。
- 对于每一个元素 $a\in G$，有一个元素 a^{-1}，称为 a 的逆元，使得 $a\circ a^{-1}=a^{-1}\circ a=e$。

我们通常使用 G 来表示群，使用元素间的连接来表示乘积运算。H 是 G 的一个子群仅当 $H\subseteq G$ 且 H 是保持 G 的乘积运算的一个群。

令 G 是一个群，$g_1, g_2,\cdots, g_k$ 是 G 中的元素。定义 $\langle g_1, g_2,\cdots, g_k\rangle$ 是 G 中包含元素 $g_1, g_2,\cdots, g_k$ 的最小子群。如果令 $H=\langle g_1, g_2,\cdots, g_k\rangle$，则我们说 H 是由集合 $\{g_1, g_2, \cdots, g_k\}$ 生成的。可以观察到 H 是集合 $\{g_1, g_2,\cdots, g_k\}$ 上满足 G 的乘积和取反运算的闭包。

对象的有限集合 A 上的置换是双射(一一对应和满射的函数) $\sigma: A\rightarrow A$。A 上所有置换的集合记为 $Sym\,A$，在函数复合运算上形成了一个群。为了说明这种群，来看看 $Sym\,A$ 上的恒等置换：如果 $\sigma\in Sym\,A$，则它的逆 σ^{-1} 也在 $Sym\,A$ 中；而且如果 $\sigma', \sigma''\in Sym\,A$，则 $\sigma=\sigma''\circ\sigma'\in Sym\,A$(在表达式 $\sigma''\circ\sigma'$ 中，首先应用 σ'，而后才是 σ'')。$Sym\,A$ 称为全对称群。$Sym\,A$ 的子群 G 被称为 A 上的置换群。

两个置换 σ_1, σ_2 是不相交的当且仅当

$$\{i \mid \sigma_1(i)\neq i\}\cap\{j \mid \sigma_2(j)\neq j\}=\emptyset$$

下述映射的置换

$$i_1\mapsto i_2,\ i_2\mapsto i_3,\cdots,\ i_{k-1}\mapsto i_k,\ i_k\mapsto i_1$$

称为环，记为$(i_1, i_2,\cdots, i_k)$。长度为 2 的环称为变换。可以看出，任何有限的置换可以写成不

相交环的组合，而且任何置换都可以写成变换的组合，这时就不需要考虑是否不相交了[182]。

比如，定义在 $A = \{1，2，3，4，5\}$ 上的置换 $\sigma = 1 \mapsto 3, 2 \mapsto 4, 3 \mapsto 1, 4 \mapsto 5, 5 \mapsto 2$，可以写成下面不相交的环的组合：$(1\ 3) \circ (2\ 4\ 5)$，也可以写成变换的组合：$(1\ 3) \circ (2\ 5) \circ (2\ 4)$。由两个置换(1 3)和(2 4 5)生成的 *Sym A* 的子群是一个 6 元素的集合：

$$\{e,(1\ 3),(2\ 4\ 5),(2\ 5\ 4),(1\ 3)(2\ 4\ 5),(1\ 3)(2\ 5\ 4)\}$$

令 $M = (S, R, L)$是一个 Kripke 结构。令 G 是结构 M 的状态空间 S 上的置换群。一个置换 $\sigma \in G$ 被称为 M 的自同构，当且仅当它保持变迁关系 R。形式化的定义如下，σ 应满足以下情况：

$$\forall s_1 \in S,\ \forall s_2 \in S,\ ((s_1, s_2) \in R \Rightarrow (\sigma(s_1), \sigma(s_2)) \in R)$$

G 是 Kripke 结构 M 的自同构群，当且仅当每一个群中的置换 $\sigma \in G$ 都是 M 的自同构。需要注意的是，我们在自同构群的定义中并没有涉及标记函数 L。而且，由于每一个 $\sigma \in G$ 都有逆元(它也是一个自同构)，可以证明置换 $\sigma \in G$ 是一个 Kripke 结构的自同构当且仅当 σ 满足以下条件：

$$(\forall s_1 \in S)(\forall s_2 \in S)\ ((s_1, s_2) \in R \Leftrightarrow (\sigma(s_1), \sigma(s_2)) \in R)$$

很明显，如果群 G 的每一个生成元都是 M 的自同构，则群 G 是 M 的自同构群。

下面来看这样一个例子，假设一个简单的令牌环算法中包含一个进程 Q 和若干个进程 P。P 和 Q 的结构如图 14.1 所示。每一个进程有三个状态：n(非临界区)，t(拥有令牌)，以及 c(临界区)；两个可见的动作：s (发送令牌)和 r (接受令牌)；以及一个不可见的内部动作记为 τ。为了简单起见，这个不可见的动作没有表示到图里。进程 Q 的初始状态为 t，进程 P 的初始状态为 n。进程的组合是同步进行的。在组合 $Q \| P$ 中，P 和 Q 既可能同步在 Q 的动作 s 上和 P 的动作 r 上，也可能同步在 Q 的动作 r 上和 P 的动作 s 上。无论哪一种情况，最终的结果都是执行内部动作 τ。当然，每一个进程本身都可以执行内部动作 τ。对应于 $Q \| P$ 的 Kripke 结构如图 14.2 所示。令 P^i 表示把进程 P 进行 i 次合并。在令牌环 $Q \| P^i$ 中，每一个进程的 s 动作和与它右边相邻进程的 r 动作同步，它的 r 动作与它左边相邻进程的 s 动作同步。

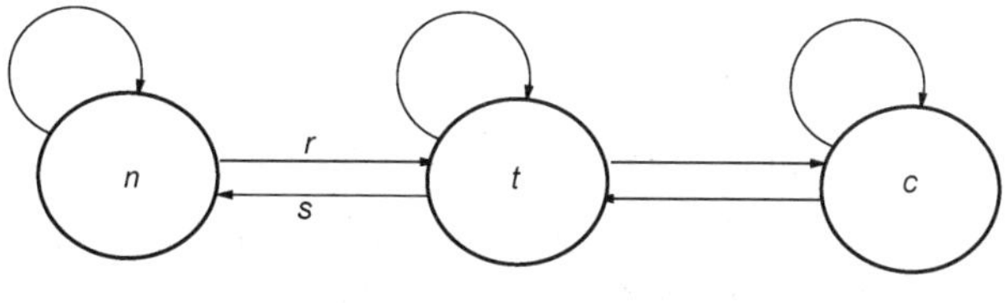

图 14.1　一个进程组件

令 σ 是在 $Q \| P$ 状态集合上的置换，定义为用(t, n)交换(n, t)，用(c, n)交换(n, c)。为了求证 σ 是 $Q \| P$ 的自同构，通过检查从(t, n)到(c, n)的变迁，可以很容易得到存在从 $\sigma((t, n)) = (n, t)$ 到 $\sigma((c, n)) = (n, c)$的变迁，$Q \| P$ 中的其他变迁也可以用相似的方法来检查。因为每一个变迁都被 σ 保持，所以 σ 是 $Q \| P$ 的自同构。

更一般地，有限状态系统的行为通常由一组状态变量 $x_1, x_2, \cdots, x_n$ 的值来确定，这些变量的值定义在有限数域 D 上。比如，$Q \| P^i$ 的每个状态都是$(i+1)$元的状态变量向量，每一个变量的作用域都是数域$\{n, t, c\}$。

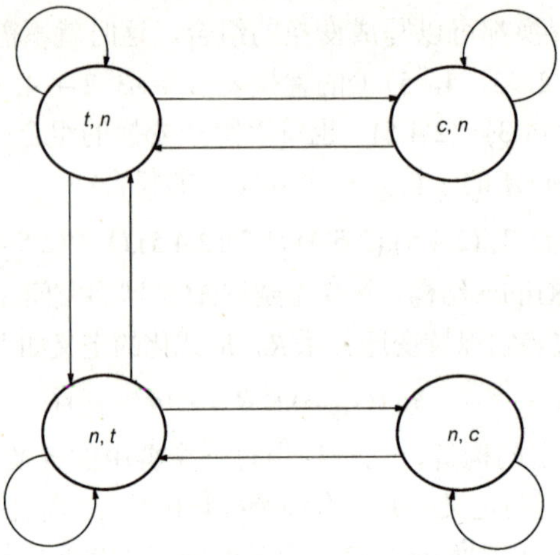

图 14.2 $Q \parallel P$ 的 Kripke 结构图

当我们从系统中抽象出一个 Kripke 结构时，状态变量的值确定原子命题，抽象得到 Kripke 模型 $M=(S, R, L)$：

- $S \subseteq D^n$，每一个状态可以被认为是对 n 个状态变量的一次赋值。
- $R \subseteq S \times S$，R 由系统的行为决定。
- 标记函数 L 的规则为：$d_i \in L(s)$当且仅当 $x_i = d$。

通常，自同构群都是作用在状态变量索引(下标)上的群。比如说，定义在 $Q \parallel P$ 状态集合上的置换 σ，也可以用变换(1 2)来表示，这个变换交换第一个和第二个进程所对应的状态组件。

根据作用在索引$\{1,2,\cdots,n\}$上的置换 σ，可以定义出新的作用在 D^n 状态上的置换 σ'。具体做法如下：

$$\sigma'((x_1, x_2, \cdots, x_n)) = (x_{\sigma(1)}, x_{\sigma(2)}, \cdots, x_{\sigma(n)})$$

假设有 D^n 中的两个状态 x 和 y，很容易得到 $x \neq y$ 蕴含 $\sigma'(x) \neq \sigma'(y)$。因此，$\sigma'$是一个在 D^n 上的置换。所以，从作用在集合$\{1,2,\cdots, n\}$上的群 G 很容易推出一个作用在 D^n 上的群 G_1。结果，电路结构上的自同构导致了电路状态空间上的自同构。

14.2 商模型

令 G 是一个作用在集合 S 上的置换群，s 是 S 中的元素，则 s 的轨道(orbit)是集合 $\theta(s)=\{t| \exists \sigma \in G(\sigma(s)=t)\}$。从 $\theta(s)$中选一个有代表性的元素，称为 rep($\theta(s)$)。直观上，商模型通过压缩一个轨道中的所有状态到一个代表性元素而得到。

令 $M=(S, R, L)$是一个 Kripke 结构，G 是一个作用在 S 上的自同构群，则商结构 $M_G = (S_G, R_G, L_G)$的定义如下：

- 状态集合 $S_G = \{\theta(s)|s \in S\}$，即 S 中各状态的轨道集合。
- 变迁关系 R_G 定义如下：

$$R_G = \{ (\theta(s_1), \theta(s_2)) \mid (s_1, s_2) \in R \} \tag{14.1}$$

- 标记函数 L_G 由 $L_G(\theta(s)) = L(rep(\theta(s)))$给出。

由于 G 是一个自同构群，所以 R_G 具有良好定义而且与所选择的代表元素无关。另一方面，L_G 的定义也同所选择的代表元素无关。我们将注意力集中到具有不变群特征的对称群上。

G 是一个相对于原子命题 p 的不变群，当且仅当标记为 p 的状态集合是封闭于所有 G 中的置换的，即一个 Kripke 结构 $M = (S, R, L)$的自同构群 G 相对于原子命题 p 是不变群当且仅当以下的条件可以保持：

$$(\forall\sigma \in G)(\forall s \in S)(p \in L(s) \Leftrightarrow p \in L(\sigma(s)))$$

以后我们称 p 是 G 的不变量。不变群和不变量的概念可以直接扩展到布尔公式。

为了阐明上面定义的一些概念，可以再考虑一下图 14.2 表示的 Kripke 结构 $Q \| P$。令 $G = \langle(1\ 2)\rangle$ 是由(1 2)生成的群，所以 G 是 $Q \| P$ 的自同构群。为了定义由 G 推导的 $Q \| P$ 的商模型，我们首先得到 G 推导出的轨道

$$\{(t, n), (n, t)\} \quad 和 \quad \{(c, n), (n, c)\}$$

如果选择状态(t, n)和(c, n)作为代表，则得到图 14.3 所示的商模型。

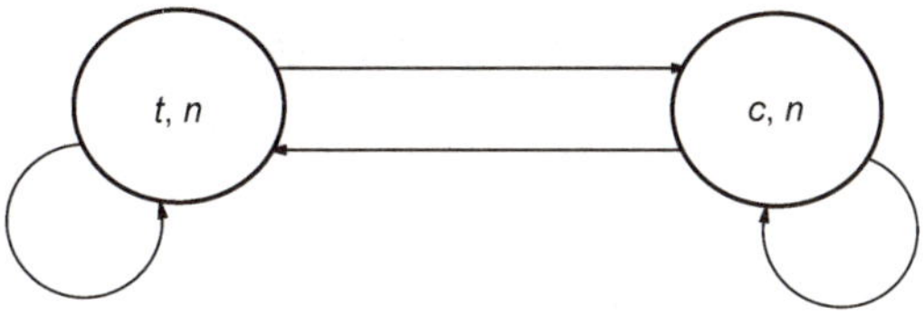

图 14.3 $Q \| P$ 的商模型

对应于 $Q \| P^i$ 的 Kripke 结构有 $2(i+1)$个可达状态。置换群 $G = \langle(1\ 2 \cdots i+1)\rangle$ 是 $Q \| P^i$ 的一个自同构。而在 $Q \| P$ 的情况下，G 仅仅推导出两个轨道：

$$\{(t, n^i), (n, t, n^{i-1}), \cdots, (n^i, t)\} \quad 和 \quad \{(c, n^i), (n, c, n^{i-1}), \cdots, (n^i, c)\}$$

因此，$Q \| P^i$ 的商模型同 $Q \| P$ 是一样的，如图 14.3 所示。这个例子清楚地示范了使用对称可以得到精简很多的状态图。

令 c_i 代表布尔变量 c 的第 i 个进程的对应部分。也就是说，如果 c_i 为真，则第 i 个进程在临界区。很明显相对于表示互斥的布尔公式 me(定义如下)，G 是一个不变群。

$$me = (c_1 \to \neg c_2) \wedge (c_2 \to \neg c_1)$$

下面的定理说明，如果一个时序刻画 f 只有不变命题，则能在商模型中检测 f。首先看看下面的命题，它有助于定理的证明。

引理 39 令 $M = (S, R, L)$是一个 Kripke 结构，AP 是原子命题集合，G 是 AP 中所有命题

的不变群，M_G是M的商模型。然后，设$B \subseteq S \times S_G$是一个如下定义的关系：

$$\text{对于任意一个 } s \in S \text{ 都有 } B(s, \theta(s))$$

则B是一个M和M_G上的互模拟关系。

证明 为了证明B是互模拟关系，首先来看$L(s) = L_G(\theta(s))$。通过M_G的定义，我们有$L_G(\theta(s)) = L(rep(\theta(s)))$。因为$rep(\theta(s)) \in \theta(s)$，一定存在一个置换$\sigma \in G$使得$\sigma(s) = rep(\theta(s))$。由于对于所有的$p \in AP$，$G$是一个不变群。所以对于所有的$p \in AP$，$p \in L(rep(\theta(s))) \Leftrightarrow P \in L(s)$。

因此，$L(s) = L(rep(\theta(s))) = L_G(\theta(s))$成立。

考虑一个变迁$(s, t) \in R$。通过R_G的定义，有$(\theta(s), \theta(t)) \in R_G$。而且通过关系$B$的定义，有$B(t, \theta(t))$。

现在，令ϑ是一个S_G上的状态，且具有性质$(\theta(s), \vartheta) \in R_G$。$\vartheta$至少包含一个元素$rep(\vartheta)$。令$t$等于$rep(\vartheta)$，则$\vartheta = \theta(t)$和$(\theta(s), \vartheta) \in R_G$可以写为$(\theta(s), \theta(t)) \in R_G$。根据$R_G$的定义，以上意味着存在两个状态$s_1$和$t_1$有$(s_1, t_1) \in R$，$s_1 \in \theta(s)$且$t_1 \in \theta(t)$。因为$s_1$和$s$属于同一个轨道，所以存在一个置换$\sigma_1 \in G$，使得$\sigma(s_1) = s$。再根据对称群的定义，有$(\sigma(s_1), \sigma(t)) \in R$，或者换句话说，$(s, \sigma(t)) \in R$。注意，由于$t$和$\sigma(t)$属于同一个轨道，有$\sigma(t) \in \vartheta$，再根据$B$的定义，因此$B(\sigma(t), \vartheta)$成立。

通过定理 13，前述引理蕴含着以下的推论。

推论 4 令M是一个定义在AP上的结构，G是AP的一个不变群。则对于$s \in S$和每一个定义在AP上的CTL^*公式，都有

$$M, s \models f \Leftrightarrow M_G, \theta(s) \models f$$

定理 28 令$M = (S,R,L)$是一个 Kripke 结构，G是M的一个自同构群，f是一个CTL^*公式。如果对于所有在f中出现的原子命题p而言，G都是不变群，则

$$M, s \models f \Leftrightarrow M_G, \theta(s) \models f \tag{14.2}$$

其中M_G是M对应的一个商结构。

证明 假设M定义在AP上，f定义在$AP' \subseteq AP$上。M在AP'上的限制是一个结构$M' = (S, R, L')$。除了对于每一个$s \in S$，$L'(s) = L(s) \cap AP'$，它与M是等价的。很明显，对于每一个定义在AP'上的CTL^*公式和每一个$s \in S$都有

$$M, s \models f \Leftrightarrow M', s \models f$$

令M'_G是由G推导出的M'的商模型。根据商模型的定义，M'_G是M_G在AP'上的限制。因此，对于每一个$\vartheta \in S_G$，有$M_G, \vartheta \models f \Leftrightarrow M'_G, \vartheta \models f$成立。由于$G$是$AP'$上的不变群，应用推论 4 后，我们可以得到$M', s \models f \Leftrightarrow M'_G, \theta(s) \models f$。所以可以得出

$$M, s \models f \Leftrightarrow M_G, \theta(s) \models f$$

14.3 对称性和模型检测

本节我们描述如何通过模型检测来判断其有大量对称性特征的系统的正确性。首先，讨论在 Kripke 结构中寻找从给定的初始状态集合到达某个状态集合的方法，所有状态集合都使用显式状态表示法，具体方法是从初始状态集合使用广度优先或者深度优先查找方法来寻找可达集合。典型情况下有两个列表，一个是已达状态的列表，另一个是未处理的状态列表。算法刚开始时，把初始状态放入这两个列表，在处理阶段，如果一个状态从未处理列表中移出，则接着处理它的所有后继。使用对称性来处理 Kripke 结构的状态空间的算法在文献[148]中已有讨论。作者介绍了一个函数 $\xi(q)$，它将状态 q 映射到表示其轨迹的一个代表性状态。当处理状态空间时，只把轨道的代表性状态放到可达状态列表或未处理状态列表。这个算法的要点可参见图 14.4。在使用了文献[63]描述的技术后，这个简单的可达性算法可以扩展到完全的 CTL 模型检测算法中。为了构建函数 $\xi(q)$，高效地计算轨道关系是非常重要的。

```
reached := ∅;
unexplored := ∅;
for all initial states s do
    append ξ(s) to reach;
    append ξ(s) to unexplored;
end for all
while unexplored ≠ ∅ do
    remove a state s from unexplored;
    for all successor states q of s do
        if ξ(q) is not in reached
            append ξ(q) to reached;
            append ξ(q) to unexplored;
        end if
    end for all .
end while
```

图 14.4 在考虑对称性的条件下探索状态空间

使用 OBDD 作为底层表示时，商模型的构建是非常复杂的。首先注意到，如果 R 被表示为 OBDD $R(v_1,\cdots,v_k,\ v'_1,\cdots,v'_k)$并且 σ 是状态变量上的置换，直接可以得到 σ 是 M 的自同构。这通过检测 $R(v_1,\cdots,v_k,\ v'_1,\cdots,v'_k)$与 $R(v_{\sigma(1)},\cdots,v_{\sigma(k)},v'_{\sigma(1)},\cdots,v'_{\sigma(k)})$是否等价来实现。其实以上的表示就是使用 OBDD 来表示置换结构的变迁关系的方法。

我们计算商模型的方法是使用 OBDD 作为轨道关系 $\Theta(x, y)\Leftrightarrow(x\in\theta(y))$的表示。假设一个 Kripke 结构 $M = (S, R, L)$，以及 M 上的拥有 r 个生成元 $g_1, g_2,\cdots, g_r$ 的自同构群 G，轨道关系 Θ 是以下等式的最小不动点：

$$Y(x, y) = (x = y \vee \exists z\ (Y(x, z) \wedge \bigvee_i y = g_i(z))) \tag{14.3}$$

这个结果在下一个引理中证明。

引理 40 式(14.3)的最小不动点是由 $g_1, g_2, \cdots, g_r$ 生成的群 G 推导出的轨道关系 Θ。

证明 首先，我们证明 Θ 是式(14.3)的一个不动点。根据轨道关系 Θ 的自反性和传递性，很明显有

$$\Theta(x, y) \supseteq (x = y \vee \exists z\,(\Theta(x, z) \wedge \bigvee_i y = g_i(z)))$$

假设 $\Theta(x, y)$，则 $\Theta(y, x)$也是满足的。因此，根据轨道关系的定义，存在 $\sigma \in G$ 使得 $y = \sigma(x)$。然后假设 $x \neq y$（如果 $x = y$，则结果可以立即得到）。这就意味着存在一个生成元 $g_k(k \leqslant r)$ 使得 $y = g_k(\sigma_1(x))$。令 $z = \sigma_1(x)$，我们看到 $\Theta(x, z)$和 $y = g_k(z)$。因为 x 和 y 是任意的布尔向量，可以得到以下的结论：

$$\Theta(x, y) \subseteq (x = y \vee \exists z\,(\Theta(x, z) \wedge \bigvee_i y = g_i(z)))$$

因此，Θ 是式(14.3)的不动点。

下面，我们证明 T 是式(14.3)的任意的不动点，则 $\Theta \subseteq T$。我们证明 $\Theta(x, y) \Rightarrow T(x, y)$。轨道关系 $\Theta(x, y)$的定义蕴含着存在一个 $\sigma = g_{i_m}, \cdots, g_{i_1}, g_{i_1}$，$1 \leqslant i_j \leqslant r$。因为 T 是式(14.3)的一个不动点，可以通过归纳，对于所有的 $1 \leqslant l \leqslant m$，$T(x, g_{i_l}, \cdots, g_{i_l}(x))$ 都满足来证明。使用 $l = m$ 的这个结果，可看到 $T(x, y)$是满足的。因为 $\Theta(x, y) \Rightarrow T(x, y)$，我们得到 $\Theta \subseteq T$。因此，Θ 是式(14.3)的最小不动点。

如果可以得到一个理想的状态编码，则这个不动点等式可以使用 OBDD 来计算[46]。我们一有轨道关系 Θ，就需要计算函数 $\xi: S \to S$，它将每一个状态 s 映射到 s 的轨道中的代表元素。如果将状态看成由变量表示的值组成的向量，可以选择字典序最小的状态作为轨道的代表性状态。因为 Θ 是一个等价关系，所以这些唯一的表示能够采用 Lin 和 Newton 提出的基于 OBDD 的方法[175]来计算。

假设有映射函数 ξ 的 OBDD，则商结构的变迁关系 R_G 可以表述如下：

$$R_G(x, y) = \exists x_1 \exists y_1 (R(x_1, y_1) \wedge \xi(x_1) = x \wedge \xi(y_1) = y)$$

14.4 复杂度问题

本节考虑在利用对称性进行模型检测时的复杂度问题。我们将要展示轨道问题的复杂度至少和图同构问题的复杂度相同。图同构问题是 NP 难题，但目前还不得知是否为 NP 完全问题。我们也要分析表示轨道关系的 OBDD 规模的大小。

14.4.1 轨道问题和图同构

使用对称性进行模型检测的最基本步骤是确定两个状态是否在同一个轨道中。现在来分析此问题的复杂度。

令 G 是作用在集合$\{1, 2, \cdots, n\}$上的群。假设 G 由生成元的有限集合表示。假定有两个向量

$x \in B^n$ 和 $y \in B^n$，轨道问题可以描述为是否存在置换 $\sigma \in G$ 使得 $y = \sigma(x)$。

假定有两个图 $\Gamma_1 = (V_1, E_1)$ 和 $\Gamma_2 = (V_2, E_2)$ 且有 $|V_1| = |V_2|$，图同构问题可以描述为是否存在一个双射 $f: V_1 \to V_2$，使得下面的条件满足：$(i, j) \in E_1 \Leftrightarrow (f(i), f(j)) \in E_2$。

定理 29 轨道问题和图同构问题具有相同的复杂度。

证明 假设有两个图 $\Gamma_1 = (V_1, E_1)$ 和 $\Gamma_2 = (V_2, E_2)$，我们构建一个群 G 和两个 0–1 上的向量 x 和 y。使得在群 G 的作用下，x 和 y 在同一个轨道中成立当且仅当 Γ_1 和 Γ_2 同构。假设 $|V_1| = |V_2| = n$。令 $A = \{a_{ij}\}$ 和 $B = \{b_{ij}\}$ 分别是图 $\Gamma_1 = (V_1, E_1)$ 和 $\Gamma_2 = (V_2, E_2)$ 的邻接矩阵。令 $x \in \{0, 1\}^{n^2}$ 的定义如下：

$$x_{n(i-1)+j} = \alpha_{ij}, 1 \leqslant i \leqslant n, 1 \leqslant j \leqslant n$$

向量 $x \in \{0, 1\}^{n^2}$ 是矩阵 A 在行方向上元素的列表。向量 $y \in \{0, 1\}^{n^2}$ 的定义同 x 相似，只不过定义在 B 上。令 $(i\ j)$ 是作用在集合 $\{1, 2, \cdots, n\}$ 上的变换。直观上，可以把各个变换看成是交换图 Γ_1 中的 i 和 j 节点。这也对应着交换邻接矩阵的第 i, j 行及第 i, j 列，这同在向量 x 上应用下面的置换 σ 的效果是一样的：

$$\sigma_{row} = (n(i-1)+1, n(j-1)+1) \cdots (n(i-1)+n, n(j-1)+n)$$
$$\sigma_{col} = (i, j) \cdots ((n-1)n+i, (n-1)n+j)$$
$$\sigma = \sigma_{row}\sigma_{col}$$

每一个作用在 $n=|V_1|$ 规模上的对称对应于一个双射 $f: V_1 \mapsto V_2$。假设节点用整数标记。如果对应于置换 $(i\ j)$ 的双射是图 Γ_1 和 Γ_2 之间的一个自同构，则在邻接矩阵 A 中交换第 i 行和第 j 行以及第 i 列和第 j 列，得到一个新的邻接矩阵 B。这就蕴含着 $y = \sigma(x)$，因为 x 和 y 只是邻接矩阵 A 和 B 的编码。类似地，如果 $y = \sigma(x)$，则对应于置换 $(i\ \ j)$ 的双射是图 Γ_1 和 Γ_2 之间的一个自同构。因此，$y = \sigma(x)$ 当且仅当如果对应于置换 $(i\ \ j)$ 的双射是图 Γ_1 和 Γ_2 之间的一个自同构。在全对称群中，每一个双射 $f: V_1 \mapsto V_2$ 对应于一些置换。因为作用在集合 $\{1,2,\cdots,n\}$ 上的群 S_n 是由变换 $(1\ 2), (1\ 3), \cdots, (1\ n)$ 生成的，所以就得到结果。我们的任务就是把所有在 0–1 上的向量 x 和 y 的变换进行编码。

下面来看一个例子，考虑在图 14.5 中的两个图 Γ_1 和 Γ_2。向量 x 和 y 分别编码了图 Γ_1 和 Γ_2 的邻接矩阵。x, y 如下所示：

$$x = (011\ \ 100\ \ 100)$$
$$y = (010\ \ 101\ \ 010)$$

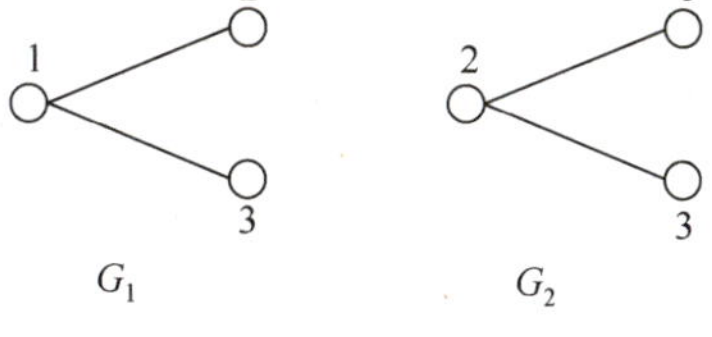

图 14.5 两个同构的图

置换 σ_{row} 和 σ_{col} 分别交换标记为 x 的矩阵的第 1 行和第 2 行以及第 1 列和第 2 列，如下所示。它们的组合对应于交换图 Γ_1 中的节点 1 和节点 2。

$$\sigma_{row} = (1\ 4)(2\ 5)(3\ 6)$$
$$\sigma_{col} = (1\ 2)(4\ 5)(7\ 8)$$
$$\sigma = \sigma_{row} \circ \sigma_{col}$$

需要注意 $y = \sigma(x)$ 和对应于置换(1 2)的双射均是图 Γ_1 和 Γ_2 之间的同构。

14.4.2 轨道关系和 OBDD

典型的电路是由大量组件构成的，可以根据系统的层次结构来对电路的状态位进行分组。有两种对称群广泛出现在电路设计中：

- 旋转群，当等价的组件循环有序且可以被旋转任意多次时出现。例如，用来解决分布互斥问题的令牌环协议中就存在旋转群。如果作用在集合 $\{1,2,\cdots,n\}$ 上的群是由环 $(1\ 2\ \cdots\ n)$ 生成的，则它的置换是一个旋转群。
- 全对称群，当等价组件是无序的且可以任意交换时出现。例如，各组件通过一个公共总线（如多处理器系统）通信的系统，或者使用广播通信的系统。

我们只给出证明旋转群轨道关系的 OBDD 复杂度的最小值方法。证明全对称群的方法与之类似，可以在文献[58]中查找。

为了简单起见，考虑一个由相同的 N 个组件组成的系统，例如一个具有 N 个相同组件的环或者总线。组件 i 由 k 个状态变量 $x_{i,1},\cdots,x_{i,k}$ 构成的向量 $\vec{x}_i$ 来表示。我们将这种向量看作一个块。系统的状态由 $\langle \vec{x}_1,\cdots,\vec{x}_N \rangle$ 表示。作用在 $\{1,\cdots,N\}$ 组件上的置换 σ，引起了状态变量上的置换，因此也引起了状态集合 $\sigma(\langle \vec{x}_1,\cdots,\vec{x}_N \rangle) = \langle \vec{x}_{\sigma(1)},\cdots,\vec{x}_{\sigma(N)} \rangle$ 上的置换。

群 G 的轨道关系 Θ 的 OBDD 涵盖了变量 $\vec{x}_1,\cdots,\vec{x}_N$，$\vec{x}'_1,\cdots,\vec{x}'_N$，定义如下：

$$\Theta(\vec{x}_1,\cdots,\vec{x}_N,\vec{x'}_1,\cdots,\vec{x'}_N) = 1$$

当且仅当

$$\exists\sigma \in G : \sigma(\langle \vec{x}_1,\cdots,\vec{x}_N \rangle) = \langle \vec{x'}_1,\cdots,\vec{x'}_N \rangle$$

OBDD Θ 的规模定义为 $|\Theta|$。

引理 41 令 $f(x_1,\cdots,x_n,\ x'_1,\cdots,x'_n)$ 表示下面的布尔函数：

$$\bigwedge_{i=1}^{n}(x_i = x'_i)$$

令 F 是 f 的 OBDD，而且所有的非素序数变量在所有素序数变量排序之前排序。这种情况下 $|F| \geqslant 2^n$。

证明 考虑两个不同的布尔向量的赋值 $(b_1,\cdots,b_n)$ 和 $(c_1,\cdots,c_n)$。由于下面的不等式可知，这两个赋值是有区别的：

$$f(b_1,\cdots,b_n,b_1,\cdots,b_n) \neq f(c_1,\cdots,c_n,b_1,\cdots,b_n)$$

令 v_1 和 v_2 是从顶层节点分别通过路径$(b_1,\cdots, b_n)$和$(c_1,\cdots, c_n)$到达的节点。因为这两个赋值可以区分，所以有 $v_1 \neq v_2$。对于布尔向量$(x_1,\cdots, x_n)$而言，一共有 2^n 个不同的赋值，而且每一个赋值对应于 OBDD F 中(第 n 层)的不同节点。因此，在 OBDD F 中，第 n 层的节点个数$\geq 2^n$。

定理 30 令一个系统的状态由 N 个等价的组件组成，每一个组件有 k 个状态变量。对于一个作用在集合$\{1,\cdots,N\}$上的旋转群 G 而言，表示它的轨道关系 Θ 的 OBDD 的复杂度下界为

$$|\Theta| > 2^K，其中 K = \min(\sqrt{N}, 2^{k-1})$$

证明 令 Θ 是轨道关系的 OBDD。在下面的证明过程中，我们研究每一个块的第一个变量。从 OBDD Θ 的顶层开始，一直向下直至找到 K 个变量 $x_{i,1}$，或者 K 个变量 $x'_{i,1}$，并在这个层次切断 OBDD Θ。为了不失一般性，假设已经有了 K 个非素序数变量 $x'_{j,1}$，并在切断以前它们的序数是 $I = \{i_1,\cdots,i_K\}$。令 J 是切断前所有形如 $x'_{j,1}$ 的素序数变量的序数集合。集合 J 的元素一定少于 K 个。

设集合 T 的定义如下:

$$T = \{\sigma \in G \mid \sigma(I) \cap J \neq \emptyset\}$$

对于每一个置换 $\sigma \in T$ 而言，存在 $i \in I$ 和 $j \in J$ 使得置换 σ 交换第 i 块到第 j 块。σ 是一个旋转，即它将 i 映射到 j。选择 $i \in I$ 和 $j \in J$ 的方法将少于 K^2 次。它由 K 的定义 $K^2 \leq N$ 决定，因此$|T| < N$ 和 $G - T$ 是非空的。

任意旋转 $r \in G - T$ 都有性质 $r(I) \cap J = \emptyset$。换句话说，每一个这种旋转把一个在切断之前出现的非素序数变量映射成一个切断之后出现的素序数变量 $x'_{j,1}$。

我们的目标是通过引理 41 分析 OBDD Θ 的规模的边界。再来构建一个同 OBDD Θ 相似的 OBDD Θ'，此 OBDD 将具有这样一个性质：所有的非素序数变量都出现在素序数变量之前。

可以选择一个旋转 $r \in G - T$，初始化变量 $\langle x_{i_j,2},\cdots,x_{i_j,k} \rangle$ 和 $\langle x'_{i_j+r,2},\cdots, x'_{i_j+r,k} \rangle$，其中 $i_j \in I$ 是 j 的二进制编码(因为 $1 \leq j \leq K$，需要 $K \leq 2^{k-1}$)，变量 $x_{i,j}$ 和 $x'_{i+r,j}$ 用 0 来初始化($i \notin I$)。

得到的 OBDD Θ'有自变量 $x_{i,1}$，$x'_{i+r,1}$ ($i \in I$)，其中所有的非素序数变量都在切断之前，所有的素序数变量都在切断之后，而且这个 OBDD 与 Θ 相似。选择实例时我们所采用的方法是对于所有的旋转 r，素序数和非素序数变量都必须相等。因此 Θ'是下面布尔公式的 OBDD：

$$\bigwedge_{i \in I}(x_{i,1} = x'_{i+r,1})$$

因为变量 $x_{i,1}$ 在变量 $x'_{i+r,1}$ 排序之前排序，所以它符合引理 41。由上述内容可知 OBDD Θ' 的规模大于 2^K，而且 OBDD Θ 同 OBDD Θ'相似，所以得到了需要的结果。

由定义在组件上的全对称群或者旋转群产生的轨道关系的 OBDD，与组件的个数以及组件包含的状态数呈指数关系。因此符号模型检测中使用轨道关系来描述系统，仅仅适用于组件较少或者每个组件只有较少状态的情况。一个避免计算轨道关系的方法可以在文献[64]中找

到：给定一个 Kripke 结构 $M = (S, R, L)$和代表 $Rep \subseteq S$ 的元素集合，其方法是构建状态集合为 Rep 的模型 M_{Rep}，集合 Rep 可以从一个轨道得到多个状态。这种方法也不需要使用 OBDD 来表示轨道关系。

14.5 实验结果

为了测试这个方法，我们考虑高速缓存一致性协议，这个协议的对象是基于 Futurebus+ IEEE 标准的单总线多处理器系统[147]。对于此协议的介绍可以参考 8.2 节。这个系统的处理器和全局存储器的通信通过总线实现。每一个处理器包含一个局部高速缓存，这个缓存有固定个数的缓存行(参见图 14.6)。

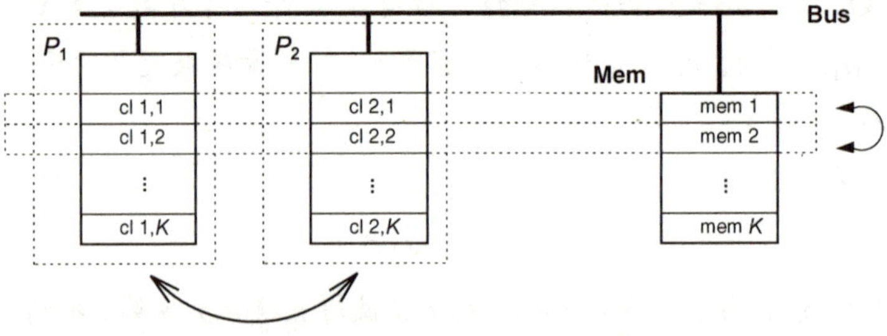

图 14.6 系统结构

在每一个总线周期中，总线仲裁器选择一个处理器作为拥有者使用总线。其他的处理器和存储器响应总线命令来改变局部上下文。组件对总线的响应描述在协议标准中，它强迫不同处理器的缓存行一致，即处理器读取的值都是有效的，而且没有一个写入的数据会丢失。对于检测工作而言，协议需要被形式化建模。而且缓存一致以及其他重要的系统性质都需要用时序逻辑来表示。

处理器、总线以及存储器的行为可以用有限状态机来描述。进程 P_i 的状态是处理器高速缓存行状态和总线接口状态的组合。目标总线是通过总线上的命令、活动的高速缓存行的地址和其他的总线控制信号(例如，总线监听和仲裁信号)表示的。

在系统中，有两个明显的对称。首先，进程是对称的，这是指我们可以交换系统中任意两个进程的上下文。其次，缓存行是对称的，即在所有的处理器和存储器中的任意两个缓存行都可以交换。为了保持一致性，同时应用上面提到的对称性，系统中所有的缓存行以及处理器地址都必须被重命名。所有的对称都在图 14.6 中通过箭头表示。

完整系统是由所有组件同步组合而成的，它被表示成 Kripke 结构 $M = (S, R, L)$。因为域可以使用二进制来编码，所以一个状态表示一个二进制的向量，变迁关系 R 用 OBDD 表示。

当我们只考虑处理器对称时，处理器 1 是主处理器(master)，其状态代表状态集合。当只使用高速缓存对称时，选择激活缓存行 1 的状态来代表状态集合。当使用所有的对称时，选择以上两种代表状态的集合的并集。

思考下面的系统性质，每一个性质都可以表示为命题公式：

性质 p 对于所有的缓存行而言，如果某一个处理器在 *exclusive-modified* 状态，则所有其他的处理器在 *invalid* 状态。

性质 q 对于所有的缓存行而言，如果存储器有合法的数据，则每一个处理器都在 *shared-unmodified* 状态，或者在 *invalid* 状态，或者某一个处理器在 *exclusive-unmodified* 状态。

性质 m 内存的所有缓存行都无效。

性质 c 总线上的命令或者是 *read-modified* 的，或者是 *invalidate* 的。

协议中的其他重要性质还包括：

- **AG** p 和 **AG** q——性质 p 和 q 总是满足的。
- **AG**(m →**A**[m **U** c])——如果存储器具有有效数据，则它一直保持有效性直到发射(issue)一个合适的命令。
- **AG**(**EF** m)——从所有的可达状态，可以到达一个状态，在这个状态上存储器具有对全部高速缓存行有效的数据。

在文献[64]中，基于 OBDD 技术，采用对称性约简方式，检测了缓存一致性协议是否满足以上性质。对于某些情况，OBDD 的规模甚至可以减少 15 个数量级。

第 15 章　有限状态系统的无限簇

簇在硬件和软件反应系统的设计中经常出现，针对有限状态系统的所有簇的自动推理是非常重要的。通常，电路和协议设计都具有参数化的特征，对应了一种具有无限簇的系统，例如，整数乘法器电路以整数 n 的宽度作为参数；总线设计会把处理器和缓存的数量参数化；在设计令牌环算法时，处理器的数量亦参数化。

同仅验证单个有限状态系统的绝大多数模型检测研究不同，本章将介绍参数化设计的验证方法，把设计看成有限系统的无限簇，不再对状态集加以限制，从而缓解了状态爆炸问题。其形式化描述如下：

给定一个系统的无限簇 $\mathcal{F}=\{M_i\}_{i=1}^{\infty}$ 以及一个时序公式 f，验证所有 $\mathcal{F}$ 中的系统是否满足 f，即 $\forall i[M_i \models f]$。

通常，这个问题是不可判定的[12,16,237]，我们在 15.5 节给出这个结论的形式化证明。证明过程是相当有技巧的，但对于阅读本章的其他部分，并不需要理解这个证明的细节。

15.1　无限簇上的时序逻辑

传统的时序逻辑刻画的是单个 Kripke 结构，我们将对其进行扩展，使之能够刻画 Kripke 结构组成的无限簇的性质，下面将介绍两种具有这种能力的时序逻辑。

在 Browne，Clarke 和 Crumberg 撰写的文献[33]中，引入了称为索引 CTL*的时序逻辑，简记为 ICTL*。ICTL*中的命题用自然数索引，从直觉上来看，如果一个命题的索引为 i，那么它应用于第 i 个进程组件。令 f 为任意 CTL*公式。公式 f 中的所有命题以 i 为索引，这样 f 可以表示为 $f(i)$。具有索引信息的ICTL*逻辑允许的类型如下：$\wedge_i f(i)$（在所有组件中 f 为真）；$\vee_i f(i)$（在某个组件中公式 f 为真）；$\wedge_{j\neq i} f(j)$（除了第 i 个，其他组件满足 f）或者 $\vee_{j\neq i} f(j)$（除了第 i 个组件，某个组件满足 f）。例如一个令牌环的无限簇为 $\mathcal{F}=\{Q \parallel P^i\}_{i=1}^{\infty}$，用 ICTL*公式表达 $\mathcal{F}$ 簇的互斥性质如下：

$$\bigwedge_i \mathbf{AG}(c_i \Rightarrow \wedge_{i\neq j} \neg c_j)$$

文献[68]提出了另一种能够刻画无限簇的 CTL*扩展，建议用正则表达式代替原子命题。再来分析簇 $\mathcal{F}=\{Q \parallel P^i\}_{i=1}^{\infty}$ 并令 $S=\{n,t,c\}$，$\mathcal{F}$ 的 Kripke 结构中的状态是不定长度的向量，向量由 S 中的元素组成。也就是说，$\mathcal{F}$ 中 Kripke 结构的状态是字母表 S 上的串，因而属于 $S^\star$。用正则表达式 $\{n,t\}^\star c\{n,t\}^\star$ 可以表示 $\mathcal{F}$ 中结构上某状态的互斥性质。正则表达式的优势在于使用了 S 上任意长度的向量，并且反映了无限簇 $\mathcal{F}$ 中 Kripke 结构的状态的特点。所以下面的公式描述了上述簇中的互斥性质：

$$\mathbf{AG}(\{n,t\}^{\star}c\{n,t\}^{\star})$$

15.2　不变量

大部分验证有限状态结构簇的技术依赖于找出一个不变量。不变量可以形式化地定义如下：给定一个簇 $\mathcal{F}=\{M_1,M_2,\cdots\}$ 和结构上的自反、传递关系 $\geqslant$，不变量 $\mathcal{I}$ 为一个结构，对于 $\mathcal{F}$ 中的所有 M 结构都满足 $\mathcal{I}\geqslant M$。

关系 $\geqslant$ 决定了所检测的时序公式类型。应用最广的关系 $\geqslant$ 包括：保持 CTL*和 ACTL*逻辑的互模拟等价（$M\equiv\mathcal{I}$），模拟拟序（$M\preceq\mathcal{I}$），保持 LTL 逻辑的语言等价（$M\cong\mathcal{I}$），以及语言包含（$M\subseteq\mathcal{I}$）。互模拟等价和语言等价具有强保持性质，即对于所有的 $\mathcal{F}$ 中的 M 有

$$\mathcal{I}\models f\Longrightarrow M\models f$$

$$\mathcal{I}\not\models f\Longrightarrow M\not\models f$$

另一方面，模拟拟序和语言是符合弱保持性的，即对于 $\mathcal{F}$ 中的所有 M 有

$$\mathcal{I}\models f\Longrightarrow M\models f$$

在弱保持时，如果 $\mathcal{I}\not\models f$，那么无法对簇中 f 是否为真下结论，这时要找出一个新的不变量。检测 $\mathcal{I}$ 中的 f 是否为真时产生的反例对寻找新的不变量很有帮助。

在 Browne，Clarke 及 Grumberg 的文章[33]中讨论了一个令牌环簇。文章中表明一个长度为 $n(n\geqslant 2)$ 的环互模拟于一个长度为 2 的环。这种情况下，大小为 2 的令牌环就是一个不变量 $\mathcal{I}$。令 f 为任意一个 CTL* 公式，根据定理 14，有 $\mathcal{I}\models f$ 当且仅当在整个令牌环中 f 为真。但麻烦的是互模拟结构必须手工去构造，而且由于互模拟等价 $\equiv$ 比模拟拟序 $\preceq$ 更严格，于是很难得出 $\equiv$ 的不变量。关于有限状态结构簇的其他推理方法在文献[109, 110, 123]也有所提及。

McMillan 和 Kurshan[165]以及 Wolper 和 Lovinfosse[250]提出了一条不变量规则，并把它作为建立不变量的系统方法。先假设 $\mathcal{F}$ 簇中的每个成员 M_i 都是若干基本结构组合，并假设组合算子 $\|$ 在关系 $\geqslant$ 下是单调的，也就是对于所有的结构 P_1, P_1', P_2, P_2'，如果 $P_1\geqslant P_1'$ 并且 $P_2\geqslant P_2'$，那么 $P_1\|P_2\geqslant P_1'\|P_2'$。

对于簇 $\mathcal{F}=\{P^i\}_{i=1}^{\infty}$，其最简形式的不变量规则是可以求得的，下面的引理阐述了这种最简不变量规则并证明其正确性。

引理 42　假设 $\geqslant$ 是自反和传递的关系，$\|$ 关于 $\geqslant$ 是单调的。如果 $\mathcal{I}\geqslant P$ 并且 $\mathcal{I}\geqslant\mathcal{I}\|P$，那么对于所有 $i\geqslant 1$，有 $\mathcal{I}\geqslant P^i$。

证明　通过对 i 的归纳来证明。很明显，对于 $i=1$ 结论正确。令 $i\geqslant 2$，假设 $i-1$ 时结论也正确，下面第一个式子是归纳假设，通过第一个式子与 P 的组合（组合对 $\geqslant$ 是单调的），可以得到第二个式子：

$$\mathcal{I} \geqslant P^{i-1}$$

$$\mathcal{I} \| P \geqslant P^{i}$$

由于$\mathcal{I} \geqslant \mathcal{I} \| P$以及关系$\geqslant$的传递性，可以得到$\mathcal{I} \geqslant P^{i}$。

这个规则可扩展到簇 $\{Q \| P^{i}\}_{i=1}^{\infty}$，其中$Q$和$P$为任意结构。如果$\mathcal{I}'$满足上面的条件，那么$\mathcal{I} = Q \| \mathcal{I}'$对于这个簇是一个不变量。如果允许对进程进行其他运算(如重命名和隐藏)并且它们在关系$\geqslant$上是单调的，这个规则仍然有效。

有时很难甚至不可能发现不变量$\mathcal{I}$满足$\mathcal{I} \geqslant P^{i}$。但是如果考虑到所有$P^{i}$的运行环境(比如上个例子中的$Q$)，那么这种不变量确实存在。使用此方法验证第 14 章的令牌环例子，图 15.1 再次给出这个例子的 P 和 Q 进程。除了Q的初始状态为t、P的初始状态为n，这两个进程一样。图 15.2 给出了Q和 P 组合得到的相应结构$Q \| P$。组合算子$\|$的定义与第 12 章中的一样，并且在模拟拟序下保持单调变化。

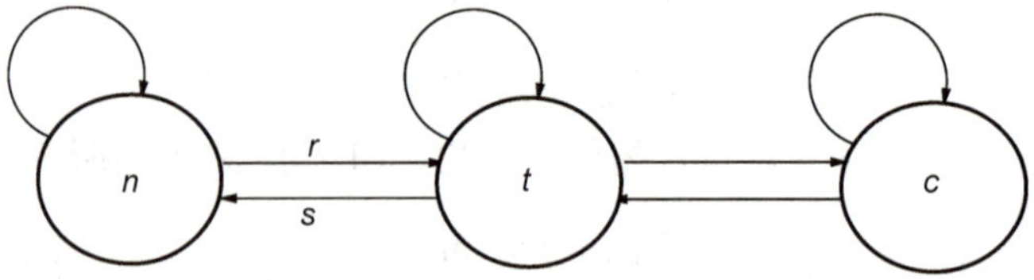

图 15.1 单进程的 Kripke 结构

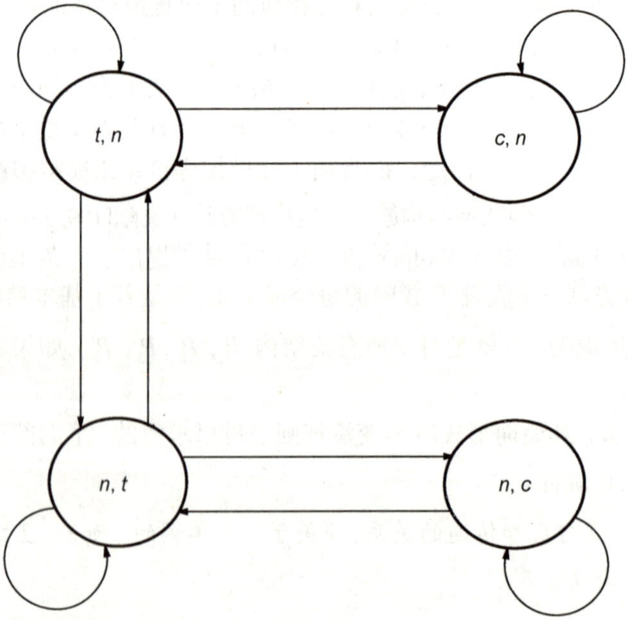

图 15.2 $Q \| P$的 Kripke 结构

对于簇$\mathcal{F} = \{Q \| P^{i}\}_{i=1}^{\infty}$，$Q \| P$是模拟拟序($\succeq$)下的一个不变量。为了证明这一点，只需要

证明 $Q \| P \succeq Q \| P \| P$。由于 $\|$ 关于 $\succeq$ 单调以及 $\succeq$ 的传输性，就可以得出结论：对于每个 i，有 $Q \| P \succeq Q \| P^i$。

图 15.3 给出了 $Q \| P \| P$ 的 Kripke 结构，模拟关系将 $Q \| P \| P$ 的初始状态 (t,n,n) 与 $Q \| P$ 的 (t,n) 关联在一起，也将 (c,n,n) 与 (c,n) 关联起来。状态 (n,t,n) 和 (n,n,t) 与 (n,t) 关联，状态 (n,c,n) 和 (n,n,c) 与 (n,c) 关联。此关系显然是模拟拟序的。

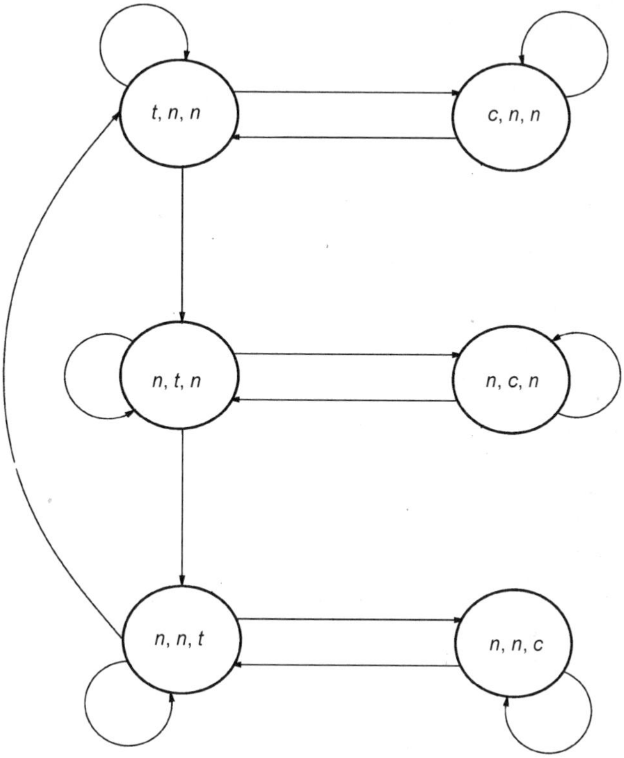

图 15.3　$Q \| P \| P$ 的 Kripke 结构

在文献[165]和[250]中，不变量规则的扩展被应用在拟序的特定模型计算的上下文中。

15.3　再次分析 Futurebus+

本节将归纳原理应用于具有代表性的例子——8.2 节提到的 Futurebus+高速缓存一致性协议和 14.5 节的单总线实例，分析步骤可以反映出上述方法的用法。用 Kripke 结构的无限簇 $\mathcal{F} = \{P^1, P^2, \cdots\}$ 描述此总线，P^i 表示总线上可能具有的 i 个进程，每个进程结构 P 由 SMV 程序给出。图 15.4 给出的程序部分描述了进程 P 的 *next* 命令。将状态值 *invalid* 简写为 I，EM 代表 *exclusive-modified*，EU 代表 *exclusive-unmodified*，SU 代表 *shared-unmodified*。每个处理器都包含变量 `master`，当处理器拥有对总线的写权限时，`master` 为真。在任何时候恰巧有一个处理器将 `master` 变量设置为 1。

```
ASSIGN
init(cmd) := idle;
next(cmd) :=
 case
  state = I & !master : {read_shared, read_modified, idle};
  state = EM & !master : {copy_back, idle};
  state = EU & !master : {copy_back, idle};
  state = SU & !master : {invalidate, copy_back, idle};
  master : cmd;
  1 : idle;
 esac;
```

图 15.4 进程 P 的命令部分

进程 P 作为不变量的第一个近似，根据归纳原理，P 要成为不变量应该满足：

$$P \succeq P \| P$$

也就是说，P 应该模仿 $P \| P$ 的行为。可惜这一点并不成立。比如，当 $P \| P$ 处在 *exclusive-modified* 和 *invalid* 状态时，可以发出 *copy-back* 和 *read-shared* 命令，但 P 中没有一个状态可以发出这两种命令。为了解决这个问题，假设 P'为新的修正后的不变量。P 和 P'的主要区别在于它们发出下一个命令的方式。图 15.5 给出了调整过后 P'的程序代码片段。

```
ASSIGN
init(cmd) := idle;
next(cmd) :=
 case
  state = I & !master :
   {copyback, read_shared, read_modified, idle};
  state = EM & !master :
   {copy_back, read_modified, read_shared, idle};
  state = EU & !master :
   {copy_back, read_modified, read_shared, idle};
  state = SU & !master :
   {invalidate, copy_back, idle};
  master : cmd;
  1 : idle;
 esac;
```

图 15.5 不变量 P'的命令部分

为了证明 P'是一个不变量，必须检测如下的条件：

$$P' \succeq P$$

$$P' \succeq P' \| P$$

由于 P' 来源于增加了更多变迁的 P，因而第一个条件成立。为了证明第二个条件成立，首先构建一个 P' 与 $P' \| P$ 之间可达状态的映射关系，再来证明这种映射是模拟关系。P' 中的一个状态 s' 对应于 $P' \| P$ 中的一个状态(s_1, s_2)，当且仅当下列条件成立。

1. 缓存状态匹配，也就是：

(a) 如果 s' 处在 *invalid* 状态，那么 s_1 和 s_2 处在 *invalid* 状态。

(b) 如果 s' 处在 *shared-unmodified* 状态，那么至少 s_1 或者 s_2 处在 *shared-unmodified* 状态，另一个处在 *invalid* 或者 *shared-unmodified* 状态。

(c) 如果 s' 处在 *exclusive-modified* 状态，那么 (s_1, s_2) 中恰巧一个状态处在 *exclusive-modified* 状态，另一个处在 *invalid* 状态。

(d) 如果 s' 处在 *exclusive-unmodified* 状态，那么 (s_1, s_2) 中恰巧一个状态处在 *exclusive-unmodified* 状态，而另一个处在 *invalid* 状态。

2. s 的 `master` 位设为 1，当且仅当 s_1 或者 s_2 的 `master` 位设置为 1。
3. 在状态 s 中 `cmd` 的值与 `master` 变量值为 1 的其他状态中 `cmd` 的值一致。因而，如果 s_1 中 `master=1`，那么 s_1 中 `cmd` 的值应该匹配 s 中 `cmd` 的值；类似地，如果 s_2 中 `master=1`，那么 s_2 中 `cmd` 的值应该匹配 s 中 `cmd` 的值。

检测相互对应的初始状态以及状态 s 和 (s_1, s_2) 是否对应的方法都很直接，即每个 (s_1, s_2) 的变迁也对应于 s 的变迁。

下面检测一个状态对是否满足上述方法，假设 s 处在 *exclusive-modified* 状态，s_1 处在 *exclusive-modified* 状态，s_2 处在 *invalid* 状态。这样 $s_1 \in P'$ 可以发出 `copy-back`，`read-modified` 或者 `read-shared` 命令，$s_2 \in P$ 可以发出 `read-shared` 或者 `read-modified` 命令。考虑 (s_1, s_2) 的变迁，研究从状态 s 起始的对应的变迁。

- 令状态 s_2 中 `master=1` 以及 `cmd=read-shared`。回忆可知，通过发出一个 `read-shared` 命令，处理器得到缓存行的一份可读副本，此情况发生在第二个处理器发出 `read-shared` 命令时。令 (s_1', s_2') 为 $P' \| P$ 的次态，在 s_2' 中，缓存的状态为 *shared-unmodified*，在 s_1' 中状态为 *shared-unmodified* 或者 *invalid*。因为状态 s 和状态 (s_1, s_2) 对应，状态 s 中的 `cmd` 也是 `read-shared`。令 s' 为 P' 中状态的后继，这样在 s' 中缓存的状态为 *shared-unmodified*。因而，状态 s' 和状态 (s_1', s_2') 对应。
- 令状态 s_2 中 `master = 1` 以及 `cmd = read-modified`。回忆一下，通过发出一个 `read-modified` 命令，处理器得到缓存行的一份独占的副本。令 (s_1', s_2') 为 $P' \| P$ 的后继状态。在 s_1' 中，缓存的状态为 *invalid*，在 s_2' 中状态为 *exclusive-modified* 或者 *exclusive-unmodified*。在不变量进程 P' 中是有可能发出一条 `read-modified` 命令然后变迁至 *exclusive-modified* 或者 *exclusive-unmodified* 状态的。因而状态 s 和状态 (s_1', s_2') 对应。
- 当处于状态 s_1 有 `master=1` 并发出 `copy-back`，`read-shared` 或者 `read-modified` 命令时，情况与前面的情况相似。

15.4 图和网络文法

一个研究 Kripke 结构的簇的重要问题是：如何生成无限簇？大多数研究者考虑标准的拓扑形式，比如环形的或星形的。这里再介绍一种基于图文法的形式化方法，它可以生成许多有趣的拓扑形式。

下面考虑文献[246]中提到的问题，一个定义在Σ(节点字母表)和Δ上的图是三元组(N,ϕ,ψ)，这里N是一个有限非空的节点集合，$\phi:N\to\Sigma$是节点标记函数，$\psi\subseteq N\times\Delta\times N$是边标记方程。令$\mathcal{G}=\{D\mid D\text{是}\Sigma\text{和}\Delta\text{上的图}\}$，一个Σ和Δ上的图语言$\mathcal{D}$是$\mathcal{G}$的子集。一个上下文无关图文法(CFGG)是一个五元组$G=(\Sigma_n,\Sigma_t,\Delta,\mathcal{S},\mathcal{R})$，这里非终结节点字母表$(\Sigma_n)$、终结节点字母表$(\Sigma_t)$和边字母表(Δ)都是有限非空不相交的集合，$\mathcal{S}\in\Sigma_n$为开始标记，$\mathcal{R}$为产生式的有限非空集合。每个$\mathcal{R}$中的元素是个四元组$r=(A,D,I,O)$，这里：

1. $A\in\Sigma_n$。
2. $D=(N,\phi,\psi)$是一个$\Sigma=\Sigma_n\cup\Sigma_t$和Δ上的连通图，集合Δ和Σ是完整的节点字母表。
3. $I\in N$为输入节点。
4. $O\in N$为输出节点。

给定一个标记好节点的图，对其使用文法规则可生成一个新的图。新图生成过程从只有单一初始节点的图$\mathcal{S}$开始，此图中的初始节点都会标记上开始符号。诱导过程中，标记为A的节点由诱导规则(A,D,I,O)产生的图D代替。被替换节点的入边将作为图D输入节点I的入边；同理，此节点的出边将作为输出节点O的出边。

例 考虑文法$G=(\Sigma_n,\Sigma_t,\Delta,\mathcal{S},R)$，$\Sigma_n=\{\mathcal{S},A\}$，$\Sigma_t=\{P,Q\}$以及$\Delta=\{\mathrm{a}\}$。规则由图15.6给出。文法能生成所有形如$QP^i$的环。输入节点由箭头指出，输出节点由双圈指出。大小为3的环的推导如图15.7所示。考虑第二步，由于标记P的节点是输入节点，所以将存在从Q开始到P的边。类似地，标记A的节点有一个出边至Q，因为它是输出节点。

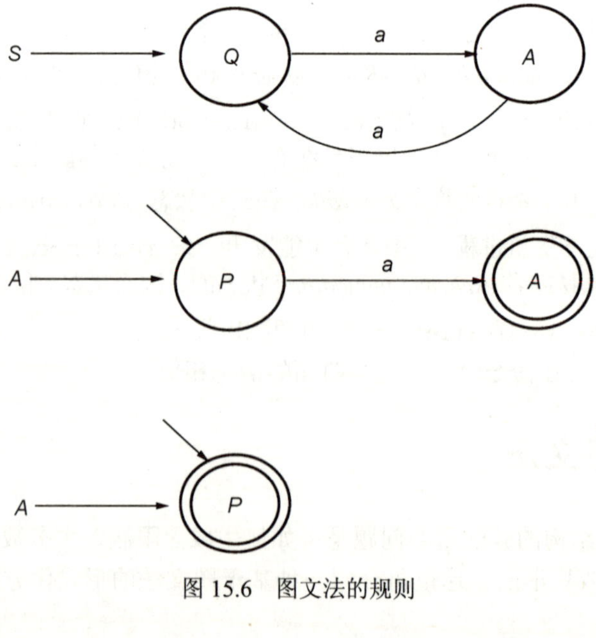

图15.6 图文法的规则

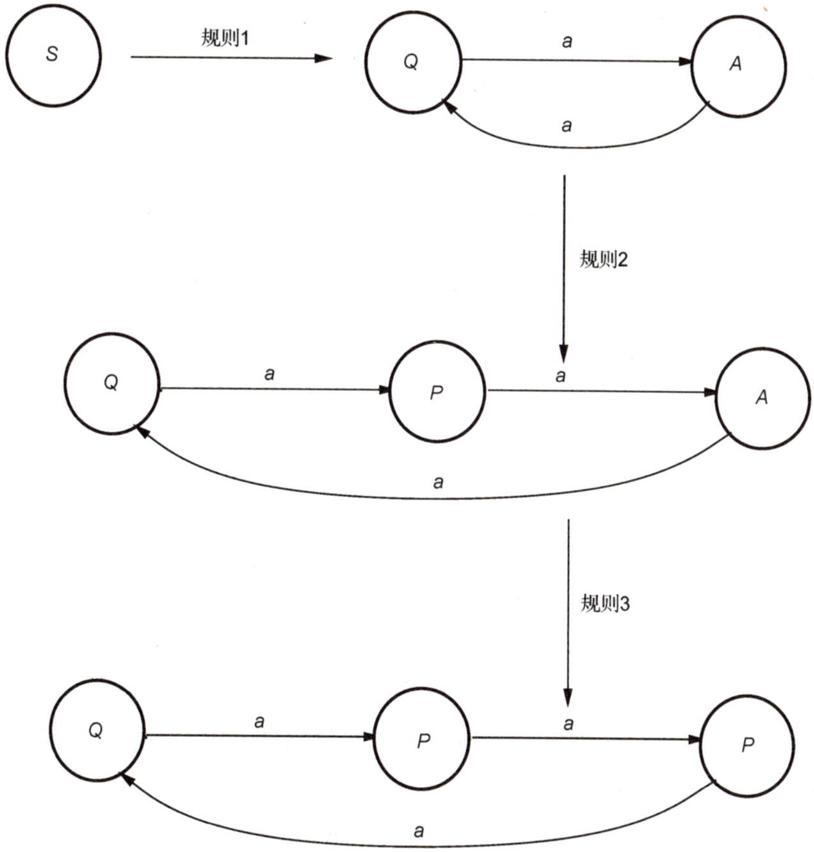

图 15.7　规模为 3 的环的推导

网络文法除了基于 Kripke 结构生成节点，它与图文法是相似的。生成图的语义模型是 Kripke 结构，这个结构通过组合所有结构中的节点而得出。例如，对于图 15.6 中给出的例子，如果把 P 和 Q 解释为图 14.1 的进程，将边解释为组合算子，就能生成令牌环的无限簇 $\mathcal{F}=\{Q\,\|\,P^i\}_{i=1}^{\infty}$。网络文法已经用于网络拓扑结构[68, 187, 229]上的推导。

在文献[68, 187, 229]中，簇 $\mathcal{F}$ 由网络文法定义。文法规则归纳定义了簇中的合法配置，在这里配置以通信图的形式给出，这个通信图将基本进程(Kripke 结构)赋值给图节点。依靠网络文法的规则，可以用图拓扑结构上的推导来确定整个簇的不变量。通过例子来解释此方法，图 15.8 中的网络文法 G 生成深度大于 2 的二叉树无限簇，符号 `root`，`inter`，`leaf` 为终结进程。基于这个文法的奇偶检测系统在后面的章节进行讨论。

为了简单起见，在本章的剩余部分将使用网络文法的线性表示法。例如图 15.8 中 SUB 的第二个规则将写成

$$\text{SUB} \longrightarrow \texttt{inter}\|\texttt{leaf}\|\texttt{leaf}$$

为了验证用网络文法推导的 Kripke 结构的簇，首先扩展 15.2 节中提到的不变量规则。给

网络文法的每个非终结符关联一个不变量，这个不变量大于任何从非终结符推导来的 Kripke 结构。同以前一样，‖ 关于≥是单调的。

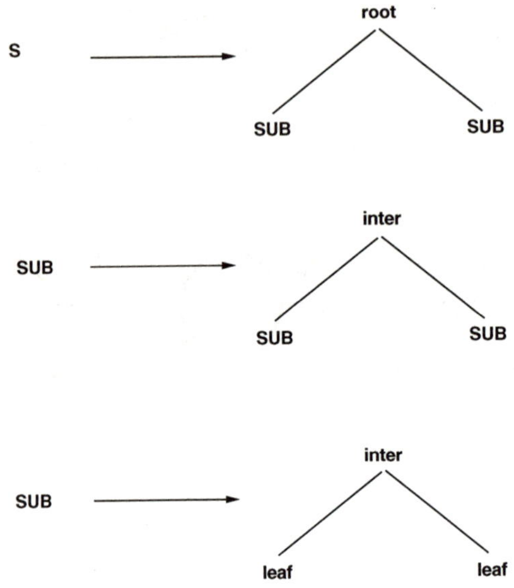

图 15.8 二叉树的网络文法 G

为了阐明上述思路，令 *inv*(SUB) 是一个与二叉树网络文法中的非终结符 SUB 相关联的不变量。这个不变量必须满足下列单调性条件：

$$inv(\mathrm{SUB}) \geqslant \mathtt{inter} \| inv(\mathrm{SUB}) \| inv(\mathrm{SUB}) \tag{15.1}$$

$$inv(\mathrm{SUB}) \geqslant \mathtt{inter} \| \mathtt{leaf} \| \mathtt{leaf} \tag{15.2}$$

这两个等式对应于文法的最后两条规则。先来证明在关系≥中 *inv*(SUB) 大于从非终结符 SUB 推导得来的任何一个进程。后续证明过程将采用基于步数的归纳，即使用符号 $\mathrm{SUB} \overset{k}{\Rightarrow} w$ 作为 SUB 的第 k 步推导。根据前面给出的式(15.2)，对于 $k = 1$ 结果为真。假设经过 $k > 1$ 步 SUB 推导出 w，进程 w 形如：

$$w = \mathtt{inter} \| w_1 \| w_2$$

进程 w_1 和 w_2 经过小于 k 的推导而得到，因而由归纳假设得到下列等式：

$$inv(\mathrm{SUB}) \geqslant w_1$$
$$inv(\mathrm{SUB}) \geqslant w_2$$
$$\mathtt{inter} \| inv(\mathrm{SUB}) \| inv(\mathrm{SUB}) \geqslant \mathtt{inter} \| w_1 \| w_2$$

将组合算子关于≥的单调性特征应用于前两个等式，可以获得第三个等式。使用式(15.1)和上面的等式，可得到 $inv(\mathrm{SUB}) \geqslant w$。因而对于由文法生成的无限簇，下面给出的进程 $\mathcal{I}$ 是一个不变量(对于偏序关系≥)。

$$\mathcal{I} = \mathtt{root} \| inv(\mathrm{SUB}) \| inv(\mathrm{SUB})$$

在 Shtadler 和 Grumberg 的文章[229]中，由非终结符 SUB 生成的一个特定进程作为不变量，要求此不变量等价于其他所有从 SUB 生成的 Kripke 结构。在文献[68]中，为了构造一个不变量，使用了基于性质规约的抽象。下面我们描述文献[68]中给出的生成不变量的方法。

假设二叉树的每个叶节点有一个值，下面分析这种二叉树簇，以验证计算叶节点值奇偶性的算法。这个算法来自文献[242]，其按如下方式工作：二叉树通过波来进行计算，根进程给它的子进程发出 *readydown* 信号来初始化一个波，每个得到信号的内部节点发送信号给它的子进程。当信号 *readydown* 到达一个叶进程的时候，它将 *readyup* 信号和它的 *value* 值发送给父进程。若节点收到其两个子进程的 *readyup* 和 *value* 值，则此节点发送 *readyup* 信号到其父进程的同时，将得到的两个 *value* 值进行 ⊕ 运算，并将最终结果发送给它的父进程。当 *readyup* 到达根节点时，这一波的计算过程停止，根节点开始初始化下一个波。图 15.9 是由文法 *G* 产生的网络结构的示意图。例如内部节点的输入 *readyup_l* 和 *value_l* 由其左子进程的输出 *readyup* 和 *value* 值决定。

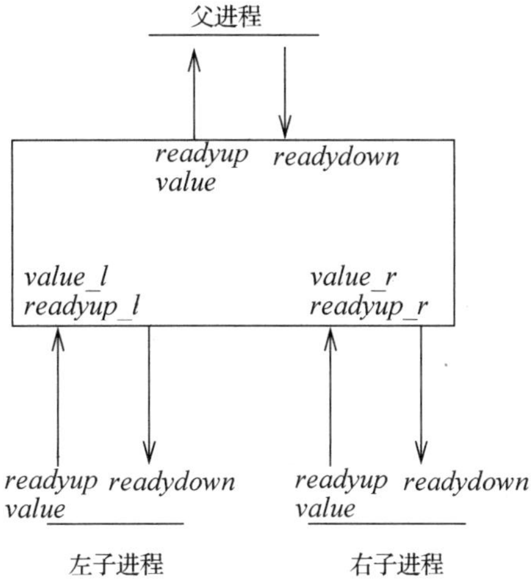

图 15.9　树的内部节点

接下来，我们详细说明各种进程和信号。首先描述进程 inter。inter 对应于树的内部节点，它的各种信号由图 15.10 中的表给出，状态变量就是保存输入变量值的内部变量。输入、输出变量提供了与环境的接口。下面的等式对于状态变量是不变的：

$$root\_or\_leaf = 0$$

$$readyup = readyup\_l \wedge readyup\_r$$

注意 $root\_or\_leaf = 0$，因为这是一个内部变量。输出变量在每个作为对应的状态变量中有相同的值，例如输出变量 *readydown* 与状态变量 *readydown* 有相同的值。下面给出的等式说明了输入变量如何影响状态变量。在如下的变量中，左边的变量为次态变量，右边的变量为输入变量。

状态变量	输出变量	输入变量
root_or_leaf	*readydown*	*readydown*
readydown	*readyup*	*readyup_l*
readyup_l	*value*	*readyup_r*
readyup_r		*value_l*
value		*value_r*
readyup		

图 15.10　进程 inter 的信号

$$readydown' = readydown$$
$$readyup\_l' = readyup\_l$$
$$readyup\_r' = readyup\_r$$
$$value' = (readyup\_l \wedge value\_l) \oplus (readyup\_r \wedge value\_r)$$

由于 root 进程没有父进程，于是它也就没有输入变量 *readydown*。不变量 $root\_or\_leaf = 1$ 保证了根和叶进程。由于叶进程没有子进程，因此也就没有输出变量 *readydown*。叶变量只有一个输入变量 *readydown*，下面的次态变量和输入变量之间的等式也是成立的：

$$readyup' = readydown$$

由于叶节点得到 *readydown* 信号后立即发送 *readyup* 信号，所以这个等式对于叶节点成立。由于叶进程，状态变量 *value* 的赋值在初始状态中是不确定的，但一旦赋值以后，则在整个计算过程中保持不变。

基本进程(root,leaf,inter)中的状态是对状态变量的一次赋值。这种状态集合记为 Σ。因为有 6 个状态变量，所以状态集合为 $\Sigma \cong \{0,1\}^6$。令 $\{value_1, \cdots, value_n\}$ 是 n 个叶节点的值，*value* 是在根节点计算过的值。

因为在计算过程的最后，根进程的值应该是 $value_i$（$1 \leqslant i \leqslant n$），而且下面的公式应该在计算的最后成立：

$$value \oplus \bigoplus_{i=1}^{n} value_i = 0 \tag{15.3}$$

假设一个新命题 p，它对 Σ 中所有满足 $root\_or\_leaf \wedge value$ 的状态都为真。命题 p 在值为 1 的任意根节点或叶节点上为真。命题 $not(p)$为 p 的补，它在内部节点和值为 0 的根节点或叶节点上为真。状态集合 inter‖leaf‖leaf 为 Σ^3。通常是由 n 个进程(进程形如{root,inter,leaf})组成的树，并拥有状态集合 Σ^n。因此整个奇偶树的状态集合为 $\bigcup_{i=1}^{\infty} \Sigma^i$，这个集合为 $\Sigma^\star$的子集。

为了对奇偶树的整个簇进行推理，需要一个接受集合 $\Sigma^\star$的状态的形式化方法，15.1 节介绍了一种基于正则表达式的方法。为了效率更高，这里使用基于字母表 Σ 上的确定型有限状态自动机的方法，这种有限状态自动机将解释为 ACTL 逻辑中的原子命题。

图 15.11 所示的自动机接受 $\Sigma^\star$ 中满足式(15.3)的串。由于在内部节点中 $root\_or\_leaf = 0$，因此自动机本质上在内部节点中忽略这个变量的值。

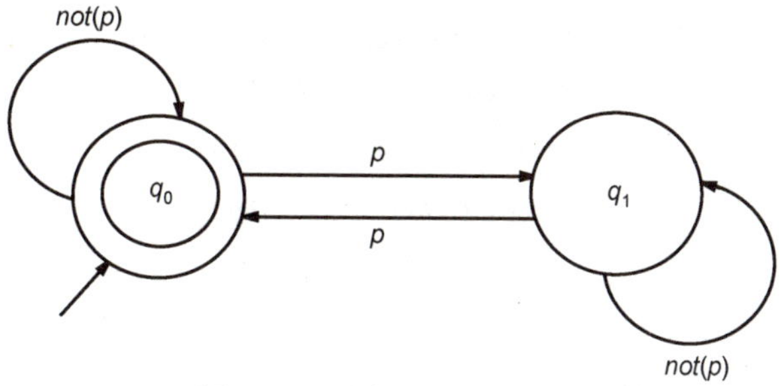

图 15.11　奇偶性判断自动机

不同于图文法的记号，这里的箭头指示一个初始状态，双圈代表接受状态，这些是有限自动机的标准记号。要确认每个进程是否已经完成计算，只需要查看进程中 $readyup = 1$ 是否成立，所以图 15.12 的自动机接受串 $w \in \Sigma^\star$ 当且仅当 w 的每个字母中的 $readyup$ 为真(注意每个字母对应一个进程组件的状态)，即所有进程完成它们的计算。使用这两个自动机的积作为原子公式，积自动机记为 $\mathcal{P}$。令 Q 为积自动机的状态集合，$\delta: Q \times \Sigma \to Q$ 为次态方程，$s_0 = (m_0, q_0)$ 为初始状态。积自动机状态 (m_0, q_1) 表示计算完成，但因奇偶性有误，则称状态 (m_0, q_1) 为 bad。所以奇偶树簇的每个可达状态 $\sigma \in \Sigma^\star$ 必须满足的条件是：如果计算在此状态完成，那么根进程拥有正确的奇偶性，也就是 $\delta(s_0, \sigma) \neq bad$。

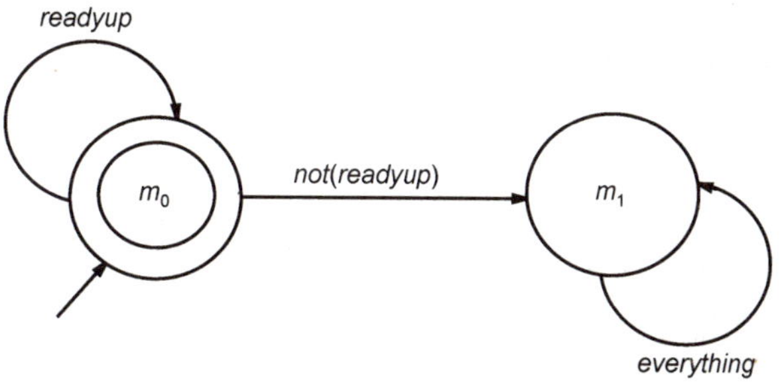

图 15.12　ready 自动机

每个带有字母表 Σ 的自动机引入了奇偶树簇上的状态集合 $\Sigma^\star$ 的一个抽象。首先描述基本进程 `root`，`leaf`，`inter` 的状态集合 $\Sigma^\star$ 上的抽象方程 h。考虑状态 $a \in \Sigma$，a 的抽象方程 $h(a)$ 表示从积自动机的状态集合 Q 中诱导出的 a。因而 $h(a): Q \to Q$，这里 $h(a)(q) = \delta(q, a)$ 和 δ 是自动机的变迁方程。

现在考虑任意状态 $\sigma = (a_0, a_1, \cdots, a_k) \in \Sigma^k$。$\sigma$ 的抽象 $h(\sigma): Q \to Q$ 通过下面的等式给出，

$$h(\sigma) = h(a_0) \circ h(a_1) \circ \cdots \circ h(a_k)$$

这里符号 $\circ$ 代表方程的组合。

称 σ_1 等价于 σ_2 当且仅当它们的抽象是等价的，即 $h(\sigma_1)=h(\sigma_2)$。由状态 $\sigma\in\Sigma^\star$诱导出的方程的数量受限于$|Q|^{|Q|}$，因此将一个无限状态空间 $\Sigma^\star$映射到了一个有限抽象域中。实际中，可达状态映射到的有限域的规模要小得多。

例 考虑状态 $a_0\in\Sigma$，其中 p 为真，而且 *readyup* 为真。$h(a_0)$的方程如下：

$$h(a_0)(q_0,m_0)=(q_1,m_0)$$
$$h(a_0)(q_0,m_1)=(q_1,m_1)$$
$$h(a_0)(q_1,m_0)=(q_0,m_0)$$
$$h(a_0)(q_1,m_1)=(q_0,m_1)$$

为了理解为什么定义的抽象方程如上所示，考虑$h(a_0)(q_0,m_0)$。图 15.11 所示的自动机中，a_0 中有从 q_0 到 q_1 上的变迁，类似地在第二个自动机也有一个 a_0 上的从 m_0 到 m_0 的变迁。因而，$h(a_0)(q_0,m_0)$ 为 (q_1,m_0)。

考虑另一个状态 $a_1\in\Sigma$，这里 *not*(*p*)为真，*readyup* 为真。抽象 $h(a_1)$为如下方程：

$$h(a_1)(q_0,m_0)=(q_0,m_0)$$
$$h(a_1)(q_0,m_1)=(q_0,m_1)$$
$$h(a_1)(q_1,m_0)=(q_1,m_0)$$
$$h(a_1)(q_1,m_1)=(q_1,m_1)$$

状态 (a_0,a_1) 的抽象为 $h(a_0)\circ h(a_1)$。

P 对应的抽象进程用 $h(P)$表示。若存在从抽象状态 h_1 到 $h(P)$的抽象状态 h_2 上的变迁，则当且仅当 P 中存在两个状态 s_1 到 s_2，使得 $h(s_1)=h_1$，$h(s_2)=h_2$，并且 P 中存在从 s_1 到 s_2 的变迁。给定两个进程 P_1 和 P_2，称 $P_1\preceq P_2$，当且仅当 P_1 和 P_2 之间存在关系$\mathcal{E}$，这样下列条件对于所有$(s,s')\in\mathcal{E}$成立：

- $h(s)=h(s')$。
- 给定 P_1 中的状态 s_1 和变迁 $s\xrightarrow{a}s_1$，P_2 存在变迁 $s'\xrightarrow{a}s_1'$ 使得 $(s_1,s_1')\in\mathcal{E}$。

抽象方程也能应用于抽象状态，如 $h(h_1)=h_1$ 且 h_1 为抽象状态。这个定义在两个方面不同于第 11 章给出的定义：

- 相关状态必须在它们的抽象方法上一致，而不是仅仅一致于原子命题。
- 变迁由动作符号标记，对应变迁的标记必须一致。

给定一个进程 P 以及相应的抽象过程 $h(P)$，定义状态集合 P 和 $h(P)$之间的关系 $\mathcal{E}_h$ 为

$$(s,h_1)\in\mathcal{E}_h\Leftrightarrow h(s)=h_1$$

运用关系 $\mathcal{E}_h$ 可以证明 $h(P)\succeq P$。两个进程 P_1 和 P_2 的抽象组合定义如下：

$$P_1\|_h P_2=h(P_1\|P_2)$$

令 h 为由积自动机归纳得到的抽象方程，$\|_h$ 为抽象组合算子，$\preceq$ 为模拟关系，I_1 和 I_2 为如下定

义的抽象进程：

$$I_1 = h(inter)\|_h h(leaf)\|_h h(leaf)$$

$$I_2 = h(inter)\|_h I_1\|_h I_1$$

则下面的等式可以被自动检测：

$$h(inter)\|_h I_1\|_h I_1 \not\preceq I_1$$

$$I_1 \preceq I_2$$

$$h(inter)\|_h I_2\|_h I_2 \preceq I_2$$

从上面的第一个等式可以清楚地看出，I_1 不是 SUB 的不变量。如果选择 $inv(\text{SUB}) = I_1$，则诱导步骤不能保证文法的第二条规则。

$$\text{SUB} \rightarrow \texttt{inter}\|\text{SUB}\|\text{SUB}$$

I_2 是通过文法第二条规则，用 I_1 替换规则右边的 SUB 而得来的。假设用 $inv(\text{SUB}) = I_2$ 和 $inv(\mathcal{S}) = h(\text{root}) \|_h I_2 \|_h I_2$ 作为非终结进程的不变量。从上面给出的等式，可以推导出下列不等式：

$$inv(\text{SUB}) \succeq h(\text{inter})\|_h inv(\text{SUB})\|_h inv(\text{SUB})$$

$$inv(\text{SUB}) \succeq h(\text{inter})\|_h h(\text{leaf})\|_h h(\text{leaf})$$

在检测单调性条件后，可以得出 $H = h(root) \|_h I_2 \|_h I_2$ 可模拟由上下文无关文法 G 产生的所有网络。在构造 H 后，我们就能检测所有 H 中的可达状态拥有的性质。根据第 11 章的定理 16，得出由 G 生成的所有网络都能保证所检测的性质，也就是说当计算完成时，根进程拥有正确的奇偶性。从而也检测出从所有状态开始，必定到达一个计算完成且正确的状态，即 **AF** $\mathcal{P}$。

15.5　令牌环簇的不确定性结果

本节将证明在本章开头提到的有限状态系统的无限簇的验证问题是不确定性的。如果读者是第一次阅读本章，则可以跳过这一节。

Suzuki 的文章[237]说明了通过一个双向环的簇来模拟图灵机 T 的方法。大小为 n 的环可以模拟一个空磁带上的图灵机，如果这个图灵机在 n 步内停机，那么环中的某个进程将进入一个专门的停机状态并永远停在那里。如果图灵机没有在 n 步内停机，那么不会有一个进程进入停机状态。所以图灵机不在空磁带停机当且仅当每个簇上的环满足公式 $\mathbf{AG} \bigwedge_i \neg halt_i$，其中 $halt_i$ 为真仅当进程 i 处于停机状态。

图灵机 T 是一个五元组 $T = (Q, \Sigma, \delta, q_0, halt)$，$Q$ 是状态集合，Σ 为磁带字母表，$\delta: Q \times \Sigma \rightarrow Q \times \Sigma \times \{left, right\}$ 为变迁方程，q_0 为初始状态，$halt$ 为最终状态。一个模拟 T 的 n 步的环由 n 个进程 $P_0, \cdots, P_{n-1}$ 构成，每个进程代表图灵机磁带的一个单元。假设图灵机 T 通向右边的磁带是单向无限的。因而在 n 步内，它最多能扫描 n 个磁带单元。

假设处在状态 q 时，T 在单元 i 上扫描符号 a。然后进程 P_i 将具有一个特殊状态，这个状态代表符号 a 和状态 q 的组合。进程 P_i 将模拟 T 移动一步并发送新状态 q' 到某一"邻居"，此“邻居”由 T 的移动确定。进程 P_i 如图 15.13 所示。进程 P_i 左边连接进程 P_{i-1}，右边连接进程 P_{i+1}(i+1 和 i−1 需要对 n 求模)，输入 $inright_i$ 连接 $outleft_{i+1}$，输出 $outright_i$ 和 $outcolor_i$ 各自连接 $inleft_{i+1}$ 和 $incolor_{i+1}$。

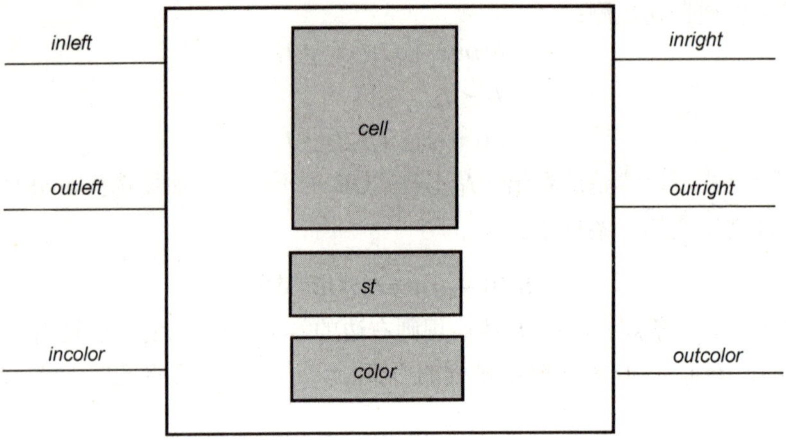

图 15.13 进程 P_i

假设计算模型是同步的，这个模型的每个进程在每个时刻前进一步，某一步的输出值对应着下一步的输入值。

当前状态 P_i 是由它的变量 *cell*，*st* 和 *color* 的值确定的，这些变量的取值范围分别为 Σ，Q 和{*white*, *black*}。初始条件下所有 *cell* 变量是空的；$st_0=q_0$ 且对于所有 $i>0$ 有 $st_i=null$；$color_0=black$ 并且对于 $i>0$ 有 $color_i=white$。当其他所有的输出初始为 *null* 时，有 $outcolor_0=white$。

环上的计算由前后相连的两阶段构成。一个阶段(如图 15.14 所示)模拟空磁带上的图灵机 T，另一个阶段(如图 15.15 和图 15.16 所示)计数到 n，然后停止模拟。计数阶段在环中传输一个彩色令牌。

```
while true do
    if incolor ≠ null and st = halt then
        while true do outright := outleft := null;
    end if;
    if incolor ≠ null and st ≠ null
            and δ(st, cell) = (q', a', d) then
        cell := a';
        outright := if d = right then q' else null;
        outleft := if d = left then q' else null;
    else
        outright := outleft := null;
    end if;
    st := if inright ≠ null then inright else inleft;
end while;
```

图 15.14 进程 $P_i(i>0)$的模拟程序

```
while incolor ≠ black do
    if incolor = null then
        outcolor := null;
    if incolor = white then
        outcolor := black;
end while;
while true do outcolor := null;
```

图 15.15 进程 P_0 的计数程序

```
while true do
    if incolor ≠ null then
        outcolor := color;
    else
        outcolor := null;
    end if;
    if (incolor = black and color = white) then
        color := black;
end while;
```

图 15.16 进程 $P_i(i>0)$ 的计数程序

这个阶段将传播 n 圈，在每一圈中令牌从 P_0 传回 P_0。初始条件下，除了进程 P_0 为 *black*，所有进程都为 *white*。另外除了进程 P_0 为 *outcolor=white*，其他所有进程为 *outcolor=null*。当进程得到一个 *null* 令牌时，它不改变令牌，直接传给右邻。类似地，如果它得到一个与其颜色相同的令牌，则它也不改变令牌并传给右邻。如果进程得到一个 *black* 令牌而它的颜色为 *white*，它将把颜色改为 *black* 并给右邻发送 *white* 令牌。

进程 P_0 的运行有些不同，它的颜色总是 *black*。在第一次循环中它发送 *white* 到它的右邻。如果它收到一个 *null* 令牌，那么它发送一个 *null* 到右邻。当它收到 *white* 令牌时，它发送一个 *black* 令牌到右邻。最后当它收到 *black* 令牌时，就转到空闲阶段，在这个阶段，它不停地发送 *null*。因此在任意循环中，一个或多个进程由于从 *black* 左邻得到一个 *black* 消息而变为 *black*。当 P_0 从 P_{n-1} 得到一个 *black* 消息时，恰巧 T 的 n 步已经被模拟了并且环转到空闲阶段。

只要进程得到一个令牌(*black* 或 *white*)，模拟阶段就会激活它，这样就能保证模拟阶段在每个计数循环时只走一步。当图灵机扫描到控制状态 q 中的 i 单元时，P_i 拥有 *st=q* 而其他进程为 *st=null*。当 P_i 得到令牌时，它就根据方向 d 设置 $cell := a'$，st :=*null* 并发送 q' 到它的左邻或右邻来模拟 $\delta(st, cell) = (q', a', d)$。在 T 的第一步 $\delta(q_0, blank) = (q', a', right)$时，不论 $incolor_0$ 的值是什么，都由进程 P_0 模拟它。

当 P_i 有 $st \neq null$ 和 $incolor \neq null$ 且图灵机右移时，会产生一个不常见的问题。为了将状态变迁到 P_{i+1}，P_i 通过设置 $outright = q'$ 来模拟图灵机的一步。经过适当地设置 *outcolor* 的值，它也会传递令牌到 P_{i+1}。程序必须保证 P_{i+1} 首先检测 *incolor* 和变量 *st* 的旧值，否则 P_{i+1} 不会模拟图灵机的另一步。之后根据 $inleft_{i+1}$ 的值(与 $outright_i$ 相等)，P_{i+1} 更新 *st* 的值。

为了保证以上模拟的正确性，还需要说明不变量。在计算过程中有 n 次循环，将其编号为 0 到 n−1。每次循环有 n 步，也从 0 到 n−1 给它们编号。循环 i 模拟第 i 步图灵机。下面的计算性质能够得到证明。

- 在循环 i 的第 i−1 步之后，进程 P_i 把颜色从 *white* 变为 *black*。
- 在循环 i 的最后，进程 P_j 的状态等于 $q \neq null$ 当且仅当在 i 移动后，图灵机处在 q 状态并且正扫描第 j 个单元。
- 假设进程 P_j 经过循环 i 后处在状态 q。其他所有的进程处在 *null* 状态。在循环 i+1 的第 j−1 步，进程 P_j 从它的邻居收到一个非 *null* 的颜色，则 P_j 将发送适当的状态到它的左邻或右邻(根据图灵机是否往左或往右移动)，然后将它的状态设置为 *null*。注意，如果 P_j 收到一个非 *null* 的颜色，那么它只能模拟一次移动。

虽然问题通常是不确定的，但对于特定的簇，也许问题可以得到解决。

第 16 章　离散实时系统和定量时序分析

计算机经常被用于处理紧急事件，在这种应用系统中，响应时间是正确性的基础。此类系统称为实时系统，其范围包括飞行器的控制器、工业机器和机器人等。由于这些应用本身的特点，实时系统中的错误常常十分危险甚至是致命的。因此保证复杂实时系统的正确性是一件十分重要的工作。通常传统方法和定制方法都会在实时系统设计与实现中使用。

一些因素使得判断实时系统的有效性尤为困难。计算机应用系统的结构越来越复杂，随着系统复杂度的增加，错误产生的概率也随之增加，同时性能逐渐变成新应用成功与否的重要因素。由于竞争的缘故，新产品不得不完全利用可能得到的所有资源。一个速度比较慢的组件会影响系统的整体性能。因此检测新应用满足其刻画的任务比以前任何时候都更紧迫。

16.1　实时系统和单调变化率调度

实时系统被用在处理紧急事件的应用中，这种应用系统在设计时可以采用一些传统的方法，但传统方法通常都是简单低效的代名词。比如静态时间切片调度，它等价地把时间分配到所有的任务上，当任务的分配时间用完时，此任务就会释放处理器。这种程序的运行结果很容易分析，但是效率确实不高，原因是所有的任务都被分配了相同的资源，而无视其重要性和资源利用率。近年来已经出现了若干分析实时系统行为的强大技术，例如 RMS（Rate-Monotonic Scheduling）[172,176,228]理论。RMS 理论适用于由周期性任务组成的系统。每个任务对应于一个系统的并发进程，并且其周期（执行的频率）由进程实例的执行时间来表征。RMS 理论由两部分组成，第一部分是一个算法，主要思想是用较短的周期处理高优先级的事件。当根据这条规则[176]指定优先级时，RMS 理论也能保证由静态优先级算法确定的最佳响应时间。RMS 理论的第二部分是基于整个 CPU 利用率的调度，即如果整体的利用率比前次计算出来的利用率低，那么某些进程（根据 RMS 理论分配优先级）就被调度，反之不调度。

RMS 是分析实时系统的一个强有力的工具，尽管很简单，但是它为设计者提供了一些十分重要的信息。但从检测的角度来看，上述分析方法实质上是对系统添加了若干限制，例如像周期性和同步性的限制。近年来的工作已经扩展了这个原理，使其通用性更强，但是限制仍旧存在[131]。因为 RMS 只能处理符合此原理描述的系统，而且可检测的性质也取决于对任务执行时间的建模方法。检测分布式系统或进程通信无规律的系统通常并非是一件容易的任务。另外，对那些不易被任务执行时间表达的性质进行检测也非常复杂，如检测系统中任意事件的出现次数。

16.2 实时系统的模型检测

可以使用符号模型检测方法来检测离散的实时系统，但本书先前所描述的模型检测工具并不适合进行此类型的检测。例如适用前述方法表述复杂的实时性质是十分困难的："事件 p 在将来会发生"不能简单地表述为"事件 p 将在至多 n 个时间单元内发生"，因为这种系统中并不能重复使用 NEXT 时序运算符，而且在传统方法中像响应时间和事件发生次数这种量化信息不能直接获得。所以时序逻辑的模型检测不能以一种自然有效的方法来检测在实际中大量存在的各种类型的实时系统。

16.2.1 验证实时系统的方法

一些调度分析方法包括了用于计算有限状态系统的可达状态集合的算法[57,117,122]。实时系统模型的构建附加了一些限制，即不论何时异常发生(比如一个死锁)，系统就会到达一个异常状态。所以检测过程包含了两个方面，即可达状态集合的计算和检测异常状态是否在这个集合中。和 RMS 不同，这种方法并不在模型上施加限制，此算法只能检测异常是否发生，而其他类型的性质不能被检测(除非把其他性质也作为异常编码到模型中)。即使大多数性质能够作为异常进行编码，但这种转化为异常的方法有时候是比较困难，而且易于出错。符号模型检测技术同样能被扩展用来处理实时系统[76,78,251]。然而，这些方法就像其他提到的方法一样，只是判断系统是否满足一个给定的性质，并不能提供一些关于行为的细节信息。尽管还可以使用离散时间模型受限的量化分析方法[79]，但它也只能达到计算最小或最大延迟的这个程度。

在本章中，我们描述了一种刻画和检测离散的实时系统的方法，它与符号模型检测技术联系紧密，能够处理较大规模的系统[49]。可以使用源于符号化的模型检测算法来计算有关离散实时系统模型的量化信息。此方法的一个重要的优点是用户可以用检测生成的信息来检查模型是否满足各种实时的限制：系统任务的调度依靠计算出的响应时间来决定。这种方法也可以分析事件的反应时间和一些其他的系统参数。检测生成的验证信息为系统的行为分析提供了参考，在许多情况下，它都有助于鉴别无效性和优化系统设计。当然，修正设计的性能也可以用相同的算法来分析，所以在系统实现之前就可以进行优化方法对设计的影响的评估。从这一点来看，可以很明显地减少开发费用。

这种方法还有一个重要特点，它能统计出事件之间计算步骤的数量或者在时间间隔中事件发生的次数，所以可以将其应用于同步系统，例如计算机电路和协议。实时系统通常不能以锁步方式执行，这个特点看起来似乎并不适合我们的方法。然而此系统常常受制于分时策略，所以仅靠使用同步设计技术是很难满足系统需求的。而且编程人员通常尽量在其设计中减少异步行为来保证可预测性，所以实时系统一般也使用基于离散时间的技术来分析。但还有一些系统无论在本质上还是形式上一直是异步的，对于这些系统来说，基于连续时间的更复杂的检测技术是十分必要的。在第 17 章中，将讨论检测连续实时系统的方法。

16.3　RTCTL 模型检测

检测时间约束性质的简单有效的方法是扩充 CTL 时序运算符。扩充后的逻辑被称为 RTCTL[108]。通常来看由于时间约束的运算符能被解释成相应的 EX(或者 AX)运算符的嵌套，所以 RTCTL 的表述能力与 CTL 是一致的，但上面的说法经常是牵强和不切实际的，实际上 RTCTL 的表达能力要差一些，但是有时很方便。

基本的 RTCTL 时序运算符是受限的直到(bounded until)运算符：$\mathbf{U}_{[a,b]}$，这里的$[a,b]$表示时间间隔，在此间隔内，这个性质必须是真的。我们说 $f\,\mathbf{U}_{[a,b]}g$ 关于某条路径 $\pi = s_0, s_1, \cdots$ 为真，仅当 g 在此路径上将来的某个状态 s 上满足，那么 f 在 s_0 到 s 的所有状态上都是真的，并且 s_0 到 s 的距离是在间隔$[a,b]$之间。同样受限的 **EG** 运算符能被类似定义。其他的时序运算符根据这两种运算符定义。更形式化地说，我们可以通过让 CTL 形式语义增加 **EU** 和 **EG** 运算符的受限版本来扩展 CTL 公式，如下所示：

1. $s \models \mathbf{E}[f\,\mathbf{U}_{[a,b]}g]$ 当且仅当存在一条路径 $\pi = s_0 s_1 s_2 \cdots$ 开始于 $s = s_0$ 并且对于某个 i 来说，使得 $a \leqslant i \leqslant b$，$s_i \models g$ 并且对于所有的 $j < i$ 都有 $s_j \models f$。
2. $s \models \mathbf{EG}_{[a,b]}f$ 当且仅当存在一条路径 $\pi = s_0 s_1 s_2 \cdots$ 开始于 $s = s_0$ 并且对于所有的 i，使得 $a \leqslant i \leqslant b$，并且 $s_i \models f$。

考虑性质“‘p 为真，3 个时间单元后 q 将为真’总是满足的”这个性质能用 RTCTL 公式表达为 $\mathbf{AG}(p \to \mathbf{EF}_{[0,3]}q)$，这里受限的 **EF** 运算符源于限定条件，即 $\mathbf{EF}_{[a,b]}f \equiv [true\,\mathbf{U}_{[a,b]}f]$。

为了检测 RTCTL 公式表达的性质，修改在 CTL 模型检测中曾经使用的不动点计算，很容易看出用下面的方式可以计算出公式 $\mathbf{E}\left[f\,\mathbf{U}_{[a,b]}g\right]$ 的不动点：

$$\begin{cases} \mathbf{E}[f\,\mathbf{U}_{[a,b]}\,g] = f \wedge \mathbf{EX}\,\mathbf{E}[f\,\mathbf{U}_{[a-1,b-1]}\,g] & \text{若 } a>0 \text{ 且 } b>0 \\ \mathbf{E}[f\,\mathbf{U}_{[0,b]}\,g] = g \vee (f \wedge \mathbf{EX}\,\mathbf{E}[f\,\mathbf{U}_{[0,b-1]}\,g]) & \text{若 } b>0 \\ \mathbf{E}[f\,\mathbf{U}_{[0,0]}\,g] = g & \text{其他} \end{cases}$$

其他运算符的不动点可用类似的方法计算。

16.4　量化时序的分析：最小或最大延迟

传统的形式化检测算法均假定时间限制由时序逻辑等方法隐式给出，但在典型的实时系统检测中，设计者对某个操作提供相应的时间限制，并且检测器自动决定它是否可满足。传统技术并不能提供任何关于实时系统性能预期的信息，但这种信息对于系统行为是十分有用的。本节中我们给出计算量化时间信息的相关算法，例如在请求和响应之间确切的最小和最大时间延迟(考虑到变迁的数量)，设计出的算法将与基于 BDD 的符号技术结合使用，这在实际应用中十分有效。

16.4.1 最小延迟算法

最小延迟算法(见图 16.1)是以一个 Kripke 结构 $M=(S, R, L)$和两个状态集合 *start* 和 *final* 作为输入。它返回了一条从 *start* 集合中的一个状态到 *final* 集合中的一个状态的最短路径的长度(如边的个数)。如果没有这种路径存在，算法就会返回无穷大。在此算法中，函数 $T(S)$给出了 S 中某个状态的后继状态的集合。换句话说，$T(S)=\{s' \mid R(s,s')$满足某个$s \in S\}$，另外变量 Z 和 Z' 表示此算法中的状态集合。

最小延迟算法相对直接。直觉上，此算法循环计算出的状态集合是从 *start* 出发的可达状态集合。无论何时遇到一个满足 *final* 的状态，就返回到达此状态所花费的步骤数量。

16.4.2 最大延迟算法

最大延迟算法(见图 16.2)同样以 *start* 和 *final* 作为输入。它返回了从 *start* 集合中的一个状态到 *final* 集合中的一个状态的最长路径。如果存在一条无限路径开始于 *start* 中的一个状态，此路径并没有到达 *final* 中的一个状态，那么此算法就返回无穷大。函数 $T^{-1}(S')$给定在 S' 中某个状态的前驱的集合，$T^{-1}(S')=\{s \mid R(s,s')$满足某个$s' \in S'\}$，$Z$ 和 Z' 再一次成为状态集合。最后，我们用 *not_final* 表示不在 *final* 集合中的所有状态集合。

上述受限算法比以前的算法更细致。特别是如果存在一条始于 *start* 状态的路径，此状态在 *not_final* 中，那么算法就返回无穷大。从 *not_final* 中的状态开始回溯搜索比向前搜索更为方便。在第 i 个循环中，当前的 *frontier* 是第 i 个完全在 *not_final* 中的路径的初始状态集合。起初 i 是 0，*frontier* 在 *not_final* 中。接着我们计算出当前 *frontier* 中的前驱(在 *not_final* 中)。这些状态是 i+1 个状态完全在 *not_final* 的路径中的初始状态集合。

```
procedure min(start, final)
    i := 0;
    Z := start;
    Z' := T(Z) ∪ Z;
    while ((Z' ≠ Z) ∧ (Z ∩ final) = ∅) do
        i := i + 1;
        Z := Z';
        Z' := T(Z') ∪ Z';
    end while;
    if (Z ∩ final ≠ ∅) then
        return i;
    else return ∞;
    end if;
end procedure
```

图 16.1 最小延迟算法的伪码

```
procedure max(start, final)
    i := 0;
    Z := True;
    Z' := not_final;
    while ((Z' ≠ Z) ∧ (Z' ∩ start ≠ ∅)) do
        i := i + 1;
        Z := Z';
        Z' := T^{-1}(Z') ∩ not_final;
    end while;
    if (Z := Z') then
        return ∞;
    else return i;
    end if;
end procedure
```

图 16.2 最大延迟算法的伪码

此算法将在以下两种情况中停止。其一，Z' 并不包含状态 i 中从 *start* 出发的状态。由于它包含状态 i–1 中从 *start* 出发的状态，那么在 *not_final* 中从 *start* 的一个状态出发的最长间隔

的大小是 $i-1$。由于变迁关系是全序的，对于 *not_final* 之外的一个状态而言，这个间隔是连续的，即在 *final* 中的一个状态是这种情况。这样存在一条从 *start* 到 *final* 的长度为 i 的路径并且此算法返回 i。另外一种情况是，到达一个不动点并且 Z 仍旧包含 *start* 中的某个状态。由于 Z 集合是有限的并且其中的每一个状态有一个出边到达 Z 集合中的一个状态，每个状态是在 Z 中一个无限路径的开始，因此 Z 被包含在 *not_final* 中。这样在 *not_final* 中，有一条从 *start* 中的一个状态出发的无限路径。在这种情况下，算法返回无穷大。

接着我们讨论算法如何终止。假设条件 $Z' \cap start \neq \emptyset$ 从来不冲突，我们将会表明 $Z'=Z$ 最终满足。很容易看出，如果一个状态在第 i 个 *frontier* 中，它同样在第 $i-1$ 个 *frontier* 中，这是由于 i 个状态完全在 *not_final* 中的间隔开始。因此在每次反复中，*frontier* 被包含在前一个 *frontier* 中。由于初始的 *frontier* 必须是有限的，所以在表征 *frontier* 的状态集合之前只存在有限个包含关系。因此必须存在一个 k，使得在第 k 次反复的 *frontier* 与在第 $k+1$ 次反复的 *frontier* 是相同的。并且在 $(Z=Z')$ 为真之前，循环不能执行多于 k 次。

在许多情况下，我们感兴趣的不仅仅是从 *start* 集合到 *final* 集合的一条路径的长度，而且还包括满足条件的路径上的状态数量，这样我们或许希望确定从 *start* 到 *final* 的任何路径的最小或最大的满足条件的次数。这些算法被称为条件计数算法。我们给出两个例子来说明怎样用它们来分析系统的性能。第一个例子是在复杂的硬件系统中估算总线的性能。考虑在总线请求和相应的总线授权之间的时间间隔，在此间隔中，计算其他总线事务的次数是十分重要的，这是总线的通信测量。第二个例子是判断在实时系统中优先级倒置的数量。当较高优先级进程被较低优先级进程[221]的执行阻塞时，那么优先级倒置就发生了。在这种情况下，*start* 对应着那些高优先级进程请求执行的状态；*final* 对应着那些进程被授权执行的状态，并且 *cond* 表示下面状态的集合：即在这些状态中，低优先级进程执行，并且阻塞了高优先级进程。对于上述算法和例子而言，基于 BDD 的有效实现在文献[49,52]中有所描述。

16.5 飞行控制器

关于实时系统的最典型的应用之一就是飞行控制器。在这种系统中极为重要的一点是时间限制并不冲突。这一节大致描述了一种军用飞机上使用的飞机控制系统。这个例子表明了怎样用 16.4 节描述的量化算法来检测时间限制。

16.5.1 系统描述

飞机的控制系统可以用与中心处理器相连的一系列传感器和发动机来描述。处理器执行软件来分析传感数据和控制发动机。我们的模型描述了这个控制程序，并且定义了确保满足飞机的操作条件的需求。这里涉及的需求与实际的军用飞机需求相似，这可以从参考文献[177]的描述中推导出来。

飞行控制器被分为系统和子系统，每个系统通过控制飞机的一个部件来执行一个特定的任务。可以对以下重要子系统分别建模：

- 导航系统：计算飞机的位置，需考虑一些数据，比如速度、高度和从卫星或地面站收到的定位数据。
- 雷达控制系统：从雷达接收和处理数据，同时要鉴别目标和目标位置。
- 雷达报警接收系统：系统鉴别可能的飞行危险。
- 武器控制系统：瞄准和激活机载武器系统。
- 显示系统：在飞行员的屏幕上更新信息。
- 跟踪系统：更新目标位置，使用来自此系统的数据使武器瞄准。
- 数据总线系统：提供在处理器和外部设备之间的通信。

每一个系统由一个或更多的子系统组成。对于每个子系统的时间约束，可以从一些因素中推导出来，如需要的准确度、人的响应时间和硬件需求。详细来说，例如屏幕应该更新得足够快，使动作能连续地表现出来，所以至少每隔 50 ms 就需更新一次。图 16.3 给出了建模后的子系统，以及它们的主要时间需求。下面将会解释优先级指派方法。

系　统	子　系　统	周　期	执行时间	CUP 利用率	优　先　级
display	status update	200	3	1.50	12
	keyset	200	1	0.50	16
	hook update	80	2	2.50	36
	graphic	80	9	11.25	40
	store update	200	1	0.50	20
RWR	contact mgmt	25	5	20.00	72
radar	target update	50	5	10.00	60
	tracking filter	25	2	8.00	84
NAV	update	50	8	16.00	56
	steering cmds.	200	3	1.50	24
tracking	target update	100	5	5.00	32
weapon	protocol	200[a]	1	0.50	28
	aim	50	3	6.00	64
	release	200[b]	3	1.50	98
data bus	poll	40	1	2.50	68

a：weapon protocol 是一个最低时间限制为 200 ms 的非周期进程。

b：weapon release 的周期是 200 ms，但是它的最低时间限制是 5 ms。

图 16.3　飞行控制器的时间需求

我们使用并发进程来实现每个子系统。各进程直接通信，数据不会被多个子系统直接分享，而是通过称为任务监视器的数据服务器进行进程通信。每个系统对应一个服务进程，它接收数据请求并返回所需的信息。系统中不同子系统均有可能更新服务器数据，任务监视器接收请求，而后响应，接着进入一个等待状态。子系统对应的进程指定为低优先级并且优先级继承需要保持可预测性[50,221]。

除了武器(weapon)系统，所有的其他系统只包含周期进程，它们从其周期开始时调度执行。当一个进程被 CPU 授权时，它会通过任务监视器获得它需要的数据，执行和更新它自己的数据服务器上的信息，而后阻塞等待其下一个执行周期。

武器系统包括一个混合了周期和非周期特点的进程。当显示键盘(display keyset)子系统鉴别飞行员按下了开火按钮时，这个系统就被激活。这个事件能使武器协议(weapon protocol)子系统被激活。接着它给已经被阻塞的武器瞄准(weapon aim)子系统发送信号。然后每隔 50 ms 武器瞄准进程就被调度执行。它会基于目标的当前位置来使飞机的武器瞄准。同时它决定了什么时候开火，以及什么时候启动武器释放(weapon release)子系统。当武器释放进程被调度时，开火就被激活，接着武器释放进程周期性地进行，并且每秒开火 1 次，共进行 5 次开火。

为了确保使用不同的进程时间约束，需要使用优先级调度。可以使用 RMS[171,176]进行进程调度来保证可预测性。

16.5.2　飞行控制系统的模型

飞行控制系统可以使用 VERUS[51]工具建模。其检测分为两个方面：使用先前所描述的量化算法来检测其时间正确性，模型检测用来检测其功能的正确性。尽管为了简便起见，上述算法比较抽象，但是该算法的大部分特征都已经实现了。实现的细节描述如下所示。

模型中的一个原子变迁时间是毫秒级的。全局计时器控制周期进程的调度。不论进程何时被唤醒，它都请求执行并等待直到 CPU 授权。对每一个进程而言，一个内部的计数器存储了以前的执行时间。在完成执行之后，进程释放 CPU 并且阻塞，同时等待下一个周期。进程从任务监视器请求时间和等待回应的时间，与其整个执行时间相比是非常小的。发送请求和响应消息的时间花费也非常小。同时考虑任务监视器功能的局限性，任务监视器进程的时间花费也非常小。但是如果多个进程同时访问监视器，那么上述说法就不准确。可喜的是，在这个特定的系统中对监视器的访问方式将这种可能性降到最低，因为监视器仅仅接受请求，从内存中检索数据，并且返回它们，不存在嵌套的临界区。而且，优先级继承协议[50,221]被用来包含可预测性，并且减少由于同步引起的非受限阻塞的可能性。

我们考虑了两个调度策略，抢占调度和非抢占调度。抢占调度接收执行的请求，并且选择最高优先级的进程来响应 CPU。如果执行开始后，来自高优先级进程的请求到达了，那么调度就强制中断正在执行的程序，并且开始执行更高优先级的进程。当进程完成执行，并重新启动其请求时，调度器选择另一个进程。然而，抢占性并不具有总是可用这样一个特点。对于一个非抢占的调度而言，一旦进程开始执行，它就持续执行直到它自愿地释放 CPU。如果高优先级的进程请求执行，那么就不得不等待，直到这个运行进程结束。非抢占性的调度通常使高优先级进程的响应时间更高。这种非抢占调度易于实现，并且大量应用于简单程序中。对这两种类型的调度建模可以让我们比较不同条件下的系统行为。所获得的结果有助于确定在特定系统中是否抢占使调度更有效。

16.5.3 验证结果

在实时系统中，时序调度是最重要的性质之一。它表明没有一个进程将会错过它的时间期限。在这个例子中，时间期限与周期是一样的(武器释放子系统除外)。图 16.4 中总结了使用量化分析方法计算出的进程执行时间，按照进程优先级减少的顺序排列。其中也给出了时间限制，这就有利于调度的检测。图中还给出了对抢占和非抢占调度方法的最小和最大的执行时间。

子 系 统	最低时限	执行时间			
		抢 占 的		非抢占的	
		最 小	最 大	最 小	最 大
weapon release	5	3	3	3	9
radar tracking filter	25	2	5	2	10
RWR contact mgmt	25	7	10	7	15
data bus poll	40	1	11	1	14
weapon aim	50	10	14	2	18
radar target update	50	12	19	12	19
NAV update	50	20	34	20	27
display graphic	80	10	44	10	43
display hook update	80	14	46	14	47
tracking target update	100	26	51	26	51
weapon protocol	200	1	21	3	46
NAV steering cmds	200	35	85	36	74
display store update	200	36	95	37	97
display keyset	200	37	96	38	98
display status update	200	40	99	41	101

图 16.4 飞行控制器调度结果

可以从图 16.4 中看出，使用抢占调度方法是比较合理的。从结果中同样能鉴别许多重要的系统参数。例如，对最好情况下的计算而言，响应时间通常是十分短的，但是在最坏情况下，同样也是很短时间。大多数进程通常花费少于允许的时间的一半就能执行。这一点表明尽管整体的 CPU 利用率很高，但是系统仍没有接近饱和。

同样注意抢占调度对响应时间并没有大的影响。如果使用了非抢占调度，除了大多数紧急进程，所有其他种类的进程均能符合其时间限制。尽管非抢占性的调度使武器释放错过其最低时限，但是额外的延迟也是很小的。如果抢占性的调度代价太过昂贵，那么轻微地减少 CPU 的利用率就可以在不改变调度方法的同时，使整个系统更易于调度。凭借这种信息，设计者可以很容易采用各种措施以提高系统性能。

再来看看设计者如何使用这些结果，我们来分析图形显示(display graphic)子系统的响应时间。虽然这个子系统的周期是 80 ms，但我们希望用一个较短的周期来使动作看起来连续。这个进程的响应时间是 44 ms，把周期变成 40 ms 会使此进程错过其最低时限。设计者或许会选择把周期变成 50 ms，为了检测这种改变的效果，可以再次分析模型来检测其调度。

这种分析同样被用来确定更复杂事件序列的执行时间，例如当飞行员按下开火按钮后，许多相关的子系统都会识别和响应这个事件。使用 16.4 节中的算法对系统进行分析，表明检测开火按钮被按下和武器释放结束之间的最小时间是 120 ms，而最大时间是 167 ms。设计者根据这个时间就能确定武器系统是否足够快地响应飞机需求。

本节已经介绍了如何用工具(如 VERUS)来分析具有复杂时间约束的系统。我们能够确定系统的时间调度，并且深入理解其行为。我们同样能够确定系统行为的信息，例如武器子系统的响应时间。如果使用其他的方法，这一点或许是很难实现的。

第 17 章　连续实时系统

在以前的章节，我们假定时间是离散的。在使用离散时间模型时，可能会出现一些局限，如时钟值都是非负的整数，或者事件只能在整型时间值上发生。这种模型适合于同步系统。在同步系统中，所有的组件被一个全局的时钟同步。前后相继的两个时钟之间的时延被用来作为度量时间的基本单位。由于多年来使用这种模型来刻画同步硬件设计没有出错，所以这种模型的应用还是非常成功的。

另一方面，由于在异步系统中事件之间的间隔可以任意小，所以连续时间模型是描述异步系统的自然选择。这种连续时间模型的表述能力正是异步系统中表达无关事件所需要的。而且当使用这种时间模型后[3]，我们也不需要假设环境速度。

为了使用离散时间来模型化异步系统，需要选择一些固定的时间量子来离散化时间，这样就可以把两个事件之间的延迟作为这个时间量子的乘积。但选择标准是非常困难的，可能会导致刻画的准确性不够高。比如，Brzozowski 和 Seger[38]已经从理论上得出：当时间被看成是离散时，延迟约束异步电路的可达性问题不能被正确解决。而且为了准确地刻画一个系统，选择微小的时间量子将导致状态空间爆炸，从而使模型检测不再适合[尽管如此，这更可能是显式状态模型检测器(标记算法)的问题，而不是符号模型检测器的问题]。

目前，尽管我们已经研究并提出了许多不同种类的连续时间模型[8,99,135,170,222,235,252,253]，但 Alur，Courcoubetis 和 Dill[8,99]的时间约束自动机模型已经成为标准。非常肯定的是，许多在连续时间模型检测上的研究都是基于这个模型的。在本章，我们将讨论时间约束自动机模型的性质，然后再来了解已经开发出的基本检测技术。因为在这个领域有如此多的研究，我们将主要限制在判断这个自动机[3,5]的可达性问题上。还需要研究 CTL 模型检测[8]、LTL 模型检测[7]和时间约束 Ω 自动机包含性检测[5,9]的算法。基于这些算法的工具已经被开发出来，而且也已经用于一些实际的例子[10,92]中。感兴趣的读者可以看看前面列举的论文来学习这些技术。

17.1　时间约束自动机

时间约束自动机[8,99]是一个在实值时钟的有限集合上增长的有限自动机。假设变迁是在瞬间完成的。当自动机在一个状态或者一个位置上运行时，时间可能推移。当一个变迁发生时，一些时钟可能被重置为 0。在每一个瞬间，读数始终等于从最近的时钟重置开始的时间推移。假设对于所有的时钟，时间以相同的速度推移，而且为了防止错误行为发生，只考虑非 0 的自动机，即在一个有限的时间里，只有有限个变迁可以发生。

时钟约束被称为 guard，它同每一个变迁有关。只有在当前的时钟值满足时钟约束时，变迁才发生。时钟约束也同每一个自动机的位置有关。这个约束称为位置的不变量。只要位置的不变量为真，在这个位置的时间就可以推移。时间约束自动机的例子可以在图 17.1 中看到。这个自动机包含两个位置 s_0 和 s_1，两个时钟 x 和 y，一个从 s_0 到 s_1 的变迁 a 和一个从 s_1 到 s_0 的变迁 b，运算从 s_0 开始。自动机在时钟 y 小于等于 5 时可以一直保持在 s_0 位置。当 y 的值大于等于 3 时，自动机就可以运行变迁 a 到位置 s_1，然后将 y 值置为 0。自动机在时钟 y 小于等于 10 以及 x 小于等于 8 时，可以一直保持在 s_1 位置。当 y 大于等于 4 且 x 大于 6 时，可以运行变迁 b 再回到 s_0 位置，同时将 x 重置为 0。

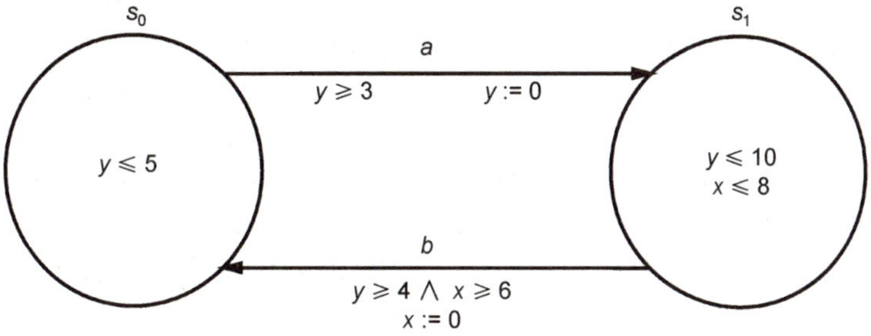

图 17.1　一个简单的时间约束自动机

本节后面的内容涉及根据状态变迁图[3,8]得到的时间约束自动机的形式化的语义。通过精确定义时钟约束开始介绍。令 X 是时钟变量的集合，其范围在非负的实数 $\mathbb{R}^+$ 上。时钟约束集定义 $\mathcal{C}(X)$ 如下：

- 所有形如 $x \prec c$ 或 $c \prec x$ 的不等式在 $\mathcal{C}(X)$ 中，其中 $\prec$ 指或者满足 $<$ 或者满足 $\leqslant$，c 是一个非负的实数。
- 如果 φ_1 和 φ_2 在 $\mathcal{C}(X)$ 中，则 $\varphi_1 \wedge \varphi_2$ 也在 $\mathcal{C}(X)$ 中。

如果 X 包含 k 个时钟，则每一个时钟约束都是 k 维欧几里得空间的一个凸子集。因此，如果两点满足一个时钟约束，则连接这两点的直线上的所有点都满足时钟约束。

时间约束自动机是一个 6 元组 $A = (\Sigma, S, S_0, X, I, T)$，其中

- Σ 是一个有限的字母集合。
- S 是一个有限的位置集合。
- $S_0 \subseteq S$ 是初始位置集合。
- X 是时钟集合。
- $I: S \to \mathcal{C}(X)$ 是从位置到时钟约束的映射，被称为位置不变量。
- $T \subseteq S \times \Sigma \times \mathcal{C}(X) \times 2^X \times S$ 是变迁的集合。5 元组 $\langle s, a, \varphi, \lambda, s' \rangle$ 对应于从位置 s 到位置 s' 的标记为 a 的变迁，约束 φ 刻画变迁花费的时间，在执行变迁时，时钟集合 $\lambda \subseteq X$ 将被重置。

我们允许时间可以无限进行下去，即在每一个位置上加到时钟的上界或者是无限的，或

者小于由不变量和从此位置开始的变迁确定的最大上界。换句话说，既可以说永远在一个位置，也可以说不变量将使得自动机离开那个位置，而且在那一点至少可以进行一次变迁。对于时间约束自动机而言，这些约束可以依照句法而得到。

时间约束自动机 A 的模型是一个有限状态变迁图 $\mathcal{T}(A)=(\Sigma, Q, Q_0, R)$。$Q$ 中的每一个状态是一个对(s,v)，其中 $s\in S$ 是位置，$v:X\to\mathbb{R}^+$ 是时钟赋值，即把每一个时钟映射到一个非负的实数值。集合初始状态 Q_0 可通过 $\{(s,v)\mid s\in S_0\wedge\forall x\in X[v(x)=0]\}$ 得到。

为了定义 $\mathcal{T}(A)$ 的状态变迁关系，首先来定义一些相关概念。对于 $\lambda\subseteq X$，定义 $v[\lambda:=0]$ 是时钟赋值，它同 $X-\lambda$ 中的时钟 v 是一样的，把 λ 中的时钟映射到 0。对于 $d\in\mathbb{R}$，定义 $v+d$ 为把每一个 $x\in X$ 的时钟映射到 $v(x)+d$ 的时钟赋值。时钟赋值 $v-d$ 以相同的方法定义。

我们从刚开始的介绍中知道时间约束自动机有两种基本的变迁类型：

- 延迟变迁对应于保持在某些位置的时间推移，记为$(s,v)\xrightarrow{d}(s,v+d)$，其中 $d\in\mathbb{R}^+$，假设对于每一个 $0\leqslant e\leqslant d$，不变量 $I(s)$在 $v+e$ 上满足。
- 行为变迁对应于执行一个 T 中的变迁，记为 $(s,v)\xrightarrow{a}(s',v')$，$a\in\Sigma$，仅当存在一个变迁 $\langle s,a,\varphi,\lambda,s'\rangle$，使得 v 满足 φ 以及 $v'=v[\lambda:=0]$。

$\mathcal{T}(A)$ 的变迁关系 R 来源于延迟变迁和行为变迁的组合。如果存在 s''和 v''，使得对于 $d\in\mathbb{R}$，$(s,v)\xrightarrow{d}(s'',v'')\xrightarrow{a}(s',v')$，则将记为 $(s,v)\,R\,(s',v')$ 或 $(s,v)\overset{a}{\Rightarrow}(s',v')$。

在本章的后续部分，将描述一种解决 $\mathcal{T}(A)$ 的可达性问题的算法：假设初始状态集合 Q_0，我们将说明计算 Q_0 的所有可达状态 $q\in Q$ 的集合的方法。因为 $\mathcal{T}(A)$ 有无限个状态，所以这个问题是非平凡的。为了完成这个目标，需要将 $\mathcal{T}(A)$ 的无限状态空间表示成有限的。找出这种表示方法将是下一节的主题。

17.2 并行组合

在考虑可达性问题之前，先来看看实时系统如何使用自动机的并行组合[3,5]来建模。首先给出这个运算的交织语义(异步语义)。令 $A_1=(\Sigma_1,S_1,S_0^1,X_1,I_1,T_1)$ 和 $A_2=(\Sigma_2,S_2,S_0^2,X_2,I_2,T_2)$ 是两个时间约束自动机，并假设这两个自动机的时钟集合不相交，即 $X_1\cap X_2=\emptyset$，则 A_1和A_2 的并行组合的时间约束自动机为

$$A_1\parallel A_2=\langle\Sigma_1\cup\Sigma_2,\ S_1\times S_2,\ S_0^1\times S_0^2,\ X_1\cup X_2,\ I,\ T\rangle.$$

其中，$I(s_1,s_2)=I_1(s_1)\wedge I_2(s_2)$。边关系 T 由以下规则给出：

1. 对 $a\in\Sigma_1\cap\Sigma_2$，如果 $\langle s_1,a,\varphi_1,\lambda_1,s_1'\rangle\in T_1$，且 $\langle s_2,a,\varphi_2,\lambda_2,s_2'\rangle\in T_2$，则 T 将包含变迁 $\langle(s_1,s_2),\ a,\varphi_1\wedge\varphi_2,\lambda_1\cup\lambda_2,(s_1',s_2')\rangle$。
2. 对 $a\in\Sigma_1-\Sigma_2$，如果 $\langle s,a,\varphi,\lambda,s'\rangle\in T_1$ 和 $t\in S_2$，则 T 将包含变迁 $\langle(s,t),a,\varphi,\lambda,(s',t)\rangle$。
3. 对 $a\in\Sigma_2-\Sigma_1$，如果 $\langle s,a,\varphi,\lambda,s'\rangle\in T_2$ 和 $t\in S_1$，则 T 将包含变迁 $\langle(t,s),a,\varphi,\lambda,(t,s')\rangle$。

因此，并行组合的位置是一个位置对，对中的元素对应了作为组件的自动机的相关量，位置的不变量是各组件位置不变量的合取。每个自动机对应的具有相同作用的变迁，在并行组合中形成一个变迁。变迁的源位置就是各个自动机中变迁源位置的组合。变迁的目标位置就是各个自动机中变迁的目标位置的组合。guard 是各个自动机的 guard 的合取，重置时钟集合是各个自动机重置时钟集合的并。如果变迁的行为只对应于一个自动机的变迁，那么在并行组合自动机中存在一个变迁，它的每一个位置都在另外一个自动机中，这种变迁的源位置和目标位置可以从形成这种变迁的源位置和目标位置以及另外一个自动机的位置中得到，且变迁中所有的其他组件都保持不变。

17.3 使用时间约束自动机进行建模

为了说明如何使用时间约束自动机来为实时系统建模，我们来看看由 Daws 和 Yovine[93] 提出的一个简单的制造业工厂的例子。这个工厂的生产组件包括：一个从左向右移动的传送带、一个处理室和两个把盒子从处理室移动到传送带上的机器人，如图 17.2 所示。第一个机器人(称为 D–机器人)从处理室拿到一个盒子后把它堆积到传送带的左端。第二个机器人(称为 G–机器人)从传送带右端得到盒子然后把它送回处理室。下面将从细节上来描述每一个组件。

对应于 D–机器人的时间约束自动机如图 17.3 所示。这个机器人在处理室等待(在 D–Wait 位置)直到一个盒子准备好(由动作 s–ready 推出)。接着，拿起这个盒子(D–Pick)，转向右面(D–Turn–R)，然后把盒子放到移动的传送带上(D–Put)。然后再转到左面(D–Turn–L)，回到其最初的位置。拿起盒子或者放下盒子需要 1～2 s。转到左面或者转到右面需要 5～6 s。

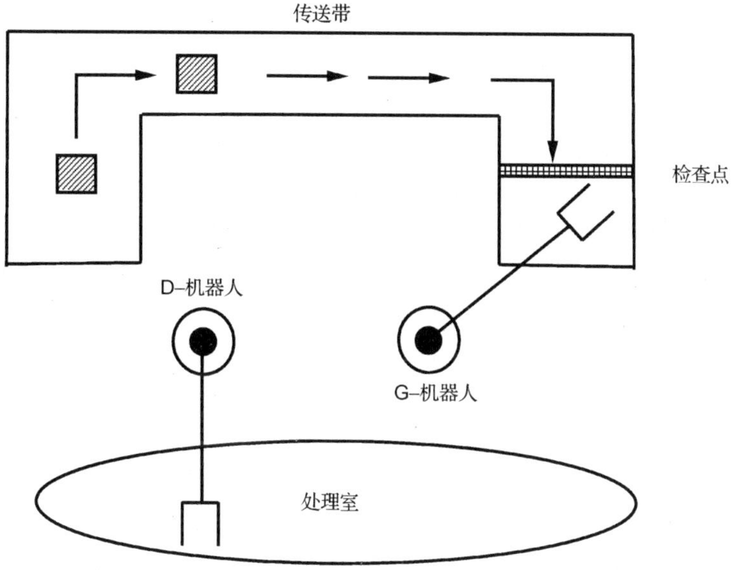

图 17.2　工厂的生产过程

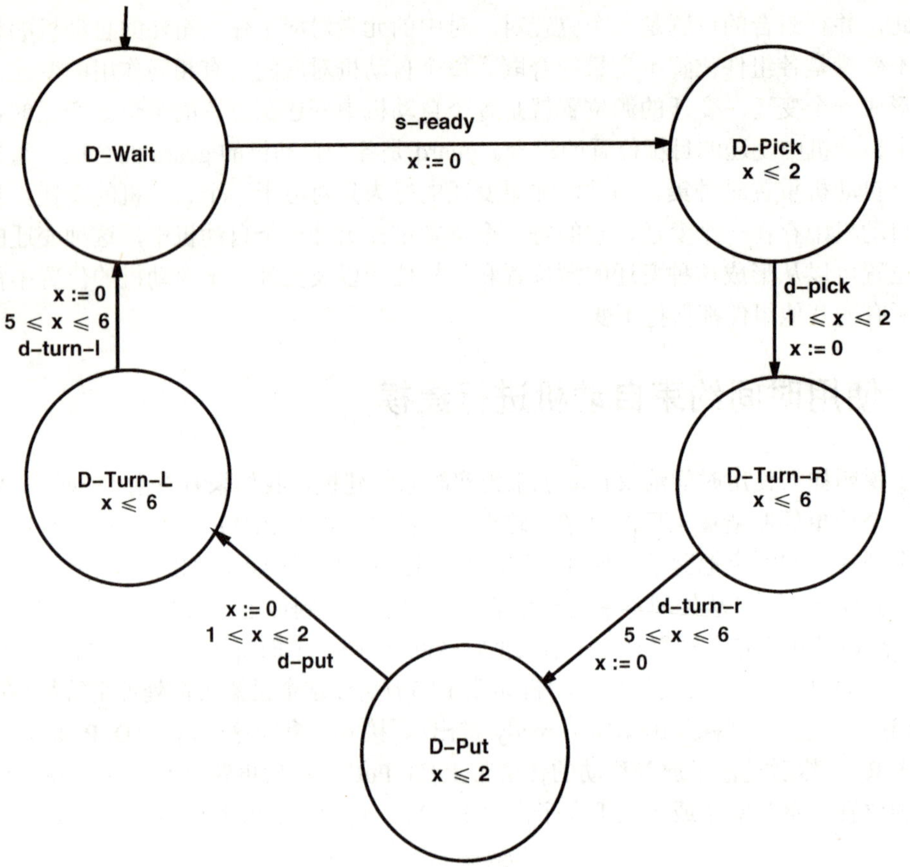

图 17.3 D–机器人的时间约束自动机

对应于 G–机器人的时间约束自动机如图 17.4 所示。这个机器人等待(在 G–Inspect 位置)传送带右端的检查点，直到有一个盒子传送到这一点。机器人必须在盒子掉到传送带下面之前拿起盒子(G–Pick)。接着，它转到右面(G–Turn–R)，等待处理室处理完前一个盒子(G–Wait)，然后把这个盒子放到处理室(G–Put)。最后，它转向左面(G–Turn–L)回到观察点。机器人花费 3～8 s 来拿起盒子，花费 6～10 s 转到右面，需要 1～2 s 将盒子放到处理室，接着花费 8～10 s 转到观察点。

处理室的时间约束自动机如图 17.5 所示。处理室刚开始是空的(S–Empty)。当一个盒子到达处理室时，它需要 8～10 s 去处理它。然后这个盒子可以被 D–机器人取走。

盒子的时间约束自动机如图 17.6 所示。刚开始，盒子从传送带的左边向观察点移动(B–Mov)。当它穿过观察点(B–Inspect)时，这个盒子将掉下传送带(B–Fall)，除非被 G–机器人拿到(B–on–G)。以后的情况是，盒子再次被放到处理室(B–on–S)，被 D–机器人拿到(B–on–D)，然后放回传送带的左端。盒子花费 133～134 s 从传送带左端到达观察点。如果盒子在穿过观察点 20～21 s 之内没有被拿起，则盒子掉下传送带。

系统的时间约束自动机是以上 4 个独立的时间约束自动机的并行合成。

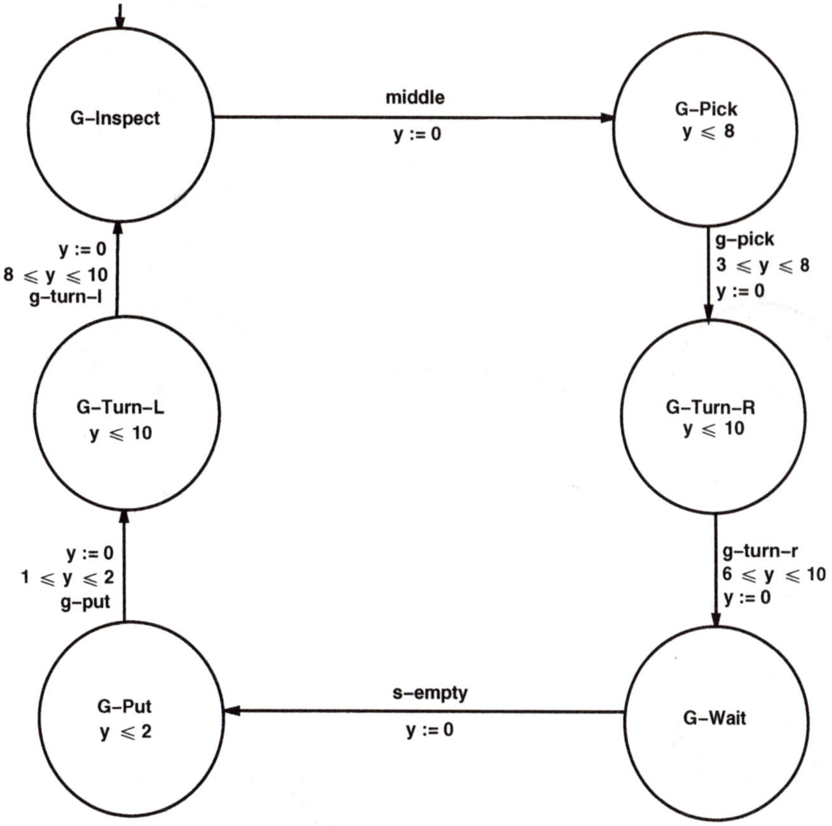

图 17.4　G–机器人的时间约束自动机

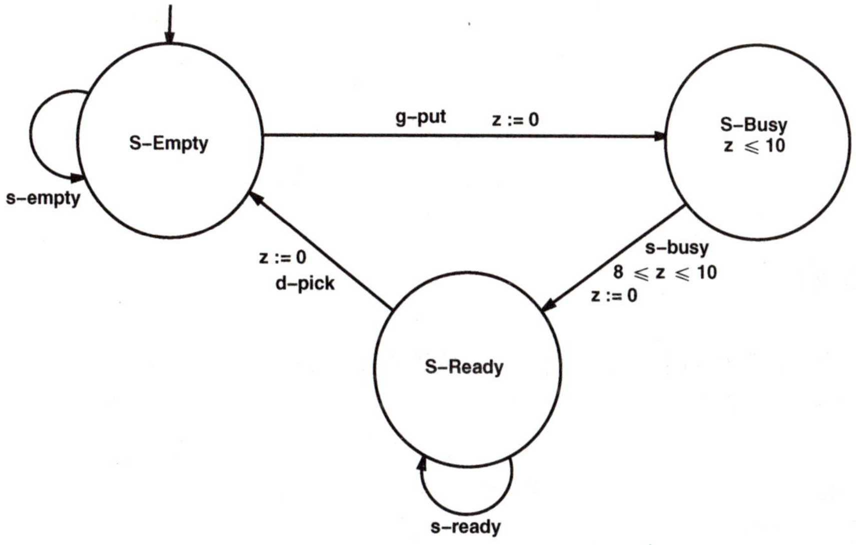

图 17.5　处理室的时间约束自动机

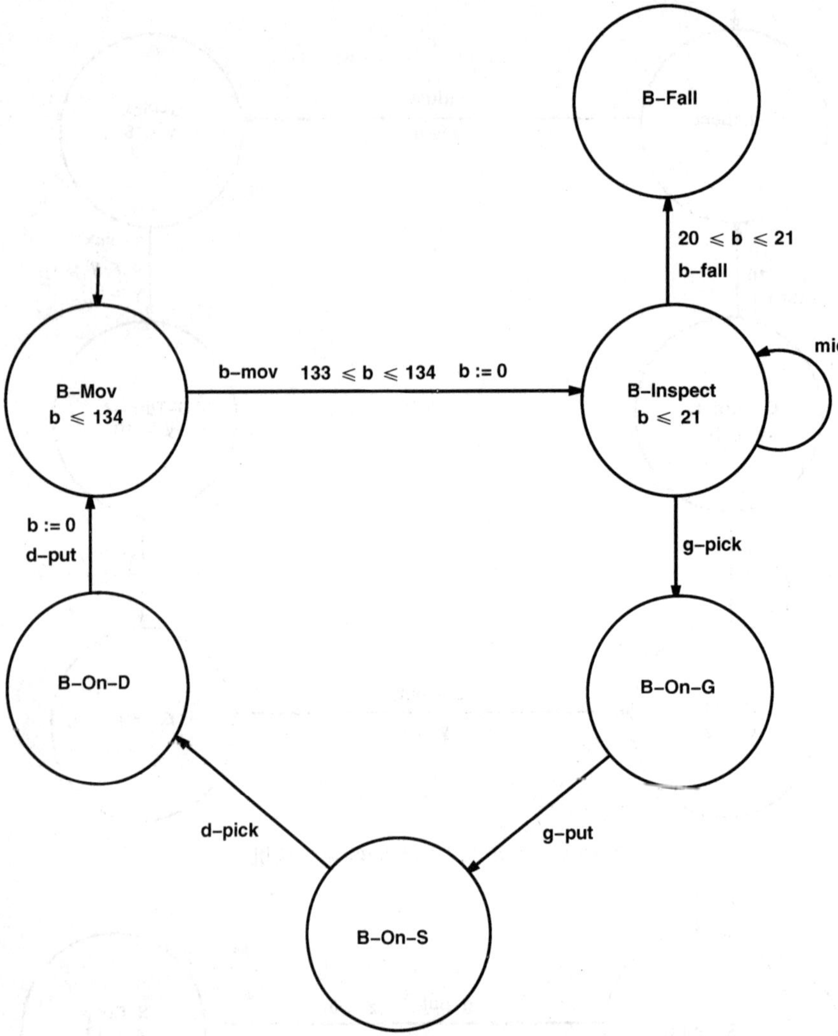

图 17.6 盒子的时间约束自动机

17.4 时钟域

在时间约束自动机的定义中，允许作为位置不变量和变迁的时钟约束包含任意的合理限制。给每一个时钟约束乘以所有时钟约束分母的最小公倍数[3]，就可以把所有的约束转变成整数值。但是时钟的值仍然是任意的实数。使用这个转换规则可以改变可达集合 $T(A)$ 中的时间赋值。幸运的是，这并不会产生什么大问题。原始自动机的可达状态可以通过在自动机转变位置将变迁规则反转而得到，即将每一个时钟赋值除以 m。

转换后自动机的最大约束是原始自动机中最大约束与 m 的乘积。因此，变迁在最坏情况下会导致时钟约束编码的规模为长度的二次方[3]。在复杂性上的这种增加是可以接受的，因为变迁会简化时钟约束中的某种运算，这个运算将会在本章后面讲到。以后时间约束自动机中出现的时钟约束将统一使用这种变化。为了不失一般性，以后我们将假设所有时钟约束中的常量都是整数。

为了得到时间约束自动机中无限状态空间的有限表示，需要定义时钟域[7,8]。时钟域实际上是一组时钟赋值。如果两个状态对应于时间约束自动机 A 的相同位置，且在所有时钟的整数部分和小数部分均一致，则这两个状态的行为相似。时钟值的整数部分确定了处于某个位置的不变量或者某个变迁的时钟约束(guard)是否被满足。时钟值的小数部分确定了哪一个时钟将首先改变它的整数部分。这是因为时钟约束仅仅考虑整数，以及所有的时钟同时增加。

比如，令 A 是一个有两个时钟 x_1 和 x_2 的时间约束自动机。令 s 是 A 中的一个位置。在这个位置上，有一个到达其他位置的变迁 e。考虑 s 对应的 $\mathcal{T}(A)$ 中的两个状态 (s,v) 和 (s,v')。假设 $v(x_1)=5.3$，$v(x_2)=7.5$，$v'(x_1)=5.5$ 及 $v'(x_2)=7.9$。再假设结合了 e 的 guard φ 是 $x_1 \geqslant 8 \wedge x_2 \geqslant 10$。很容易看出来，如果 (s,v) 最终满足这个 guard，则 (s,v') 也将满足。

一个时钟的值可以任意大，尽管如此，如果时钟从来都不与某个大于 c 的常数进行比较(最小上界)，则时钟的值只要超过 c 就在自动机 A 上不再有效果。举个例子，在某个位置的不变量或者某个变迁的 guard 中，时钟 x 从来不与大于 100 的常数进行比较。则基于 A 的行为，不能区分值为 101 的和值为 1001 的 x。

Alur，Courcoubetis 和 Dill 给出了如何形式化这种推理的方法[7,8]。对于每一个时钟 $x \in X$，令 c_x 是在任意位置上的不变量或者任何变迁的 guard 中的 x 需要比较的最大常量。对于 $t \in \mathbb{R}^+$，令 $fr(t)$是 t 的小数部分，而且令$\lfloor t \rfloor$是 t 的整数部分。因此，$t=\lfloor t \rfloor + fr(t)$。在时钟赋值集合上定义如下的等价关系 $\cong$：令 v 和 v'是两个时钟赋值，则 $v \cong v'$ 当且仅当三个条件满足：

1. 对于所有 $x \in X$，或者 $v(x) \geqslant c_x$，$v'(x) \geqslant c_x$，或者 $\lfloor v(x) \rfloor = \lfloor v'(x) \rfloor$。
2. 对于所有 $x, y \in X$，使得 $v(x) \leqslant c_x$ 且 $v(y) \leqslant c_y$，$fr(v(x)) \leqslant fr(v(y))$ 当且仅当 $fr(v'(x)) \leqslant fr(v'(y))$。
3. 对于所有 $x \in X$，使得 $v(x) \leqslant c_x$，$fr(v(x))=0$ 当且仅当 $fr(v'(x))=0$。

很容易看到 $\cong$ 定义了一个等价关系。$\cong$ 的等价类被称为域[7,8]。使用$[v]$来表示包含时钟赋值 v 的域。每一个域都可以表示如下：

1. 对于每一个时钟 $x \in X$，其时钟约束是集合 $\{x=c \mid c=0,\cdots,c_x\} \cup \{c-1<x<c \mid c=1,\cdots,c_x\} \cup \{x>c_x\}$。
2. 对于每一对时钟 $x, y \in X$，无论 $fr(x)$是大于、小于还是等于 $fr(y)$，$c-1<x<c$ 和 $d-1<y<d$ 都是第一种情况的时钟约束。

从文献[8]得到的图 17.7 给出了有两个时钟 x 和 y 的时间约束自动机的时钟域，其中 $c_x=2$ 和 $c_y=1$。在这个例子中，总共有 28 个域，包括 6 个角点(比如$[(1,0)]$)、14 个开线段(比如$[1<x<2 \wedge y=x-1]$)和 8 个开区间(比如$[1<x<2 \wedge 0<y<x-1]$)。

我们将使用以上的结论来表示≅拥有有限个索引，即域的个数是有限的。对这个事实的证明基于文献[8]中给出的证明过程。

引理 43 在 $\mathcal{C}(X)$ 中，由≅得出的等价类（即时钟域）的数量的界限为

$$|X|!\cdot 2^{|X|}\cdot\prod_{x\in X}(2c_x+2)$$

证明 ≅的等价类$[v]$可以用一个三元组$\langle \alpha,\beta,\gamma\rangle$通过下面的方法来描述：对于每一个时钟，$x\in X$，数组$\alpha$确定下面区间中包含值$v(x)$的区间。

$$\{[0,0],(0,1),[1,1],\cdots,(c_x-1,c_x),[c_x,c_x],(c_x,\infty)\}$$

因此数组α表示时钟赋值v当且仅当对于每一个$x\in X$，都有$v(x)\in\alpha(x)$。选择α的方法的个数为$\prod_{x\in X}(2c_x+2)$。

令X_α是时钟x的集合，使得$\alpha(x)$的形式为$(i, i+1)$，$i\leqslant c_x$。因此，X_α是一个具有非零小数部分的时钟集合。数组$\beta: X_\alpha\to\{1,\cdots,|X_\alpha|\}$是$X_\alpha$的一个置换，它根据≤来给出$X_\alpha$中小数部分的顺序。因此，数组$\beta$表示一个时钟赋值$v$当且仅当对于每一个对$x,y\in X_\alpha$，如果$\beta(x)<\beta(y)$，则$fr(v(x))\leqslant fr(v(y))$。对于一个给定的$\alpha$，选择$\beta$的方法的个数的界限是$|X_\alpha|!$，也就是$|X|!$。

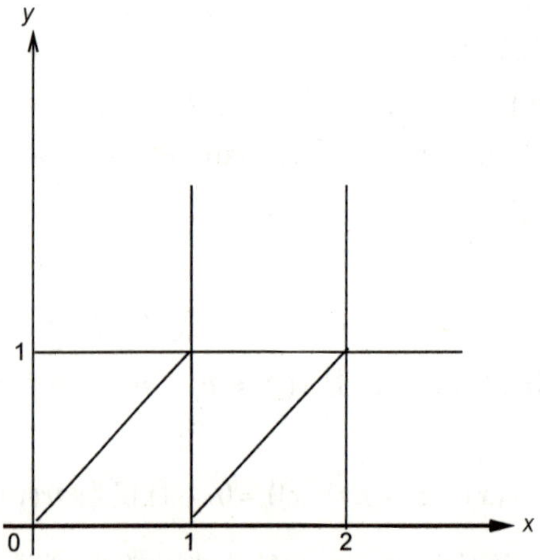

图 17.7 时钟域的例子

第三个组件γ是一个由X_α规定顺序的数组序列，它用来表示X_α中哪些时钟具有相同的小数部分。对于每一个块，可以从$\gamma(x)$得出$v(x)$的小数部分是否等于β中它的前驱的小数部分。因此，数组γ表示一个块赋值v，当且仅当存在一个时钟$y\in X_\alpha$使得$\beta(y)=\beta(x)+1$以及$fr(v(x))=fr(v(y))$时，对于每一个$x\in X_\alpha$，都有$\gamma(x)=0$。选择γ的方法的个数的界限由X_α上的布尔数组的个数决定，它的界限是$2^{|X|}$。

因此，α编码了时钟赋值的整数部分，β和γ编码了时钟赋值的小数部分的顺序。很容易看到，由三元组表示的集合就是≅的等价类，而且每一个等价类有一些对应的三元组可以表示。引理中给出的界限是α,β,γ界限的乘积。引理证毕。

等价关系$\cong$的以下的性质在本章后面会用到。

引理 44 令v_1和v_2是两个时钟赋值，φ是一个时钟约束，$\lambda \subseteq X$是一个时钟集合。

1. 如果$v_1 \cong v_2$且t是一个非负的整数，则$v_1 + t \cong v_2 + t$。
2. 如果$v_1 \cong v_2$，则对于$\forall t_1 \in \mathbb{R}^+$，$\exists t_2 \in \mathbb{R}^+$，有$[v_1 + t_1 \cong v_2 + t_2]$。
3. 如果$v_1 \cong v_2$，则v_1满足φ当且仅当v_2满足φ。
4. 如果$v_1 \cong v_2$，则$v_1[\lambda := 0] \cong v_2[\lambda := 0]$。

如果 t 不是一个整数，则第一个性质可能不会被满足。比如$(.2,.8) \cong (.1,.2)$，但$(.2,.8)+.3$不等于$(.1,.2)+.3$。除了第二个性质，其他性质都很容易证明，我们留给读者来做。第二个性质简单证明如下。证明过程不是很难，但有些单调乏味，当读者第一次阅读本章时可以跳过它。

证明 假设$v_1 \cong v_2$。可以假定$t_1 > 0$，否则可以简单地选择$t_2 = 0$。令$X = \{x_1, x_2, \cdots, x_n\}$。可以将$v_1$作为一个向量$v_1 = \langle a_1, \cdots, a_n \rangle$，其中$a_i$是$x_i$中的时钟$v_1$的值。类似地，可以令$v_2 = \langle b_1, \cdots, b_n \rangle$。因为对应的时钟有相同的整数部分，为了不失一般性可以假设$0 \leqslant a_i < 1$和$0 \leqslant b_i < 1$。再假定时钟值以递增顺序排序，使得$a_1 \leqslant a_2 \leqslant \cdots \leqslant a_n$以及$b_1 \leqslant b_2 \leqslant \cdots \leqslant b_n$。

第一种情况，假设$v_1 + t_1$中的最大元素小于等于 1。这种情况是平凡的。我们可以简单地选择t_2使得$v_1 + t_1 \cong v_2 + t_2$。

第二种情况，假设$0 \leqslant t_1 < 1$。令$v_1 + t_1$的第一个大于等于 1 的元素是$a_k + t_1$。选择ϵ，使得当$a_k + t_1 = 1$时，$\epsilon = 0$。而且当$a_k + t_1 > 1$时，$0 < \epsilon < b_k - b_{k-1}$。如果$b_k = b_{k-1}$，则$a_k = a_{k-1}$且$a_k + t_1$不是$v_1 + t_1$中第一个大于等于 1 的元素。我们将给出$v_1 + t_1 \cong v_2 + (1 + \epsilon - b_k)$，因此将向量分成两个部分，令

$$L_1 = \langle a_1 + t_1, \cdots, a_{k-1} + t_1 \rangle$$

$$L_2 = \langle b_1 + (1 + \epsilon - b_k), \cdots, b_{k-1} + (1 + \epsilon - b_k) \rangle$$

在每种情况下，都可以直接得到

1. 所有的元素都是正的。
2. 元素以递增顺序排序。
3. 所有的元素都小于 1。

由于这些条件，很容易得到$L_1 \cong L_2$。类似地，可以让

$$R_1 = \langle a_k + t_1, \cdots, a_n + t_1 \rangle$$

$$R_2 = \langle b_k + (1 + \epsilon - b_k), \cdots, b_n + (1 + \epsilon - b_k) \rangle$$

R_1和R_2中的所有元素都大于等于 1。小数部分可以分别由$R_1 - 1$和$R_2 - 1$得到。对于这些向量而言，可以很直接地得到

1. 所有的元素都是正的。

2. 元素以递增顺序排序。
3. 所有的元素都小于 1。

而且，一个向量中的元素是 0，当且仅当另一个向量中对应的元素也是 0。因此 $R_1-1\cong R_2-1$，从而可以得到 $R_1\cong R_2$。

不难看出 R_2 的小数部分超出 L_2 的小数部分。令 $i\geqslant k$ 和 $j<k$。则

$$b_i+(1+\epsilon-b_k)-1\leqslant b_j+(1+\epsilon-b_k)$$

等价于 $b_i-b_j\leqslant 1$ 很明显成立。对于 R_1 和 L_1 的小数部分也有相同的关系可以满足，即

$$a_i+t_1-1\leqslant a_j+t_1$$

因此，可以得到 $R_1\cdot L_1\cong R_2\cdot L_2$，其中"·"是向量的连接。这就表明对于所有的 $t_1(0\leqslant t_1<1)$，存在 t_2 使得 $v_1+t_1\cong v_2+t_2$。第二种情况证毕。

第三种情况，假设 $t_1\geqslant 1$。令 $t_1'=t_1-\lfloor t_1\rfloor$，使得 $0\leqslant t_1'<1$。寻找使 $v_1+t_1'\cong v_2+t_2'$ 成立的 t_2'。则

$$v_1+t_1'+\lfloor t_1\rfloor\cong v_2+t_2'+\lfloor t_1\rfloor$$

如果选择 $t_2=t_2'+\lfloor t_1\rfloor$，则可以得到我们需要的 $v_1+t_1\cong v_2+t_2$。整个定理证毕。

时钟赋值上的等价关系 $\cong$ 可以被扩展到 $T(A)$ 的状态空间上的等价关系。只需要让等价状态具有同样的位置和等价的时钟赋值，$(s,v)\cong(s',v')$ 当且仅当 $s=s'$ 且 $v\cong v'$。等价关系 $\cong$ 的主要性质由下面的引理[5]给出。

引理 45 如果 $v_1\cong v_2$，$(s,v_1)\overset{a}{\Rightarrow}(s',v_1')$，则存在一个时钟赋值 v_2' 使得 $v_1'\cong v_2'$ 且 $(s,v_2)\overset{a}{\Rightarrow}(s',v_2')$。

证明 假设 $v_1\cong v_2$，$(s,v_1)\overset{a}{\Rightarrow}(s',v_1')$，则从状态 (s,v_1) 到状态 (s',v_1') 的变迁关系 $\langle s,a,\varphi,\lambda,s'\rangle$ 对应于时间约束自动机中的两个变迁:

- 延迟变迁：存在 $d_1\geqslant 0$，使得延迟变迁 $(s,v_1)\xrightarrow{d_1}(s,v_1+d_1)$ 成立。
- 行为变迁：存在 $(s,v_1+d_1)\xrightarrow{a}(s',v_1')$，使得 v_1+d_1 满足 φ 且 $v_1'=(v_1+d_1)[\lambda:=0]$。

因为 $v_1\cong v_2$ 而且 v_1 满足 $I(s)$，v_2 也满足 $I(s)$ 且存在 $d_2\geqslant 0$ 使得 $v_1+d_1\cong v_2+d_2$。因为 v_1+d_1 满足 $I(s)$，所以 v_2+d_2 也满足 $I(s)$。由于时钟约束 $I(s)$ 是 convex 形式的且被 v_2 和 v_2+d_2 所满足，因此 $I(s)$ 一定会被 v_2+e 满足，其中对于所有的 e，都有 $0\leqslant e\leqslant d_2$。结果，延迟变迁 $(s,v_2)\xrightarrow{d_2}(s,v_2+d_2)$ 是合法的。

因为 $v_1+d_1\cong v_2+d_2$，v_1+d_1 和 v_2+d_2 必须满足 φ 的时钟约束。因此，变迁 $\langle s,a,\varphi,\lambda,s'\rangle$ 也必须在状态 (s,v_2+d_2) 上成立。令 $v_2'=(v_2+d_2)[\lambda:=0]$，则 v_2' 等于 v_1'。因此，存在一个行为变迁 $(s,v_2+d_2)\xrightarrow{a}(s',v_2')$。将行为变迁和延迟变迁结合起来，我们就可以得到所需的 $(s,v_2)\overset{a}{\Rightarrow}(s',v_2')$。

依据这个引理可以构建有限状态变迁图，这个图互模拟等价于无限状态变迁图 $\mathcal{T}(A)$。这个有限状态变迁图称为 A 的域图[7,8]，记为 $\mathcal{R}(A)$。域是一个对$(s, [v])$。因为 $\cong$ 只有有限个索引，所以只有有限个域。域图的状态是 A 中的域。构造 $\mathcal{R}(A)$ 使之具有性质：(s,v)是 $\mathcal{T}(A)$ 中的一个状态，则域$(s, [v])$是 $\mathcal{R}(A)$ 中的一个状态。域图的初始状态的形式为$(s_0,[v_0])$，其中 s_0 是 A 中的初始状态，而且 v_0 是将所有时钟赋为 0 的时钟赋值。$\mathcal{R}(A)$ 中的变迁关系需要保证互模拟关系。一个从域$(s, [v])$到域$(s', [v'])$的变迁被标为 a，当且仅当如果存在赋值 $\omega \in [v]$和 $\omega' \in [v']$使 (s,ω) 到 (s',ω') 存在一个变迁。

我们总结域图 $\mathcal{R}(A)$ 的构建方法如下。令 $A=(\Sigma, S, S_0, X, I, T)$是一个有限自动机。则

- $\mathcal{R}(A)$ 中状态的形式为$(s, [v])$，其中 $s \in S$ 且$[v]$是一个时钟域。
- 初始状态的形式为$(s_0,[v])$，其中对于所有的 $x \in X$ 都有 $s_0 \in S_0$ 和 $v(x) = 0$。
- $\mathcal{R}(A)$ 中有一个变迁$((s, [v]), a, (s', [v']))$，当且仅当对于 $\omega \in [v]$和 $\omega' \in [v']$, $(s, \omega) \overset{a}{\Rightarrow} (s', \omega')$。

我们可以使用引理 45 去证明互模拟等价。

定理 31　状态变迁图 $\mathcal{T}(A)$ 和域图 $\mathcal{R}(A)$ 在变迁系统中是互模拟等价的。

证明　我们将证明 $\mathcal{T}(A)$ 和 $\mathcal{R}(A)$ 是互模拟等价的。通过$(s, v)B(s, [v])$来定义互模拟等价关系B。很容易看到，初始状态(s_0,v_0)对应于状态$(s_0,[v_0])$。下面证明对于 $\mathcal{T}(A)$ 中的每一个变迁，存在一个 $\mathcal{R}(A)$ 中对应的变迁关系，反之亦然。首先假设$(s,v)B(s,[v])$且$(s,v) \overset{a}{\Rightarrow} (s',v')$。可以立即得到$(s,[v]) \overset{a}{\Rightarrow} (s',[v'])$以及$(s',v')B(s',[v'])$。另一方面，假设$(s,v)B(s,[v])$和$(s,[v]) \overset{a}{\Rightarrow} (s',[v'])$。则存在 $\omega \cong v$ 和 $\omega' \cong v'$。因为 $\omega \cong v$，通过引理 45 可知，存在(s',v'')使得$(s',\omega') \cong (s',v'')$。因此，$v'' \cong \omega' \cong v'$，所以$[v'']=[v']$。根据 B 的定义$(s',v'')B(s',[v''])$，则可以得到$(s',v'')B(s',[v'])$。

17.5　时钟区

另一种得到无限状态空间 $\mathcal{T}(A)$ 的有限表示的方法是定义时钟区[3]，这种方法也给出了一种时钟赋值集合的表示。时钟区研究时钟值与整数或者其他时钟值组成的不等式的合取。我们允许下面形式的不等式：

$$x \prec c,\ c \prec x,\ x - y \prec c$$

其中，$\prec$ 指 $<$ 或 $\leqslant$。

通过引入一个值恒为 0 的时钟 x_0，可以得到一个非常统一的时钟区的概念。因为时钟值通常都是非负的，所以可以假设一个只和某个时钟有关的约束，其形式如下：

$$-c_{0,i} \prec x_i \prec c_{i,0}$$

其中，$-c_{0,i}$ 和 $c_{i,0}$ 都是非负的。通过使用一个特殊的时钟 x_0，可以将约束用两个不等式的合取来表示：

$$x_0 - x_i \prec c_{0,i} \wedge x_i - x_0 \prec c_{i,0}$$

因此，时钟区的一般形式是

$$x_0 = 0 \wedge \bigwedge_{0 \leqslant i \neq j \leqslant n} x_i - x_j \prec c_{i,j}$$

下面的运算将被用来从简单的时钟区构建更为复杂的时钟区[3]。令φ是一个时钟区。如果$\lambda \subseteq X$是一个时钟集合，则定义$\varphi[\lambda:=0]$为所有时钟赋值$v[\lambda:=0]$的集合，其中$v \in \varphi$。如果$d \in \mathbb{R}^+$，则定义$\varphi+d$是所有时钟赋值$v+d$的集合，其中$v \in \varphi$。集合$\varphi-d$的定义也是相似的。

令φ是一个根据X中的时钟表示的时钟区。φ的合取将表示X中的时钟赋值的集合。如果X包含k个元素，则φ将是一个欧几里得空间上的k维凸子集。下面的引理指出将一个时钟区映射到低维的子空间后它依然是一个时钟区。

引理 46 如果φ是一个拥有自由时钟变量x的时钟区，则$\exists x[\varphi]$也是一个时钟区。

这个引理在处理时钟区时是非常有价值的，将在本节的后面部分证明。

时间约束自动机A的初始状态的时钟变量的赋值很容易表示成一个时钟区，因为对于所有的$x \in X$，都有$v(x)=0$。而且，每一个时钟约束都在自动机位置的不变量或者一个时钟区的变迁中使用。因为这个原因，时钟区可以在时间约束自动机各种状态可达性分析的算法中使用。这些算法通常可以表示成时钟区上的三种运算[3]。

交

如果φ和ψ是两个时钟区，则它们的交集$\varphi \wedge \psi$也是一个时钟区。这很容易理解。由于φ和ψ是时钟区，它们可以作为时钟约束的合取来表示。因此$\varphi \wedge \psi$也是时钟约束的合取，所以是一个时钟区。

时钟重置

如果φ是一个时钟区，λ是一个时钟集合，则$\varphi[\lambda:=0]$是一个时钟区。我们将证明，当λ包含时钟x时，上面的说法是真的。在这种情况下，$\varphi[x:=0]$等于$\exists x[\varphi \wedge x=0]$，通过引理 46 可得此结果。然后这个结论很容易扩展到多余一个时钟的集合中。

时间推移

首先从一个几何上的例子(参见图 17.8)来描述这个运算。三角形区域表示一个简单的时钟区φ。三角形φ上面的区域是没有边界的，它的边(虚线)同水平线成 45° 角。这个三角形和它上面的区域表示某个时钟赋值，这个时钟赋值从φ中的一个赋值经过时间推移可达。此区域被记为$\varphi^{\Uparrow}$。

形式上，如果φ是一个时钟区，且时钟赋值v满足公式$\exists t \geqslant 0[(v-t) \in \varphi]$，或者等价的公式$\exists t \geqslant 0[v \in (\varphi+t)]$，则时钟赋值$v$将是$\varphi^{\Uparrow}$中的一个元素。这个区域是一个时钟区。为了说明这一点，假设t是一个新的时钟，考虑$\varphi+t$是一个依赖于X中的时钟和t的时钟区。下面来看三种类型的不等式：

1．$-c_{0,i} \prec x_i$：这个不等式将变为 $-c_{0,i} \prec x_i - t$，可重新写为 $t - x_i \prec c_{0,i}$。

2．$x_i \prec c_{i,0}$：这个不等式将变为 $x_i - t \prec c_{i,0}$，此时这个不等式已经具有了合适的形式。

3．$x_i - x_j \prec c_{i,j}$：这个不等式将变为 $(x_i - t) - (x_j - t) \prec c_{i,j}$。因为两个 t 变量的出现互相消除，所以这个不等式也是一个合适的形式。

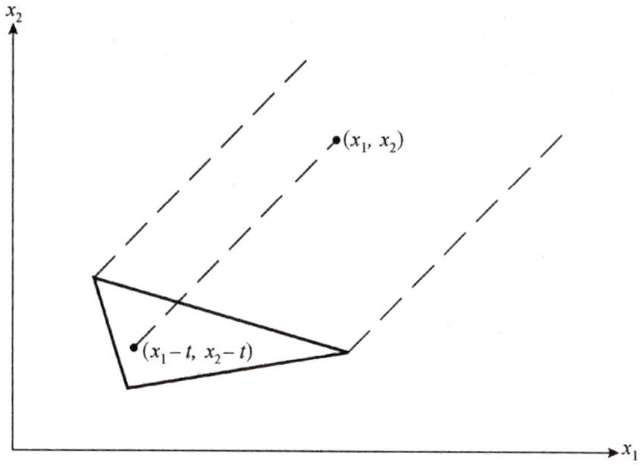

图 17.8　时钟区 φ 和 $\varphi^{\Uparrow}$

因为 $\varphi + t$ 是一个时钟区，我们可以使用引理 46 来分析 $\varphi^{\Uparrow} = \exists t \geqslant 0[\varphi + t]$ 是一个依赖于 X 的时钟区。

原则上，上面给出的时钟区上的三种运算可以用来构建对应于某一个时间约束自动机的变迁关系图 $\mathcal{T}(A)$ 的有限表示。下节将要介绍如何使用区分边界矩阵[3,99]来更有效地表示这个算法。在本节，状态由区表示[3]。区是一个对 (s,φ)，其中 s 是时间状态自动机中的位置，而 φ 是时钟区。考虑具有变迁关系 $e = (s, a, \psi, \lambda, s')$ 的时间状态自动机 A。假设当前的区是 (s,φ)。即 s 是 A 中的一个位置，φ 是一个时钟区。时钟区 $succ(\varphi,e)$ 表示时钟赋值集合 v'，$v \in \varphi$，状态 (s',v') 可以从状态 (s,v) 通过允许时间推移以及执行变迁关系 e 而可达。对 $(s', succ(\varphi,e))$ 表示在变迁关系 e 下 (s,φ) 的后继。时钟区 $succ(\varphi,e)$ 可以通过下面的步骤[3]得到：

1．用位置 s 的不变量与 φ 相交来寻找可能的当前状态的时钟赋值。

2．令位置 s 的时间推移使用上面介绍的 $\Uparrow$ 运算。

3．再次用位置 s 的不变量与 φ 相交来寻找仍然满足不变量的时钟赋值的集合。

4．用变迁关系 e 的 guard ψ 来相交，寻找被变迁关系满足的时钟赋值。

5．将所有 λ 中被变迁关系重置的时钟设置为 0。

将上面所有的步骤联写成一个公式，可以得到

$$succ(\varphi, e) = ((\varphi \wedge I(s))^{\Uparrow} \wedge I(s) \wedge \psi)[\lambda := 0])$$

因为时钟区在交、时间推移和时钟重置运算上是封闭的，所以集合 $succ(\varphi,e)$ 也是一个时钟区。

最后描述如何从时间约束自动机 A 来构建变迁系统。变迁系统被称为区图，记为 $Z(A)$。

$Z(A)$ 中的状态是 A 中的区。如果 s 是 A 中的一个初始位置，则$(s, [X:=0])$将是 $Z(A)$ 中的初始状态。在 $Z(A)$ 中，存在一个从区 (s,φ) 到区$(s',succ(\varphi,e))$的变迁关系，$succ(\varphi,e)$ 上的每一个变迁关系的形式都是 $e=(s,a,\psi,\lambda,s')$，都标记为 a。因为构造区图的每一步都是有效的，这就给出了一个在状态变迁图 $\mathcal{T}(A)$ 中确定状态可达性的算法。在下节中，将给出如何使这个构造方法更有效率。

在结束本节的讨论之前，先证明引理 46，在前面只给出了它的定义而没有证明。证明并不困难，可以在第一次阅读本节时跳过。

证明 假设时钟区 φ 为

$$x_0 = 0 \wedge \bigwedge_{0\leqslant i\neq j\leqslant n} x_i - x_j \prec c_{i,j}$$

其中每一个 $\prec$ 的实例是 $<$ 或 $\leqslant$。为了不失一般性，我们将证明当 $n>0$ 时，$\exists x_n[\varphi]$ 是一个时钟区。特别地，将 $\exists x_n[\varphi]$ 表示为

$$x_0 = 0 \wedge \bigwedge_{0\leqslant i\neq j<n} x_i - x_j \prec c_{i,j} \wedge \bigwedge_{0\leqslant i\neq j<n} x_i - x_j \prec c_{i,n} + c_{n,j}$$

在对证明过程的描述中，通常省略约束 $x_0=0$，因为这个等式是每一个公式的一部分。而且，不允许在 $x_0=0$ 上加量词。我们将首先证明，如果一个变量 $x_0,\cdots,x_{n-1}$ 的赋值满足

$$\exists x_n \left[\bigwedge_{0\leqslant i\neq j\leqslant n} x_i - x_j \prec c_{i,j} \right]$$

则它也满足

$$\bigwedge_{0\leqslant i\neq j<n} x_i - x_j \prec c_{i,j} \wedge \bigwedge_{0\leqslant i\neq j<n} x_i - x_j \prec c_{i,n} + c_{n,j}$$

先重写

$$\bigwedge_{0\leqslant i\neq j\leqslant n} x_i - x_j \prec c_{i,j}$$

为

$$\bigwedge_{0\leqslant i\neq j<n} x_i - x_j \prec c_{i,j} \wedge \bigwedge_{0\leqslant i<n} x_i - x_n \prec c_{i,n} \wedge \bigwedge_{0\leqslant j<n} x_n - x_j \prec c_{n,j}$$

再来看看下面的推理过程：

$$\bigwedge_{0\leqslant i<n} x_i - x_n \prec c_{i,n} \wedge \bigwedge_{0\leqslant j<n} x_n - x_j \prec c_{n,j}$$

$$\Rightarrow \bigwedge_{0\leqslant i\neq j<n} x_i - x_n \prec c_{i,n} \wedge x_n - x_j \prec c_{n,j}$$

$$\Rightarrow \bigwedge_{0\leqslant i\neq j<n} (x_i - x_n) + (x_n - x_j) \prec c_{i,n} + c_{n,j}$$

$$\Rightarrow \bigwedge_{0\leqslant i\neq j<n} x_i - x_j \prec c_{i,n} + c_{n,j}$$

因为最后一个公式不包含 x_n，观察到

$$\exists x_n \left[\bigwedge_{0 \leqslant i \neq j \leqslant n} x_i - x_j \prec c_{i,j} \right]$$

蕴含着

$$\bigwedge_{0 \leqslant i \neq j < n} x_i - x_j \prec c_{i,j} \wedge \bigwedge_{0 \leqslant i \neq j < n} x_i - x_j \prec c_{i,n} + c_{n,j}$$

接着，进行逆推，证明如果变量 $x_0, \cdots, x_{n-1}$ 的某一个赋值，使得

$$\bigwedge_{0 \leqslant i \neq j < n} x_i - x_j \prec c_{i,j} \wedge \bigwedge_{0 \leqslant i \neq j < n} x_i - x_j \prec c_{i,n} + c_{n,j}$$

为真，则也使得

$$\exists x_n \left[\bigwedge_{0 \leqslant i \neq j \leqslant n} x_i - x_j \prec c_{i,j} \right]$$

为真。换句话说，必须找一个变量 x_n 的非负的值，使得

$$\bigwedge_{0 \leqslant i \neq j \leqslant n} x_i - x_j \prec c_{i,j}$$

为真。如果

$$\bigwedge_{0 \leqslant i \neq j < n} x_i - x_j \prec c_{i,j} \wedge \bigwedge_{0 \leqslant i \neq j < n} x_i - x_j \prec c_{i,n} + c_{n,j}$$

为真，则

$$\bigwedge_{0 \leqslant i \neq j < n} x_i - x_j \prec c_{i,n} + c_{n,j}$$

也将为真。这个公式可以重写为

$$\bigwedge_{0 \leqslant i \neq j < n} x_i - c_{i,n} \prec x_j + c_{n,j}$$

因为这个公式符合

$$\operatorname*{Max}_{0 \leqslant i < n} (x_i - c_{i,n}) \prec \operatorname*{Min}_{0 \leqslant j < n} (x_j + c_{n,j})$$

选择一个 x_n 的值，使得

$$\operatorname*{Max}_{0 \leqslant i < n} (x_i - c_{i,n}) \prec x_n \prec \operatorname*{Min}_{0 \leqslant j < n} (x_j + c_{n,j})$$

特别地，选择 $0 - c_{0,n} \prec x_n \prec 0 + c_{n,0}$。因为 $-c_{0,n}$ 和 $c_{n,0}$ 都是非负的，所以 x_n 的值也是非负的，而这正是我们需要的。它使得

$$\bigwedge_{0 \leqslant i \neq j < n} x_i - c_{i,n} \prec x_n \prec x_j + c_{n,j}$$

也为真。可以重写这个公式为

$$\bigwedge_{0\leqslant i<n} x_i - c_{i,n} \prec x_n \wedge \bigwedge_{0\leqslant j<n} x_n \prec x_j + c_{n,j}$$

然后重新排列上面的项，得到

$$\bigwedge_{0\leqslant i<n} x_i - x_n \prec c_{i,n} \wedge \bigwedge_{0\leqslant j<n} x_n - x_j \prec c_{n,j}$$

结果，如果

$$\bigwedge_{0\leqslant i\neq j<n} x_i - x_j \prec c_{i,j} \wedge \bigwedge_{0\leqslant i\neq j<n} x_i - x_j \prec c_{i,n} + c_{n,j}$$

为真，则

$$\bigwedge_{0\leqslant i\neq j<n} x_i - x_j \prec c_{i,j} \wedge \bigwedge_{0\leqslant i<n} x_i - x_n \prec c_{i,n} \wedge \bigwedge_{0\leqslant j<n} x_n - x_j \prec c_{n,j}$$

也将为真。这个公式可以约简到

$$\bigwedge_{0\leqslant i\neq j\leqslant n} x_i - x_j \prec c_{i,j}$$

这个就使得

$$\exists x_n \left[\bigwedge_{0\leqslant i\neq j\leqslant n} x_i - x_j \prec c_{i,j} \right]$$

也为真，而且也证明了引理的另一半。

17.6 边界可区分矩阵

时钟区可以由边界可区分矩阵来表示，边界可区分矩阵是由 Dill 在文献[99]中提出的。这个矩阵由 X 中的时钟加上一个值恒为 0 的时钟 x_0 来索引。这里的时钟 x_0 和前面 x_0 的作用是一样的。矩阵 $\mathcal{D}$ 中的每一项 $\mathcal{D}_{i,j}$ 的形式都是 $(d_{i,j},\prec_{i,j})$，表示的不等式为 $x_i - x_j \prec d_{i,j}$，其中 $\prec_{i,j}$ 或者为 $<$、$\leqslant$，或者当不知道边界时为 $(\infty,<)$。因为变量 x_0 恒为 0，所以它可以表示只涉及一个变量的约束。因此，$\mathcal{D}_{j,0} = (d_{j,0},\prec)$ 意味着约束 $x_j \prec d_{j,0}$。同样，$\mathcal{D}_{0,j} = (d_{0,j},\prec)$ 意味着约束 $0 - x_j \prec d_{0,j}$ 或者 $-d_{0,j} \prec x_j$。

为了说明边界可区分矩阵的用法，考虑由下面公式给出的时钟区：

$$x_1 - x_2 < 2 \wedge 0 < x_2 \leqslant 2 \wedge 1 \leqslant x_1$$

在这种情况下，我们得到的矩阵 D 如下：

	0	1	2
0	$(0, \leqslant)$	$(-1, \leqslant)$	$(0, <)$
1	$(\infty, <)$	$(0, \leqslant)$	$(2, <)$
2	$(2, \leqslant)$	$(\infty, <)$	$(0, \leqslant)$

用边界可区分矩阵表示时钟区不是唯一的。在上面的例子中，有一些 D 中没有反映出来的隐含约束。比如，由于 $x_1 - x_2 < 2$ 和 $x_2 - x_0 \leqslant 2$，所以必有 $x_1 - x_0 < 4$。因为 $x_0 = 0$，所以 $x_1 < 4$。因此，我们可以把 $\mathcal{D}_{1,0}$ 变为$(4,<)$，得到一个表示同一个时钟区的不同的边界可区分矩阵：

	0	1	2
0	$(0,\leqslant)$	$(-1,\leqslant)$	$(0,<)$
1	$(4,<)$	$(0,\leqslant)$	$(2,<)$
2	$(2,\leqslant)$	$(\infty,<)$	$(0,\leqslant)$

很明显，这个新矩阵 D 表示的时钟集合与初始的时钟集合是一样的。

通常，$x_i - x_j$ 与 $x_j - x_k$ 的时钟差上界之和是时钟差 $x_i - x_k$ 的一个上界。这个结论可以用来紧致边界可区分矩阵的边界。如果 $x_i - x_j \prec_{i,j} d_{i,j}$ 和 $x_j - x_k \prec_{j,k} d_{j,k}$，则很容易得到结论 $x_i - x_k \prec'_{i,k} d'_{i,k}$，其中 $d'_{i,k} = d_{i,j} + d_{j,k}$，而且

$$\prec'_{i,k} = \begin{cases} \leqslant & 若 \prec_{i,j} = \leqslant 且 \prec_{j,k} = \leqslant \\ < & 其他 \end{cases}$$

因此，如果 $(d'_{i,k},\prec'_{i,k})$ 是比 $(d_{i,k},\prec_{i,k})$ 紧致的一个边界，则 $(d_{i,k},\prec_{i,k})$ 将被替换，使 $\mathcal{D}_{i,k} = (d'_{i,k},\prec'_{i,k})$。这个运算被称为紧致边界可区分矩阵。我们可以一直对边界可区分矩阵重复使用紧致运算，直到使用此运算不会改变矩阵时为止。得到的矩阵是时钟区的一个标准形式。通过对我们的示例矩阵应用这个过程，可以得到标准的边界可区分矩阵：

	0	1	2
0	$(0,\leqslant)$	$(-1,\leqslant)$	$(0,<)$
1	$(4,<)$	$(0,\leqslant)$	$(2,<)$
2	$(2,\leqslant)$	$(1,\leqslant)$	$(0,\leqslant)$

应该注意一个标准的边界可区分矩阵将在所有索引 i, j 和 k 的取值下满足 $d_{i,k} \prec_{i,k} d_{i,j} + d_{j,k}$。

可以使用 Floyd-Warshall 算法[80]来自动地寻找边界可区分矩阵的标准形式，这个算法具有三次方的复杂度，它可以系统地检测所有索引取值的可能组合。通过不等式 $d_{i,k} \prec_{i,k} d_{i,j} + d_{j,k}$ 在 j 的所有可能取值下是否满足来判断 $\mathcal{D}_{i,k}$ 中是否存在更紧致的一个边界。如果不等式在某些 j 的取值下不满足，则我们就使用 $(d'_{i,k},\prec'_{i,k})$ 来替换 $\mathcal{D}_{i,k}$。

当边界可区分矩阵被转化成标准形式以后，可以通过检查矩阵主对角线上的项来判断对应的时钟区是否为非空的。如果由矩阵描述的时钟区是非空的，则所有主对角线上的项的形式都是$(0,\leqslant)$。如果此时钟区是空的或者是不满足的，则在主对角线上至少存在一个非负的项。

考虑如何在边界可区分矩阵上进行三种运算[3,99]。这三种运算对应于以前所介绍的时钟区的三种运算。

- **交** 定义 $\mathcal{D} = \mathcal{D}^1 \wedge \mathcal{D}^2$。令 $\mathcal{D}^1_{i,j} = (c_1,\prec_1)$ 且 $\mathcal{D}^2_{i,j} = (c_2,\prec_2)$。则 $\mathcal{D}_{i,j} = (\min(c_1,c_2),\prec)$，其中 $\prec$ 被定义为
  - 如果 $c_1 < c_2$，则 $\prec = \prec_1$

- 如果 $c_2 < c_1$，则 $\prec = \prec_2$
- 如果 $c_1 = c_2$ 且 $\prec_1 = \prec_2$，则 $\prec = \prec_1$
- 如果 $c_1 = c_2$ 且 $\prec_1 \neq \prec_2$，则 $\prec = <$

■ **时钟重置**　定义 $\mathcal{D}' = \mathcal{D}[\lambda := 0]$ 如下（其中 $\lambda \subseteq X$）：

- 如果 $x_i, x_j \in \lambda$，则 $\mathcal{D}'_{i,j} = (0, \leqslant)$
- 如果 $x_i \in \lambda$，$x_j \notin \lambda$，则 $\mathcal{D}'_{i,j} = \mathcal{D}_{0,j}$
- 如果 $x_j \in \lambda$，$x_i \notin \lambda$，则 $\mathcal{D}'_{i,j} = \mathcal{D}_{i,0}$
- 如果 $x_i, x_j \notin \lambda$，则 $\mathcal{D}'_{i,j} = \mathcal{D}_{i,j}$

■ **时间推移**　定义 $\mathcal{D}' = \mathcal{D}^{\Uparrow}$ 如下:

- $\mathcal{D}'_{i,0} = (\infty, <)$，对于任意一个 $i \neq 0$
- $\mathcal{D}'_{i,j} = \mathcal{D}_{i,j}$，如果 $i = 0$ 或者 $j \neq 0$

在每一种情况中，得到的矩阵都有可能不是标准形式。因此，作为最后一步，必须将矩阵约简为标准形式。这三种运算都可以有效地实现，而且可以在程序中直接实现这三种运算。

现在来看如何使前面讲到的区图的构造更加有效。时钟区由边界可区分矩阵来表示，集合 $succ(\varphi, e)$ 通过边界可区分矩阵的三种运算来得到而不是直接在时钟区上运算。我们以图 17.1 中描述的时间约束自动机来说明这个过程。初始状态是(s_0, Z_0)，其中 Z_0 是时钟区 $x = 0 \wedge y = 0$，它对应于边界可区分矩阵：

	x_0	x	y
x_0	$(0, \leqslant)$	$(0, \leqslant)$	$(0, \leqslant)$
x	$(0, \leqslant)$	$(0, \leqslant)$	$(0, \leqslant)$
y	$(0, \leqslant)$	$(0, \leqslant)$	$(0, \leqslant)$

根据 17.5 节介绍的 5 个步骤，每个步骤中只给出得到的标准的边界可区分矩阵。

1．不变量 $I(s_0)$是 $0 \leqslant x \wedge 0 \leqslant y \leqslant 5$，它的矩阵为

	x_0	x	y
x_0	$(0, \leqslant)$	$(0, \leqslant)$	$(0, \leqslant)$
x	$(\infty, <)$	$(0, \leqslant)$	$(\infty, <)$
y	$(5, \leqslant)$	$(5, \leqslant)$	$(0, \leqslant)$

将 D_0 与 $I(s_0)$相交再次得到零矩阵。

2．接着，令位置 s_0 的时间推移使用运算符⇑。$(D_0 \wedge I(s_0))^{\Uparrow}$ 的矩阵为

	x_0	x	y
x_0	$(0, \leqslant)$	$(0, \leqslant)$	$(0, \leqslant)$
x	$(\infty, <)$	$(0, \leqslant)$	$(0, \leqslant)$
y	$(\infty, <)$	$(0, \leqslant)$	$(0, \leqslant)$

3．与 $I(s)$再次相交，找出依然满足不变量的时钟赋值。$(D_0 \wedge I(s_0))^{\Uparrow} \wedge I(s_0)$ 的矩阵为

	x_0	x	y
x_0	$(0,\leqslant)$	$(0,\leqslant)$	$(0,\leqslant)$
x	$(5,\leqslant)$	$(0,\leqslant)$	$(0,\leqslant)$
y	$(5,\leqslant)$	$(0,\leqslant)$	$(0,\leqslant)$

4．从位置 s_0 到位置 s_1 的 a 变迁的 guard g_a 是

	x_0	x	y
x_0	$(0,\leqslant)$	$(0,\leqslant)$	$(-3,\leqslant)$
x	$(\infty,<)$	$(0,\leqslant)$	$(\infty,<)$
y	$(\infty,<)$	$(\infty,\leqslant)$	$(0,\leqslant)$

将当前的状态集合与 guard g_a 相交得到 $((D_0 \wedge I(s_0))^{\Uparrow} \wedge I(s_0)) \wedge g_a$：

	x_0	x	y
x_0	$(0,\leqslant)$	$(-3,\leqslant)$	$(-3,\leqslant)$
x	$(5,\leqslant)$	$(0,\leqslant)$	$(0,<)$
y	$(5,\leqslant)$	$(0,\leqslant)$	$(0,\leqslant)$

5．最后，重置时钟 y 得到矩阵 D_1：

	x_0	x	y
x_0	$(0,\leqslant)$	$(-3,\leqslant)$	$(0,\leqslant)$
x	$(5,\leqslant)$	$(0,\leqslant)$	$(5,<)$
y	$(0,\leqslant)$	$(-3,\leqslant)$	$(0,\leqslant)$

最后得到的边界可区分矩阵对应于时钟区

$$Z_1 \equiv 3 \leqslant x \leqslant 5 \ \wedge\ 3 \leqslant x-y \leqslant 5 \ \wedge\ y=0$$

最终，在区的自动计算过程中的后继状态是(s_1, Z_1)。重复这些步骤，可得到自动计算过程剩下的步骤：

1．$(s_0,\quad 4 \leqslant y \leqslant 5 \ \wedge\ 4 \leqslant y-x \leqslant 5 \ \wedge\ x=0)$
2．$(s_1,\quad 0 \leqslant x \leqslant 1 \ \wedge\ 0 \leqslant x-y \leqslant 1 \ \wedge\ y=0)$
3．$(s_0,\quad 5 \leqslant y \leqslant 8 \ \wedge\ 5 \leqslant y-x \leqslant 8 \ \wedge\ x=0)$
4．$(s_1,\quad x=0 \ \wedge\ y=0)$

可达性计算在这一点终止，因为状态

$$(s_1,\quad x=0 \ \wedge\ y=0)$$

包含于

$$(s_1,\quad 0 \leqslant x \leqslant 1 \ \wedge\ 0 \leqslant x-y \leqslant 1 \ \wedge\ y=0)$$

因此，继续区的自动计算过程不会再得到新的 $\mathcal{T}(A)$ 中的状态。

17.7　复杂度问题

根据引理 43 的内容，可以知道使用构造区图法来检查可达性的复杂度在时钟数量和时钟

规模上都是指数级的，对应的时序逻辑模型检测算法的复杂度也与之相似。在实际中，构造区图法可以与基于 BDD 的符号模型检测技术相结合。在这种情况下，状态变量的规模可能非常大。但是，时钟的个数通常来说是比较小的(很可能小于 20)。

边界可区分矩阵通常由直接的状态表示方法来实现。所以，能被处理的状态的个数比较小。时钟的个数一般都反映了并发运算组件的个数，它们的个数也是比较少的。这种方法的优点在于约束表示为线性不等式，因此很容易被处理。

本书不同章节所涉及的其他技术也可以用来避免连续实时系统的状态爆炸问题。已经有一些研究结合了偏序约简的相关算法[222,252,253]。另外，可以与这个算法结合的近似技术也正在研究[130]。组合推理也是很有用的，但这个方向似乎没有得到更深入的研究。

第 18 章　结　　论

本书提到的模型检测技术已经用于电路和协议的缺陷检测任务。本书也介绍了复杂实际系统的检测方法，如 8.2 节中描述的 Futurebus+高速缓存一致性协议的正确性检测。目前，模型检测技术在产业界已表现得足够好，AT&T，Fujistu，Intel，IBM，Lucent，Mortoral 和 Simens 等许多公司已经将模型检测集成在设计流程中。因为模型检测技术不仅不需要构造复杂的证明系统，而且当性质规约得不到满足时可以给出反例。电路设计师迟早会发现这项技术相对而言更容易学习和使用，而且模型检测工具正日益完善，可以和产业标准语言如 VHDL 和 Verilog 一起使用。

模型检测器本身存在很多亟待改进、使其更易于使用的环节。首先是针对当前系统的相对直接的扩展，例如当前系统存在的一个显著问题是“如何使性质规约语言更具表达能力和更易于使用”。对于工程师而言，某些类型的时序图也许比 CTL[227]更自然，那么我们既可以将时序图直接转换成时序逻辑公式，也可以用类似模型检测器中的算法直接对时序图进行检测。另一个问题可能是“当公式不为真时，反例如何表示才好”，这对回溯电路设计中细微错误的根源非常有价值。但是当前的大多数系统只是简单地打印出状态变迁图中的一条路径来表示错误发生的原因，而不是使用更直观明确的方式来表达这种信息。

其他的改进方案需要更多理论工作。一个科研方向是研究布尔函数的更简练的表示方法，本书中已经涉及多种非二叉判定图的模型检测方法。事实上，无论以何种方式表示布尔函数，只要它支持布尔运算并且化简算法更优良，那么就可以将其应用于模型检测算法中。

在符号模型检测中使用的编码技术也可以用于解决图论的问题。例如，利用一阶 μ 演算可以很容易构造出一个表示强连通图的公式。利用模型检测解决此类问题可参见文献[46]，其最重要的问题是如何利用 OBDD 和不动点技术，从而有效地解决寻找最小子树、确定图同构等问题。

长远来看，抽象和组合推理技术有望处理更复杂的系统，但无疑还需要更多的研究。目前对硬件的自动抽象技术已经有了很多尝试，但这些实例还不能体现出相应的规律。在自动应用组合方法方面，目前也实现了许多工作[54]。虽然这些方法还不能稳定地与状态检测技术结合在一起，但近期也出现了一些成功的例子——如使用抽象数据结构检测处理器的设计[40,88,127]。

在软件验证过程中，无论对于约简状态空间，还是对于处理无限状态而言，抽象技术都是十分重要的[149]。而且随着消费类电子产品和复杂的安全攸关系统(如计算机控制的医疗设备和空中交通控制系统)中软、硬件混合设计所占的比重越来越大，软件分析也变得越来越重要。还有在诸如电子商务和电子鉴定中涉及的新软件协议都要具备高可靠性[47,70,180,188,193,194,199]。软、硬件的混合设计和计算机安全协议通常都会被建模为异步系统模型，偏序约简技术[126,139,209,244]

已经成为检测异步系统如通信协议的最为有效的技术。相信上述技术将在以后的应用中将更加有效。

目前对实时并发系统[134]的验证方法也进行了很多研究。因为这种系统的正确性依赖于事件发生的实际时间，所以特别难以验证。在这个领域，基于离散时间自动机的检测工具表现得非常有效，已经可以用于检查 PCI 总线的特性[53]。所以看起来将这种技术扩展到性能分析也是有可能的，例如从两个给定事件中得到最大和最小延迟。通常认为基于连续时间的技术更复杂，但是最近的研究表明这些技术也是有希望实现的[10]。但是我们还不清楚哪种语义最终会更有效，可能两种都有它们相应的位置。正如 Burch[41]所说，这两种语义实际上是有联系的，所以将来可能会从哪种语义表达系统更为自然的角度，来考虑用离散时间还是连续时间的检测算法。其他一些研究方向包括使用非精确但是更快的算法来检测系统，例如在检查不包含复杂状态依赖关系的接口时序要求时，使用文献[192]中的技术将更为有效。还有一种思想是试图将静态时序分析算法[204]与状态探测技术相结合来寻找违反时序限制的反例。

在第 15 章，我们介绍了如何对上下文无关图文法描述的系统进行归纳。但是，许多重要的拓扑结构，如方格(square mesh)和任意的点对点的网络都不属于这一类。因此，目前类似于可伸缩一致性接口(SCI)协议(IEEE 标准 1596-1992)类型的设计，是不能用模型检测技术来进行归纳检测的。也许当基于网络文法的模型检测方法发展地更成熟时才可能对其进行检测。

研究的另一个方向是概率模型检测[14,15,85]。它不仅可以告诉检测者系统中是否可能有故障，还可以告之故障发生的概率。如果这样的分析可以实现，那么那些实际上发生率极低的故障就可以忽略掉。这种类型的分析也可用于估计系统故障发生的平均间隔时间。

目前，符号模型检测技术不但用于构建正确系统，还用于计算其性能指标，如调度、响应时间和系统负载。此外，扩展模型检测工具来计算系统的可靠性也是可行的，如在给定系统组件故障率的情况下，计算故障的平均时间、可靠性、有效性、故障的最小和最大观测时间等。这样做的最终目的是产生一个统一的环境，使用户早在设计阶段就能得到性能和可靠性的评估。

最后，为了准确地检测复杂电路，必须将模型检测器和定理证明器联合使用，所以结合了模型检测和定理证明的技术更加重要：一方面定理证明器虽然需要相当深的数学知识，但是它对于复杂处理器中诸如浮点算术单元部分的推理很有必要；另一方面，在复杂硬件控制器的推导中，定理证明器不可能超越模型检测器。所以问题是如何将这两种不同类型的推理方式产生的结果自然地结合在一起，从而构成一个整体验证框架。目前，已有研究人员开始了针对这一方向的初步研究工作[24,100,152,163,220]。

参 考 文 献

[1] S. Aggarwal, R. P. Kurshan, and K. Sabnani. A calculus for protocol specification and validation. In H. Rudin and C. H. West, eds., *Protocol Specification, Testing and Verification*, pp. 19–34. North Holland, 1983.

[2] A. V. Aho, J. E. Hopcroft, and J. D. Ullman. *The Design and Analysis of Computer Algorithms*. Addison Wesley, 1974.

[3] R. Alur. Timed automata. NATO ASI Summer School on Verification of Digital and Hybrid Systems, 1998. (Available at www.cis.upenn.edu/alur/Nato97.ps.gz.)

[4] R. Alur, R. K. Brayton, T. A. Henzinger, S. Qudeer, and S. K. Rajamani. Partial–order reduction in symbolic state space explosion. In O. Grumberg, ed., *9th International Conference on Computer Aided Verification, LNCS* 1254, pp. 340–351, Springer, 1997.

[5] R. Alur and D. L. Dill. Automata-theoretic verification of real-time systems. In Constance Heitmeyer and Dino Mandrioli, eds., *Formal Methods for Real-Time Computing*, pp. 55–80. Wiley, 1996.

[6] R. Alur and T. A. Henzinger, eds. *Proceedings of the 1996 Workshop on Computer-Aided Verification, LNCS* 1102. Springer, 1996.

[7] R. Alur. *Techniques for Automatic Verification of Real-Time Systems*. PhD thesis, Stanford University, 1991.

[8] R. Alur, C. Courcoubetis, and D. L. Dill. Model-checking for real-time systems. In *Proceedings of the 5th Annual Symposium on Logic in Computer Science*, pp. 414–425. IEEE Computer Society Press, 1990.

[9] R. Alur and D. L. Dill. A theory of timed automata. *Theoretical Computer Science* 126(2): 183–235.

[10] R. Alur and R. P. Kurshan. Timing analysis in COSPAN. In R. Alur, T. A. Henzinger, and E. D. Sontag, eds., *Hybrid Systems III: Verification and Control*, *LNCS* 1066, pp. 220–231. Springer, 1995

[11] H. R. Andersen. Model checking and boolean graphs. In B. Krieg-Bruckner, ed., *Proceedings of the Fourth European Symposium on Programming*, *LNCS* 582, pp. 1–19. Springer, 1992.

[12] K. Apt and D. Kozen. Limits for automatic verification of finite-state systems. *IPL* 15: 307–309.

[13] A. Aziz, V. Singhal, F. Balarin, R. K. Brayton, and A. L. Sangiovanni-Vincentelli. Equivalences for fair Kripke structures. In *Proceedings of the 21st International Colloquium on Automata, Languages and Programming*, *LNCS* 820, pp. 364–375. Springer, 1994.

[14] A. Aziz, V. Singhal, F. Balarin, R. K. Brayton, and A. L. Sangiovanni-Vincentelli. It usually works: The temporal logic of stochastic systems. In Wolper [249], pp. 155–166.

[15] C. Baier, E. Clarke, V. Hartonas-Garmhausen, M. Kwiatkowska, and M. Ryan. Symbolic model checking for probabilistic processes. In P. Degano, R. Gorrieri, and A. Marchetti-Spaccamela, eds., *24th International Colloquium on Automata, Languages, and Programming (ICALP '97)*, *LNCS*, 1256, pp. 430–440. Springer, 1997.

[16] F. Balarin and A. Sangiovanni-Vincentelli. On the automatic computation of network invariants. In Dill [97], pp. 235–246.

[17] F. Balarin and A. L. Sangiovanni-Vincentelli. An iterative approach to language containment. In Courcoubetis [83], pp. 29–40.

[18] D. L. Beatty, R. E. Bryant, and C-J. Seger. Formal hardware verification by symbolic ternary trajectory evaluation. In *Proceedings of the 28th ACM/IEEE Design Automation Conference*. IEEE Computer Society Press, 1991.

[19] M. Ben-Ari, Z. Manna, and A. Pnueli. The temporal logic of branching time. *Acta Informatica* 20(1983): 207–226.

[20] S. Bensalem, A. Bouajjani, C. Loiseaux, and J. Sifakis. Property preserving simulations. In von Bochmann and Probst [243], pp. 260–273.

[21] W. Bernard and P. Wolper. Partial-order methods for model checking: From linear time to branching time. In *Eleventh Annual IEEE Symposium on Logic in Computer Science*, pp. 294–303. IEEE Computer Society, 1996.

[22] O. Bernholtz, M. Y. Vardi, and P. Wolper. An automata theoretic approach to branching time model checking. In Dill [97], pp. 142–155.

[23] C. Berthet, O. Coudert, and J. C. Madre. New ideas on symbolic manipulations of finite state machines. In *IEEE International Conference on Computer Design*, 1990.

[24] N. Bjorner, et al. Step: The Stanford temporal prover—user's manual. Technical Report STAN-CS-TR-95-1562, Department of Computer Science, Stanford University, November 1995.

[25] G. von Bochmann. Hardware specification with temporal logic: An example. *IEEE Transactions on Computers* C-31(3).

[26] S. Bose and A. L. Fisher. Automatic verification of synchronous circuits using symbolic logic simulation and temporal logic. In L. Claesen, ed., *Proceedings of the IMEC-IFIP International Workshop on Applied Formal Methods for Correct VLSI Design*, 1989.

[27] K. S. Brace, R. L. Rudell, and R. E. Bryant. Efficient implementation of a BDD package. In *Proceedings of the 27th ACM/IEEE Design Automation Conference* IEEE Computer Society Press, 1990.

[28] M. C. Browne and E. M. Clarke. SML: A high level language for the design and verification of finite state machines. In *IFIP WG 10.2 Working Conference from HDL Descriptions to Guaranteed Correct Circuit Designs*, pp. 269–292. IFIP, 1987.

[29] M. C. Browne, E. M. Clarke, and D. Dill. Checking the correctness of sequential circuits. In *Proceedings of the 1985 International Conference on Computer Design*, pp. 545–548. IEEE, 1985..

[30] M. C. Browne, E. M. Clarke, and D. L. Dill. Automatic circuit verification using temporal logic: Two new examples. In G. J. Milne and P. A. Subrahmanyam, eds., *Formal Aspects of VLSI Design*. Elsevier, 1986.

[31] M. C. Browne, E. M. Clarke, D. L. Dill, and B. Mishra. Automatic verification of sequential circuits using temporal logic. *IEEE Transactions on Computers* C-35(12): 1035–1044.

[32] M. C. Browne, E. M. Clarke, and O. Grumberg. Characterizing finite Kripke structures in propositional temporal logic. *Theoretical Computer Science* 59(1–2): 115–131.

[33] M. C. Browne, E. M. Clarke, and O. Grumberg. Reasoning about networks with many identical finite-state processes. *Information and Computation* 81(1): 13–31.

[34] R. E. Bryant. Graph-based algorithms for boolean function manipulation. *IEEE Transactions on Computers* C-35(8): 677–691.

[35] R. E. Bryant. On the complexity of VLSI implementations and graph representations of boolean functions with application to integer multiplication. *IEEE Transactions on Computers* 40(2): 205–213.

[36] R. E. Bryant. Symbolic boolean manipulation with ordered binary decision diagrams. *ACM Computing Surveys* 24(3): 293–318.

[37] R. E. Bryant and C-J. Seger. Formal verification of digital circuits using symbolic ternary system models. In Clarke and Kurshan [71], pp. 33–43.

[38] J. A. Brzozowski and C. J. H. Seger. Advances in asynchronous circuit theory. Part II: Bounded inertial delay models, MOS circuits, design techniques. *Bulletin of the European Association for Theoretical Computer Science* 43(3): 199–263.

[39] J. R. Büchi. On a decision method in restricted second order arithmetic. In *Proceedings of the International Congress on Logic, Methodology and Philosophy of Science*, pp. 1–11. Stanford University Press, 1960.

[40] J. Burch and D. L. Dill. Automatic verification of pipelined microprocessor control. In Dill [97], pp. 68–81.

[41] J. R. Burch. *Trace Algebra for Automatic Verification of Real-Time Concurrent Systems*. PhD thesis, Carnegie Mellon University, 1992.

[42] J. R. Burch, E. M. Clarke, and D. E. Long. Representing circuits more efficiently in symbolic model checking. In *Proceedings of the 28th ACM/IEEE Design Automation Conference*, pp. 403–407. IEEE, 1991.

[43] J. R. Burch, E. M. Clarke, and D. E. Long. Symbolic model checking with partitioned transition relations. In A. Halaas and P. B. Denyer, eds., *Proceedings of the 1991 International Conference on VLSI*, pp. 49–58. August 1991.

[44] J. R. Burch, E. M. Clarke, D. E. Long, K. L. McMillan, and D. L. Dill. Symbolic model checking for sequential circuit verification. *IEEE Transactions on Computer-Aided Design of Integrated Circuits* 13(4): 401–424.

[45] J. R. Burch, E. M. Clarke, K. L. McMillan, and D. L. Dill. Sequential circuit verification using symbolic model checking. In *Proceedings of the 27th ACM/IEEE Design Automation Conference*, pp. 46–51. IEEE, 1990.

[46] J. R. Burch, E. M. Clarke, K. L. McMillan, D. L. Dill, and L. J. Hwang. Symbolic model checking: 10^{20} states and beyond. *Information and Computation* 98(2): 142–170.

[47] M. Burrow, M. Abadi, and R. M. Needham. A logic of authentication. *ACM Transactions on Computer Systems* 8(1): 18–36.

[48] R. M. Burstall. Program proving as hand simulation with a little induction. In *IFIP Congress 74*, pp. 308–312. North Holland, 1974.

[49] S. V. Campos. *A Quantitative Approach to the Formal Verification of Real-Time System*. PhD thesis, Carnegie Mellon University, 1996.

[50] S. V. Campos and E. M. Clarke. Real-time symbolic model checking for discrete time models. In *First AMAST International Workshop in Real-Time Systems*. Springer, 1993.

[51] S. V. Campos, E. M. Clarke, W. Marrero, and M. Minea. Verus: a tool for quantitative analysis of finite-state real-time systems. In *ACM Workshop on Languages Compilers and Tools for Real-Time Systems*, 1995.

[52] S. V. Campos, E. M. Clarke, W. Marrero, M. Minea, and H. Hiraishi. Computing quantitative characteristics of finite-state real-time systems. In *Real-Time Systems Symposium*. IEEE, 1994.

[53] S. V. Campos, E. M. Clarke, and M. Minea. Verifying the performance of the PCI local bus using symbolic techniques. In *Proceedings of the IEEE International Conference on Computer Design*, pp. 73–79. IEEE, 1995.

[54] M. Chiodo, T. R. Shiple, A. L. Sangiovanni-Vincentelli, and R. K. Brayton. Automatic compositional minimization in CTL model checking. In ICCAD92 [146], pp. 172–178.

[55] C-T. Chou and D. Peled. Verifying a model-checking algorithm. In *Tools and Algorithms for the Construction and Analysis of Systems*, pp. 241–257. Springer, 1996.

[56] L. Claesen, ed. *Proceedings of the 11th International Symposium on Computing Hardware Description Languages and their Applications*. North Holland, 1993.

[57] D. Clarke, H. Ben-Abdallah, I. Lee, H. Xie, and O. Sokolsky. XVERSA: an integrated graphical and textual toolset for the specification and analysis of resource-bound real-time systems. In *Computer-Aided Verification*, pp. 402–405. Springer, 1996.

[58] E. Clarke, R. Enders, T. Filkorn, and S. Jha. Exploiting symmetry in temporal logic model checking. *Formal Methods in System Design* 9: 77–104.

[59] E. M. Clarke and I. A. Draghicescu. Expressibility results for linear time and branching time logics. In *Linear Time, Branching Time, and Partial Order in Logics and Models for Concurrency*, *LNCS* 354, pp. 428–437. Springer, 1988.

[60] E. M. Clarke, I. A. Draghicescu, and R. P. Kurshan. A unified approach for showing language containment and equivalence between various types of ω-automata. In A. Arnold and N. D. Jones, eds., *Proceedings of the 15th Colloquium on Trees in Algebra and Programming*, *LNCS* 407, pp. 103–116. Springer, 1990.

[61] E. M. Clarke and E. A. Emerson. Design and synthesis of synchronization skeletons using branching time temporal logic. In *Logic of Programs: Workshop, Yorktown Heights, NY, May 1981*, *LNCS* 131. Springer, 1981.

[62] E. M. Clarke, E. A. Emerson, and A. P. Sistla. Automatic verification of finite-state concurrent systems using temporal logic specifications. In *Proceedings of the 10th Annual ACM Symposium on Principles of Programming Language*, January 1983.

[63] E. M. Clarke, E. A. Emerson, and A. P. Sistla. Automatic verification of finite-state concurrent systems using temporal logic specifications. *ACM Transactions on Programming Languages and Systems* 8(2): 244–263.

[64] E. M. Clarke, T. Filkorn, and S. Jha. Exploiting symmetry in temporal logic model checking. In Courcoubetis [83], pp. 450–462.

[65] E. M. Clarke, O. Grumberg, and H. Hamaguchi. Another look at LTL model checking. *Formal Methods in System Design* 10(1): 47–71.

[66] E. M. Clarke, O. Grumberg, H. Hiraishi, S. Jha, D. E. Long, K. L. McMillan, and L. A. Ness. Verification of the Futurebus+ cache coherence protocol. In Claesen [56].

[67] E. M. Clarke, O. Grumberg, and S. Jha. Parametrized networks. In S. Smolka and I. Lee, eds., *Proceedings of the 6th International Conference on Concurrency Theory*, *LNCS* 962, pp. 395–407. Springer, 1995.

[68] E. M. Clarke, O. Grumberg, and S. Jha. Verifying parametrized networks. *ACM Transactions on Programming Languages and Systems (TOPLAS)* 19(5): 726–750.

[69] E. M. Clarke, O. Grumberg, and D. E. Long. Model checking and abstraction. *ACM Transactions on Programming Languages and Systems* 16(5): 1512–1542.

[70] E. M. Clarke, S. Jha, and W. Marrero. Using state space exploration and a natural deduction style message derivation engine to verify security protocols. In *Proceedings of the IFIP Working Conference on Programming Concepts and Methods (PROCOMET)*, 1998.

[71] E. M. Clarke and R. P. Kurshan, eds. *Workshop on Computer-Aided Verification. 2nd International Conference, CAV'90. Proceedings*, *LNCS* 531. Springer, 1990.

[72] E. M. Clarke, D. E. Long, and K. L. McMillan. A language for compositional specification and verification of finite state hardware controllers. In J. A. Darringer and F. J. Rammig, eds., *Proceedings of the 9th International Symposium on Computer Hardware Description Languages and Their Applications*, pp. 281–295. North Holland, 1989.

[73] R. Cleaveland, M. Klein, and B. Steffen. Faster model checking for the modal mu-calculus. In v. Bochmann and Probst [243], pp. 410–422.

[74] R. Cleaveland and B. Steffen. A linear-time model-checking algorithm for the alternation-free modal mu-calculus. *Formal Methods in System Design* 2(2): 121–147.

[75] R. W. Cleaveland. Tableau-based model checking in the propositional mu-calculus. *Acta Informatica* 27: 725–747.

[76] R. W. Cleaveland, P. Lewis, S. Smolka, and O. Sokolsky. The concurrency factory: a development environment for concurrent systems. In Alur and Henzinger [6], pp. 398–401.

[77] R. W. Cleaveland, J. Parrow, and B. Steffen. The concurrency workbench. In Sifakis [231], pp. 24–37.

[78] R. W. Cleaveland and S. Sims. The NCSU concurrency workbench. In Alur and Henzinger [6], pp. 394–397.

[79] P. Clements, C. Heitmeyer, G. Labaw, and A. Rose. MT: a toolset for specifying and analyzing real-time systems. In *IEEE Real-Time Systems Symposium*, 1993.

[80] T. H. Corman, C. E. Leiserson, and R. L. Rivest. *Introduction to Algorithms*. McGraw Hill, 1989.

[81] O. Coudert, C. Berthet, and J. C. Madre. Verification of synchronous sequential machines based on symbolic execution. In Sifakis [231], pp. 365–373.

[82] O. Coudert, J. C. Madre, and C. Berthet. Verifying temporal properties of sequential machines without building their state diagrams. In Clarke and Kurshan [71], pp. 23–32.

[83] C. Courcoubetis, ed. *Proceedings of the 5th Workshop on Computer-Aided Verification*, June/July 1993.

[84] C. Courcoubetis, M. Y. Vardi, P. Wolper, and M. Yannakakis. Memory efficient algorithms for the verification of temporal properties. *Formal Methods in System Design* 1: 275–288.

[85] C. Courcoubetis and M. Yannakakis. The complexity of probablistic verification. *Journal of the ACM* 42(4): 857–907.

[86] P. Cousot and R. Cousot. Abstract interpretation: A unified lattice model for static analysis of programs by construction or approximation of fixpoints. In *Proceedimgs of the 4th Annual ACM Symposium on Principles of Programming Language*, pp. 238–252, January 1977.

[87] P. Cousot and R. Cousot. Systematic design of program analysis frameworks. In *Proceedings of the 6th Annual ACM Symposium on Principles of Programming Language*, pp. 269–282, January 1979.

[88] D. Cyrluk and P. Narendran. Ground temporal logic: A logic for hardware verification. In Dill [97], pp. 247–259.

[89] D. Dams. *Abstract Interpretation and Partition Refinement for Model Checking*. PhD thesis, Technical University of Eindhoven, Eindhoven, 1995.

[90] D. Dams, R. Gerth, and O. Grumberg. Generation of reduced models for checking fragments of CTL. In *5th Conference on Computer-Aided Verification*, *LNCS* 697, pp. 479–490. Springer, 1993.

[91] D. Dams, R. Gerth, and O. Grumberg. Abstract interpretation of reactive systems. *ACM Transactions on Programming Languages and Systems (TOPLAS)* 19(2): 253–291.

[92] C. Daws, A. Olivero, S. Tripakis, and S. Yovine. The tool KRONOS. In *Hybrid Systems III: Verification and Control*, *LNCS* 1066, pp. 208–219. Springer, 1996.

[93] C. Daws and S. Yovine. Two examples of verification of multirate timed automata with KRONOS. In *Proceedings of the* 16th *Real-Time Systems Symposium*, pp. 66–75. IEEE Computer Society Press, 1995.

[94] J. W. de Bakker, W. P. de Roever, and G. Rozenberg, eds. *Proceedings of the REX Workshop on Stepwise Refinement of Distributed Systems, Models, Formalisms, Correctness*, *LNCS* 430. Springer,1989.

[95] E. W. Dijkstra. Guarded commands, nondeterminacy and formal derivation of programs. *Communications of the ACM* 18(8): 453–457.

[96] D. L. Dill. *Trace Theory for Automatic Hierarchical Verification of Speed-Independent Circuits*. ACM Distinguished Dissertations. MIT Press, 1989.

[97] D. L. Dill, ed. *Proceedings of the 1994 Workshop on Computer-Aided Verification*, *LNCS* 818. Springer, 1994.

[98] D. L. Dill and E. M. Clarke. Automatic verification of asynchronous circuits using temporal logic. *IEE Proceedings* Part E 133(5), 1986.

[99] David L. Dill. Timing assumptions and verification of finite-state concurrent systems. In J. Sifakis, ed., *Proceedings of the International Workshop on Automatic Verification Methods for Finite State Systems*, *LNCS* 407, pp. 197–212. Springer, 1989.

[100] J. Dingel and T. Filkorn. Model checking for infinite state systems using data abstraction, assumption-commitment style reasoning and theorem proving. In Wolper [249], pp. 54–69.

[101] P. Dixon. Multilevel cache architectures. Minutes of the Futurebus+ Working Group Meeting, December 1988.

[102] D. Dolev, M. Klawe, and M. Rodeh. An $O(n \log n)$ unidirectional distributed algorithm for extrema finding in a circle. *Journal of Algorithms* 3: 245–260.

[103] E. A. Emerson. *Branching Time Temporal Logic and the Design of Correct Concurrent Programs*. PhD thesis, Harvard University, 1981.

[104] E. A. Emerson and E. M. Clarke. Characterizing correctness properties of parallel programs using fixpoints. In *LNCS* 85, *Automata, Languages and Programming*, pp. 169–181. Springer, 1980.

[105] E. A. Emerson and J. Y. Halpern. "Sometimes" and "Not Never" revisited: On branching time versus linear time. *Journal of the ACM* 33: 151–178.

[106] E. A. Emerson and C-L. Lei. Modalities for model checking: Branching time strikes back. *Twelfth Symposium on Principles of Programming Languages, New Orleans, La.*, pp. 84–96. ACM Press, January 1985.

[107] E. A. Emerson and C-L. Lei. Efficient model checking in fragments of the propositional mu-calculus. In LICS86 [174], pp. 267–278.

[108] E. A. Emerson, A. K. Mok, A. P. Sistla, and J. Srinivasen. Quantitative temporal reasoning. In Clarke and Kurshan [71], pp. 136–145.

[109] E. A. Emerson and K. S. Namjoshi. Reasoning about rings. In *Proceedings of the 22nd ACM Symposium on Principles of Programming Languages*, pp. 85–94. ACM Press, 1995.

[110] E. A. Emerson and K. S. Namjoshi. Automated verification of parameterized synchronous systems. In Alur and Henzinger [6] pp. 87–98.

[111] E. A. Emerson and A. P. Sistla. Symmetry and model checking. In Courcoubetis [83], pp. 463–478.

[112] E.A. Emerson, C.S. Jutla, and A.P. Sistla. On model-checking for fragments of mu-calculus. In Courcoubetis [83] pp. 385–396.

[113] J. C. Fernandez, C. Jard, T. Jeron, and G. Viho. Using on-the-fly verification techniques for the generation of test suites. In Alur and Henzinger [6], pp. 348–359.

[114] R. W. Floyd. Assigning meaning to programs. In J. T. Schwartz, ed., *Mathematical Aspects of Computer Science*, pp. 19–32. American Mathematical Society, 1967.

[115] N. Francez. *The Analysis of Cyclic Programs*. PhD thesis, The Weizmann Institute of Science, 1976.

[116] N. Francez. *Fairness*. Springer, 1986.

[117] A. N. Fredette and R. W. Cleaveland. RTSL: a language for real-time schedulability analysis. In *IEEE Real-Time Systems Symposium*. IEEE Computer Society Press, 1993.

[118] M. Fujita, H. Fujisawa, and N. Kawato. Evaluation and improvements of boolean comparison method based on binary decision diagrams. In *Proceedings of the IEEE International Conference on Computer Aided Design*. IEEE Computer Society Press, 1988.

[119] M. Fujita, H. Tanaka, and T. Moto-oka. Logic design assistance with temporal logic. In *Proceedings of the IFIP WG10.2 International Conference on Hardware Description Languages and their Applications*. 1985.

[120] D. Gabbay, A. Pnueli, S. Shelah, and J. Stavi. On the temporal analysis of fairness. In *Proceedings of the 7th ACM Symposium on Principles of Programming Languages*, pp. 163–173. ACM, 1980.

[121] M. R. Garey and D. S. Johnson. *Computers and Intractability: A Guide to the Theory of NP-Completeness*. W. H. Freeman, 1979.

[122] R. Gerber and I. Lee. A proof system for communicating shared resources. In *IEEE Real-Time Systems Symposium*. IEEE Computer Society Press, 1990.

[123] S. M. German and A. P. Sistla. Reasoning about systems with many processes. *Journal of the ACM* 39: 675–735.

[124] R. Gerth, D. Peled, M. Y. Vardi, and Pierre Wolper. Simple on-the-fly automatic verification of linear temporal logic. In *Protocol Specification Testing and Verification*, pp. 3–18. Chapman & Hall, 1995.

[125] P. Godefroid. Using partial orders to improve automatic verification methods. In *Proceedings of the 2nd Workshop on Computer-Aided Verification, LNCS* 531, pp. 176–185. Springer, 1990.

[126] P. Godefroid and D. Pirottin. Refining dependencies improves partial-order verification methods. In *Proceedings of the 5th Conference on Computer-Aided Verification, LNCS*, 697, pp. 438–449. Springer, 1993.

[127] S. Graf. Verification of a distributed cache memory by using abstractions. In Dill [97], pp. 207–219.

[128] S. Graf and B. Steffen. Compositional minimization of finite state processes. In Clarke and Kurshan [71], pp. 186–196.

[129] O. Grumberg and D. E. Long. Model checking and modular verification. *ACM Transactions on Programming Languages and Systems* 16: 843–872.

[130] N. Halbwachs, Y. E. Proy, and P. Roumanoff. Verification of real-time systems using linear relation analysis. *Formal Methods in System Design* 11(2): 157–185.

[131] M. G. Harbour, M. H. Klein, and J. P. Lehoczky. Timing analysis for fixed-priority scheduling of hard real-time systems. *IEEE Transactions on Software Engineering* 20(1): 13–28.

[132] R. Hardin, Z. Har'El, and R. P. Kurshan. COSPAN. In Alur and Henzinger [6], pp. 423–427.

[133] Z. Har'El and R. P. Kurshan. Software for analytical development of communications protocols. *AT&T Technical Journal* 69(1): 45–59.

[134] C. Heitmeyer and D. Mandrioli. *Formal Methods for Real-Time Computing*. Wiley, 1996.

[135] Thomas A. Henzinger, Xavier Nicollin, Joseph Sifakis, and Sergio Yovine. Symbolic model checking for real-time systems. *Information and Computation* 3(2): 193–244.

[136] C. A. R. Hoare. An axiomatic approach to computer programming. *Communications of the Association for Computing Machinery* 12(10): 322–329.

[137] C. A. R. Hoare. *Communicating Sequential Processes*. Prentice Hall, 1985.

[138] G. J. Holzmann. *Design and Validation of Computer Protocols*. Prentice Hall, 1991.

[139] G. J. Holzmann and D. Peled. An improvement in formal verification. In *Formal Description Techniques 1994*, pp. 197–211. Chapman & Hall, 1994.

[140] G. J. Holzmann and D. Peled. The state of spin. In *CAV'96: 8th International Conference on Computer Aided Verification*, *LNCS* 1102, pp. 385–389. Springer, 1996.

[141] G. J. Holzmann, D. Peled, and M. Yannakakis. On nested depth first search. In *Second SPIN Workshop*, pp. 23–32. AMS, 1996.

[142] J. E. Hopcroft and J. D. Ullman. *Introduction to Automata Theory, Languages, and Computation*. Addison Wesley, 1979.

[143] P. Huber, A. Jensen, L. Jepsen, and K. Jensen. Towards reachability trees for high-level Petri nets. In G. Rozenberg, ed., *Advances on Petri Nets*, pp. 215–233. 1984.

[145] G. E. Hughes and M. J. Creswell. *Introduction to Modal Logic*. Methuen, 1977.

[146] *IEEE Computer Society. 1992 Proceedings of the IEEE International Conference on Computer Aided Design*. IEEE Computer Society Press, 1992.

[147] IEEE Computer Society. *IEEE Standard for Futurebus+—Logical Protocol Specification*. IEEE Computer Socity Press, 1992. IEEE Standard 896.1–1991.

[148] C. W. Ip and D. L. Dill. Better verification through symmetry. In Claesen [56].

[149] D. Jackson. Abstract model checking of infinite specifications. In *Proceedings of Formal Methods Europe*, Barcelona, Oct. 1994.

[150] C. B. Jones. Specification and design of (parallel) programs. In *Proceedings of IFIP'83*, pp. 321–332. North-Holland, 1983.

[151] B. Josko. Verifying the correctness of AADL-modules using model checking. In de Bakker et al. [94].

[152] J. J. Joyce and C-J. H. Seger. Linking BDD-based symbolic evaluation to interactive theorem proving. In *Proceedings of the 30th Design Automation Conference*. Association for Computing Machinery, 1993.

[153] S. Katz and D. Peled. An efficient verification method for parallel and distributed programs. In *Workshop on Linear Time, Branching Time and Partial Order in Logics and Models for Concurrency*, *LNCS* 354, pp. 489–507. Springer, 1988.

[154] B. W. Kernighan and D. M. Ritchie. *The C Programming Language*. Prentice Hall, 1978.

[155] Y. Kesten, O. Maler, M. Marcus, A. Pnueli, and E. Shahar. Symbolic model checking with rich assertional laguages. In O. Grumberg, ed., *9th International Conference on Computer Aided Verification (CAV'97)*, *LNCS* 1254, pp. 424–435. Springer, 1997.

[156] K. Keutzer. Hardware-software co-design and ESDA. In *Proceedings of the 31th Design Automation Conference*, pp. 435–436. June 1994.

[157] D. Kozen. Results on the propositional mu-calculus. *Theoretical Computer Science* 27: 333–354.

[158] F. Kröger. LAR: A logic of algorithmic reasoning. *Acta Informatica*, 8(3): .

[159] O. Kupferman and M. Y. Vardi. Verification of fair transition systems. In Alur and Henzinger [6], pp. 372–382.

[160] R. P. Kurshan. Analysis of discrete event coordination. In de Bakker et al. [94], pp. 414–453.

[162] R. P. Kurshan. *Computer-Aided Verification of Coordinating Processes: The Automata-Theoretic Approach*, pp. 170–172. Princeton University Press, 1994.

[163] R. P. Kurshan and L. Lamport. Verification of a multiplier: 64 bits and beyond. In Courcoubetis [83], pp. 166–180.

[164] R. P. Kurshan, V. Levin, M. Minea, D. Peled, and H. Yenigun. Static partial order reduction. In *Tools and Algorithms for the Construction and Analysis of Systems*, *LNCS* 1384, pp. 345–357. Springer, 1998.

[165] R. P. Kurshan and K. L. McMillan. A structural induction theorem for processes. In *Proceedings of the 8th Annual ACM Symposium on Principles of Distributed Computing*, pp. 239–247. ACM, 1989.

[166] L. Lamport. "Sometimes" is sometimes "Not Never." In *Annual ACM Symposium on Principles of Programming Language*, pp. 174–185. ACM, 1980.

[167] L. Lamport. What good is temporal logic. In *Information Processing 83*, pp. 657–668. Elsevier, 1983.

[168] K. G. Larsen. Modal specifications. In Sifakis [231], pp. 232–246.

[169] K. G. Larsen. Efficient local correctness checking. In v. Bochmann and Probst [243], pp. 30–43.

[170] Kim G. Larsen, Paul Pettersson, and Wang Yi. Compositional and symbolic model-checking of real-time systems. In *Proceedings of the 16th Real-Time Systems Symposium*, pp. 76–87. IEEE Computer Society Press, 1995.

[171] J. P. Lehoczky. Fixed priority scheduling of periodic task sets with arbitrary deadlines. In *IEEE Real-Time Systems Symposium*. IEEE Computer Society Press, 1990.

[172] J. P. Lehoczky, L. Sha, J. K. Strosnider, and H. Tokuda. Fixed priority scheduling theory for hard real-time systems. In *Foundations of Real-Time Computing—Scheduling and Resource Management*. Kluwer Academic, 1991.

[173] O. Lichtenstein and A. Pnueli. Checking that finite state concurrent programs satisfy their linear specification. In *Proceedings of the 12th Annual ACM Symposium on Principles of Programming Language*, pp. 97–107. ACM, 1985.

[174] *Proceedings of the 1st Annual Symposium on Logic in Computer Science*. IEEE Computer Society Press, 1986.

[175] B. Lin and A. R. Newton. Efficient symbolic manipulation of equvialence relations and classes. In *Proceedings of the 1991 International Workshop on Formal Methods in VLSI Design*, pp. 46–61. January 1991.

[176] C. L. Liu and J. W. Layland. Scheduling algorithms for multiprogramming in a hard real-time environment. *Journal of the ACM* 20(1): 46–61.

[177] C. D. Locke, D. R. Vogel, and T. J. Mesler. Building a predictable avionics platform in Ada: a case study. In *IEEE Real-Time Systems Symposium*. IEEE Computer Socity Press, 1991.

[178] D. Long, A. Browne, E. Clarke, S. Jha, and W. Marrero. An improved algorithm for the evaluation of fixpoint expressions. In Dill [97], pp. 338–350.

[179] D. E. Long. *Model Checking, Abstraction, and Compositional Reasoning*. PhD thesis, Carnegie Mellon University, 1993.

[180] G. Lowe. Breaking and fixing the Needham-Schroeder public-key protocol using FDR. In *Tools and Algorithms for the Construction and Analysis of Systems, LNCS* 1055, pp. 147–166. Springer, 1996.

[181] E. Macii, B. Plessier, and F. Somenzi. Verification of systems containing counters. In ICCAD92 [146], pp. 179–182.

[182] S. MacLane and G. Birkhoff. *Algebra*. MacMillan, 1968.

[183] A. Mader. Tableau recycling. In v. Bochmann and Probst [243], pp. 330–342.

[184] Y. Malachi and S. S. Owicki. Temporal specifications of self-timed systems. In H. T. Kung, B. Sproull, and G. Steele, eds., *VLSI Systems and Computations*. Computer Science Press, 1981.

[185] S. Malik, A. Wang, R. Brayton, and A. Sangiovanni-Vincenteli. Logic verification using binary decision diagrams in a logic synthesis environment. In *International Conference on Computer-Aided Design*, pp. 6–9. 1988.

[186] Z. Manna and A. Pnueli. *Temporal Verifications of Reactive Systems—Safety*. Springer, 1995.

[187] R. Marelly and O. Grumberg. GORMEL—Grammar ORiented ModEL checker. Technical Report 697, The Technion, October 1991.

[188] W. Marrero, E. M. Clarke, and S. Jha. A model checker for authentication protocols. In *Proceedings of the DIMACS Workshop on Design and Formal Verification of Security Protocols*, 1997.

[189] A. J. Martin. The design of a self-timed circuit for distributed mutual exclusion. In H. Fuchs, ed., *Proceedings of the 1985 Chapel Hill Conference on VLSI*, 1985.

[190] K. McMillan. Using unfolding to avoid the state explosion problem in the verification of asynchronous circuits. In v. Bochmann and Probst [243], pp. 164–177.

[191] K. L. McMillan. *Symbolic Model Checking: An Approach to the State Explosion Problem*. Kluwer Academic, 1993.

[192] K. L. McMillan and D.L. Dill. Algorithms for interface timing verification. In ICCAD92 [146], pp. 48–51.

[193] C. Meadows. A model of computation for the NRL protocol analyzer. In *Proceedings of the 1994 Computer Security Foundations Workshop*. IEEE Computer Society Press, 1994.

[194] J. Millen. The Interrogator model. In *Proceedings of the 1995 IEEE Symposium on Security and Privacy*, pp. 251–260. IEEE Computer Society Press, 1995.

[195] R. Milner. An algebraic definition of simulation between programs. In *Proceedings of the 2nd International Joint Conference on Artificial Intelligence*, pp. 481–489. 1971.

[196] R. Milner. *A Calculus of Communicating Systems*. Springer, 1980.

[197] B. Mishra and E.M. Clarke. Hierarchical verification of asynchronous circuits using temporal logic. *Theoretical Computer Science* 38: 269–291.

[198] J. Misra and K. M. Chandy. Proofs of networks of processes. *IEEE Transactions on Software Engineering* SE-7, No. 4: 417–426.

[199] J. C. Mitchell, M. Mitchell, and U. Stern. Automated analysis of cryptographic protocols using murϕ. In *Proceedings of the 1997 IEEE Symposium on Security and Privacy*. IEEE Computer Society Press, 1997.

[200] E. F. Moore. Gedanken experiments on sequential machines. In *Automata Studies*. Princeton University Press, 1956.

[201] A. Mycroft. *Abstract Interpretation and Optimizing Transformations for Applicative Programs*. PhD thesis, University of Edinburgh, 1981.

[202] G. J. Myers. *The Art of Software Testing*. Wiley, 1979.

[203] F. Nielson. A denotational framework for data flow analysis. *Acta Informatica* 18: 265–287.

[204] J. K. Ousterhout. A switch-level timing verifier for digital MOS VLSI. *IEEE Transactions on Computer-Aided Design* 4(3): 336–349.

[205] W. T. Overman. *Verification of Concurrent Systems: Function and Timing*. PhD thesis, University of California at Los Angeles, 1981.

[206] R. Paige and R. E. Tarjan. Three efficient algorithms based on partition refinement. *SIAM Journal on Computing* 16(6): 973–989.

[207] D. Park. Concurrency and automata on infinite sequences. In *5th GI-Conference on Theoretical Computer Science*, pp. 167–183. Springer, 1981.

[208] D. Peled. All from one, one for all: on model checking using representatives. In Courcoubetis [83], pp. 409–423.

[209] D. Peled. Combining partial order reductions with on-the-fly model-checking. In Dill [97], pp. 377–390.

[210] D. Peled. Verification for robust specification. In Elsa Gunter, ed., *Conference on Theorem Proving in Higher Order Logic*, pp. 231–241. Springer, 1997.

[211] D. Peled and T. Wilke. Stutter-invariant temporal properties are expressible without the nexttime operator. *Information Processing Letters*, 1997.

[212] D. Peled, T. Wilke, and P. Wolper. An algorithmic approach for checking closure properties of ω-regular languages. In *CONCUR'96, 7th International Conference on Concurrency Theory, LNCS* 1119, pp. 596–610. Springer, 1996.

[213] C. Pixley. Introduction to a computational theory and implementation of sequential hardware equivalence. In Clarke and Kurshan [71], pp. 54–64.

[214] C. Pixley, G. Beihl, and E. Pacas-Skewes. Automatic derivation of FSM specification to implementation encoding. In *Proceedings of the International Conference on Computer Design*, pp. 245–249, Cambridge, MA, October 1991.

[215] C. Pixley, S-W. Jeong, and G. D. Hachtel. Exact calculation of synchronization sequences based on binary decision diagrams. In *Proceedings of the 29th Design Automation Conference*, pp. 620–623, June 1992.

[216] A. Pnueli. The temporal logic of programs. In *18th IEEE Symposium on Foundation of Computer Science*, pp. 46–57. IEEE Computer Society Press, 1977.

[217] A. Pnueli. A temporal logic of concurrent programs. *Theoretical Computer Science* 13: 45–60.

[218] A. Pnueli. In transition for global to modular temporal reasoning about programs. In K. R. Apt, ed., *Logics and Models of Concurrent Systems*, *NATO ASI* 13. Springer, 1984.

[219] J. P. Quielle and J. Sifakis. Specification and verification of concurrent systems in CESAR. In *Proceedings of the 5th International Symposium on Programming*, pp. 337–350.

[220] S. Rajan, N. Shankar, and M. K. Srivas. An integration of model checking with automated proof checking. In Wolper [249], pp. 84–97.

[221] R. Rajkumar. *Task Synchronization in Real-Time Systems*. PhD thesis, Carnegie Mellon University, 1989.

[222] Tomas G. Rokicki and Chris J. Myers. Automatic verification of timed circuits. In Dill [97], pp. 468–480.

[223] A. W. Roscoe. Model-checking CSP. In A. W. Roscoe, ed., *A Classical Mind: Essays in Honour of C. A. R. Hoare*, pp. 353–378. Prentice Hall, 1994.

[224] V. Roy and R. de Simone. Auto/Autograph. In Clarke and Kurshan [71], pp. 235–250.

[225] R. Rudell. Dynamic variable ordering for ordered binary decision diagrams. In *International Conference on Computer Aided Design*, Santa Clara, Ca., November 1993.

[226] S. Safra. On the complexity of omega-automata. In *Proceedings of the 29th IEEE Symposium on Foundations of Computer Science*, pp. 319–327. IEEE Computer Society, 1988.

[227] R. Schlor and W. Damm. Specification and verification of system-level hardware designs using timing diagrams. In *EDAC 93*, 1993.

[228] L. Sha, M. H. Klein, and J. B. Goodenough. Rate monotonic analysis for real-time systems. In *Foundations of Real-Time Computing—Scheduling and Resource Management*. Kluwer Academic, 1991.

[229] Z. Shtadler and O. Grumberg. Network grammars, communication behaviors and automatic verification. In Sifakis [231], pp. 157–165.

[230] G. Shurek and O. Grumberg. The modular framework of computer-aided verification: Motivation, solutions and evaluation criteria. In Clarke and Kurshan [71], pp. 214–223.

[231] J. Sifakis, ed. *Proceedings of the 1989 International Workshop on Automatic Verification Methods for Finite State Systems*, *LNCS* 407. Springer, 1989.

[232] A. P. Sistla. *Theoretical Issues in the Design and Verification of Distributed Systems*. PhD thesis, Harvard University, 1983.

[233] A. P. Sistla and E. M. Clarke. Complexity of propositional temporal logics. *Journal of the ACM* 32(3): 733–749.

[234] A. P. Sistla, M. Y. Vardi, and P. Wolper. The complementation problem for Büchi automata with applications to temporal logic. *Theoretical Computer Science* 49: 217–237.

[235] Richard H. Sloan and Ugo Buy. Stubborn sets for real-time Petri nets. *Formal Methods in System Design* 11(1): 23–40.

[236] C. Stirling and D. J. Walker. Local model checking in the modal mu-calculus. *Theoretical Computer Science* 89(1): 161–177.

[237] I. Suzuki. Proving properties of a ring of finite-state machines. *IPL* 28: 213–214.

[238] N. Suzuki, ed. *Symbolic Computation Algorithms on Shared Memory Multiprocessors*. MIT Press, 1992.

[239] R. E. Tarjan. Depth first search and linear graph algorithms. *SIAM Journal of Computing* 1: 146–160.

[240] A. Tarski. A lattice-theoretical fixpoint theorem and its applications. *Pacific Journal of Mathematics* 5: 285–309.

[241] (TCAS) Minimum operational performance standards for traffic alert and collision avoidance system (TCAS) airborne equipment, volume II. Radio Technical Commission for Aeronautics, September 1990.

[242] J. D. Ullman. *Computational Aspects of VLSI*. Computer Science Press, 1984.

[243] G. von Bochmann and D. K. Probst, eds. *Workshop on Computer-Aided Verification. Fourth International Workshop, CAV'92. Proceedings, LNCS* 663. Springer, 1992.

[244] A. Valmari. A stubborn attack on state explosion. In *Proceedings of the 2nd Workshop on Computer Aided Verification, LNCS* 531, pp. 156–165. Springer 1990.

[245] M. Y. Vardi and P. Wolper. An automata-theoretic approach to automatic program verification. In LICS86 [174], pp. 332–344.

[246] P. D. Vigna and C. Ghezzi. Context-free graph grammars. *Information and Computation* 37: 207–233.

[247] G. Winskel. Model checking in the modal ν-calculus. In *Proceedings of the 16th International Colloquium on Automata, Languages, and Programming, LNCS* 372. pp. 761–772. Springer, 1989.

[248] P. Wolper. Expressing interesting properties of programs in propositional temporal logic. In *Proceedings of the 13th Annual ACM Symposium on Principles of Programming Language*, January 1986.

[249] P. Wolper, ed. *Proceedings of the 1995 Workshop on Computer-Aided Verification, LNCS* 939. Springer, 1995.

[250] P. Wolper and V. Lovinfosse. Verifying properties of large sets of processes with network invariants. In Sifakis [231], pp. 68–80.

[251] J. Yang, A. Mok, and F. Wang. Symbolic model checking for event-driven real-time systems. In *IEEE Real-Time Systems Symposium*. IEEE Computer Society Press, 1993.

[252] T. Yoneda and B. Schlingloff. Efficient verification of parallel real-time systems. *Formal Methods in System Design* 11(2): 197–215.

[253] T. Yoneda, A. Shibayama, B. Schlingloff, and E. M. Clarke. Efficient verification of parallel real-time systems. In Courcoubetis [83], pp. 321–332.

反侵权盗版声明